大开眼界

What the Dog Saw:
And Other Adventures

[加]
马尔科姆·格拉德威尔
（Malcolm Gladwell）著
李巧云 顾淑馨 译

中信出版集团 | 北京

图书在版编目（CIP）数据

大开眼界 /（加）马尔科姆·格拉德威尔著；李巧云，顾淑馨译 . -- 3 版 . -- 北京 : 中信出版社，2020.8

书名原文：What the Dog Saw: And Other Adventures

ISBN 978-7-5217-2093-8

Ⅰ . ①大… Ⅱ . ①马… ②李… ③顾… Ⅲ . ①成功心理—通俗读物 Ⅳ . ① B848.4-49

中国版本图书馆 CIP 数据核字（2020）第 141552 号

大开眼界

著　　者：[加] 马尔科姆 · 格拉德威尔
译　　者：李巧云　顾淑馨
出版发行：中信出版集团股份有限公司
（北京市朝阳区惠新东街甲 4 号富盛大厦 2 座　邮编　100029）
承 印 者：北京诚信伟业印刷有限公司

开　　本：880mm × 1230mm　1/32　　印　　张：13　　字　　数：288 千字
版　　次：2020 年 8 月第 3 版　　印　　次：2020 年 8 月第 1 次印刷
京权图字：01–2009–6004
书　　号：ISBN 978–7–5217–2093–8
定　　价：69.00 元

服务热线：400–600–8099
投稿邮箱：author@citicpub.com

本书谨献给

亨利和戴维

马尔科姆·格拉德威尔还著有

《引爆点》

《异类》

《眨眼之间》

《逆转》

《陌生人效应》

所获赞誉

马尔科姆·格拉德威尔的作品如此具有吸引力，不仅得益于他讲故事的才能，也得益于他在日常工作中对人性的敏锐观察……格拉德威尔深受欢迎的关键在于他为自己所定的基调。他从不把自己视为专家——一个愿意同幸运读者分享个人知识的专家，他给人的印象就是一个和你我一样的普通人，只不过他看问题看得更深刻，也更透彻。

——爱德华·金（Edward King），《星期日泰晤士报》

马尔科姆·格拉德威尔的非凡之处就在于他的专注能力。无论是晦涩难懂的还是平淡无奇的话题，他都能够专心致志地投入其中，然后靠自己的智慧将其他看似无关的思想和主题融入其中，并以一种微妙的方式把它们的相关性展现出来。这样的结果自然是引人入胜的。

——阿曼达·海勒（Amanda Heller），《波士顿环球报》

就算是一把削铅笔的铅笔刀，如果将其作为描写的对象交给马尔科姆·格拉德威尔，他可能也会写得非常有趣。作为一名记者，无论是《眨眼之间》中对瞬间决策的剖析，还是《异类》中对成功背后原因的考察，他都写得浅显易懂，而且极具启发性。在由19篇《纽约客》文章结集而成的新作《大开眼界》中，他的才华再次得到展现。

——马克斯·温特（Max Winter），《旧金山纪事报》

格拉德威尔一向擅长发掘好的故事，但《纽约客》给了他信心，让他用这些故事诠释更广阔层面上的美国文化现象。

——苏珊·索尔特·雷诺兹（Susan Salter Reynolds），《洛杉矶时报》

格拉德威尔对体系和实践的报道、观察和思考，为商业领域提供了与其密切相关的深刻见解……《大开眼界》充满了令人信服的理念。

——理查德·帕赫特（Richard Pachter），《迈阿密先驱报》

自1996年成为《纽约客》杂志特约撰稿人以来，马尔科姆·格拉德威尔写了一系列怪异而精彩的故事。这部结集而成的作品向我们表明：第一，他的确认为每个人都有自己的故事要讲；第二，他就是那种能够把这些故事写得有趣且能把它们关联起来的作家。这是一部奇文合集，其所涵盖的主题极为庞杂，从为什么亨氏番茄酱从未遭受竞争威胁到染发剂的历史，再到剽窃和知识产权等，不一而足。

——澳大利亚《星期日邮报》

在《大开眼界》中，马尔科姆·格拉德威尔带领读者进行了一趟接一趟的愉快的短途旅行，通过富有洞见的对话展示了一条道路是如何同另外一条道路交织在一起的，并暗示了其中的意义。简而言之，他是一位诠释美国文化的博物学家。

——爱丽丝·埃文斯（Alice Evans），《俄勒冈人报》

马尔科姆·格拉德威尔带着这本结集而成的书成功地回归本源……马上

行动，这周就读起来：《大开眼界》比其他任何书都更具娱乐性和启发性。

——斯科特·科夫曼（Scott Coffman），《路易斯维尔信使报》

无论是什么主题，马尔科姆·格拉德威尔都能把它写得引人入胜，言语诙谐，内容又富有探索性。就时下戴维·雷姆尼克（David Remnick）所执掌的《纽约客》而言，格拉德威尔的文章之于这本杂志的重要性，就像哈罗德·罗斯（Harold Ross）时代，沃尔科特·吉布斯（Wolcott Gibbs）和 A. J. 利布林（A. J. Liebling）的文章之于它的重要性。《大开眼界》收录了格拉德威尔在该杂志发表的 19 篇文章，篇篇都能给人带来阅读的愉悦感……格拉德威尔拥有捕捉人物个性的天赋，他对时机的把握非常准确，而且习惯于逆向思维。他喜欢以出其不意的方式打破人们的惯常理念。

——克雷格·塞利格曼（Craig Seligman），彭博新闻社

马尔科姆·格拉德威尔的一些理论比其他理论更具说服力……但这些理论都是以充满智慧的方式呈现的，就像是你最喜欢的老师把课本放到一旁，精力充沛地讲述一个长长的、环环相扣的离题故事。这比任何传统课程都有吸引力，而且能让你获得更多的信息。尽管看起来有些随意，但格拉德威尔的叙事是清晰的、不偏不倚的、实事求是的。

——亚当·李·戴维斯（Adam Lee Davies），英国伦敦 *Time Out* 杂志

这本涵盖了各类简短话题的文集充分展现了作者的特长。它突显了马尔科姆·格拉德威尔寻找各种离奇主题（女性染发剂广告的历史、亨氏番茄酱的不败秘诀，乃至女性职业生涯模式的变化对月经的影响等）的方式，而这

些主题又被他用来诠释某种更广泛的意涵。

——珍妮特·马斯林（Janet Maslin），《纽约时报》

格拉德威尔当属最优秀的随笔作家，他健谈，思维敏捷，不拘一格，和蔼可亲。读他的作品就像是同一个非常聪明的人在炉边谈话。他会挑战你的先入之见，带你透过事物的表面现象看到它的本质。

——菲利普·沃马克（Philip Womack），《每日电讯报》

马尔科姆·格拉德威尔是一位才华横溢的作家。他对那些不为人知的故事有着敏锐的嗅觉，而这种嗅觉总是时不时地让读者在心里嘀咕："哇，这太有趣了！"他会避开陈旧话题、简单的道德说教和传统智慧，鼓励读者不断思考，以及从不同的角度思考……书中有几章可以说是随笔艺术的经典之作。

——史蒂芬·平克（Steven Pinker），《纽约时报书评》

马尔科姆·格拉德威尔擅长以小见大……通过阅读《大开眼界》，你会发现格拉德威尔根本不喜欢直来直去的解释。相反，他喜欢那种逆向的、反直觉的解释。格拉德威尔最擅长的并不是跳到框架外思考，而是去探索框架的模糊边缘。

——乔尔·亚诺夫斯基（Joel Yanofsky），《卡尔加里先驱报》

马尔科姆·格拉德威尔是媒体界耀眼的明星之一……他精炼的文笔以及善于颠覆社会科学领域内传统智慧的技巧，使《引爆点》《眨眼之间》《异类》，以及这部结集多篇杂志文章而成的、涵盖从"追求时尚"到番茄酱等话题的作品成为必读之书。

——亚历克斯 · 奥尔特曼（Alex Altman），《时代周刊》

马尔科姆 · 格拉德威尔是美国最与众不同的，也是最敏锐的记者之一……格拉德威尔擅长在看似不相关的事物之间建立有趣的联系，比如橄榄球和教学，再比如安然公司和反潜艇战争。阅读格拉德威尔的文章就好比在玩字谜游戏，而且玩的是一款设计得非常好的且富有挑战性的字谜游戏。这是一种极佳的锻炼读者思维的方式，而在这方面，他极少令人失望。

——波鲁斯 · P. 库珀（Porus P. Cooper），《纽瓦克明星纪事报》

马尔科姆 · 格拉德威尔最擅长的就是把某种理念置于关于人们日常生活的故事中，再通过这些故事，一步步颠覆传统智慧……格拉德威尔在社会心理学领域获得的成功得益于他在《纽约客》杂志十余年的磨砺。他就天才本质、跨国公司缺陷及人类行为怪癖所做的自信而乐观的论述，被那些寻找新导师的商业人士津津乐道。他的技巧就在于能把枯燥的学术问题转变成日常生活中令人信服的故事：为什么我们要买这个或那个？为什么我们会相信那些稀奇古怪的想法？为什么我们不能把原因和结果联系起来？他是一位大师，为我们揭开我们眼皮底下的真相。

——伊恩 · 桑普尔（Ian Sample），《卫报》

1

系列推荐序
格拉德威尔的世界 XVII

前言
小狗看到了怎样的世界 XXV

疯狂世界：
偏执狂、时代先锋和天才型小人物

王牌推销员　003
罗恩·波佩尔及其对美国家庭厨房的征服

番茄酱之谜　031
如今，芥末酱已经发生彻底的改变，为什么番茄酱还是老样子？

暴富　049
纳西姆·塔勒布如何将不可避免的灾难转化为一种战略投资？

真实的发色　072
染发剂和战后美国的隐秘历史

约翰·洛克悔不当初　097
避孕药的发明者在女性健康问题上的疏忽之处

小狗看到的世界　120
西泽·米兰其人以及动作掌控之道

2

奇妙生活：理论、预言和诊断结论

公开的秘密　145
安然公司、智慧和信息过多带来的风险

百万默里　167
游民问题也许很容易就能解决

图像问题　185
X 光造影检查、空军力量和视线的局限性

借来的东西　205
对剽窃的指控会毁了你的生活吗?

连点成线　226
情报分析改革的悖论

失败的艺术　243
为什么有些人惊慌失措，而有些人却紧张失常?

航天飞机爆炸的省思　259
谁应为“挑战者号”航天飞机爆炸那样的灾难负责？谁也不能。我们最好习惯这种情形

3

致谢 378
作者访谈 379
供讨论的问题和话题 383

美丽人生：
个性、性格和智慧

大器晚成 273
我们为什么认为天才一定早慧？

谁最有可能成功 292
当我们无法评估谁适合这份工作时，怎么聘用员工？

危险的心灵 312
犯罪心理画像使破案变得更容易了

天才神话 332
“聪明人”是否名过其实？

新人的人际网络 347
招聘面试实际能告诉我们什么？

潜伏的祸端 363
比特犬的行为给犯罪带来何种启示？

系列推荐序

格拉德威尔的世界

得到 App 总编辑

李　翔

1

2000 年，35 岁的马尔科姆·格拉德威尔出版了自己的第一本书《引爆点》。

在此之前，他是一个留着“爆炸头”发型的记者，喜欢在家附近的麦当劳工作。他有一个数学家父亲和一个心理学家母亲，出生在英国，在加拿大长大并读大学，后来到美国工作。他是一个注定要走上写作这条路的人。6 岁的时候他就开始阅读，最初的读物是《圣经》。16 岁的时候，他写了一篇小说，在这篇虚构的作品里，他采访了上帝。这篇小说为他赢得了一项写作奖。

不过，后来格拉德威尔说，他从来没想过自己要成为一个作家。大学快要毕业的时候，他想去广告公司工作。于是他向多伦多的 18 家广告公司都投了简历，结果没有一家公司觉得他是从事广告工作的料。他也想过读研究生，但是他没信心自己能考上。他想申请一份奖学金，到海外去游学一年，结果也失败了。

无奈之余，在多伦多大学拿到历史学位之后，格拉德威尔在印第安纳州出版《美国观察者》(*The American Spectator*) 的一家小杂志社谋得了一份编辑的工作。他仍然不怎么走运，被杂志社开除了，据他自己说是因为他经常睡过头。在做了几年的自由撰稿人之后，他又在《华盛顿邮报》找到了一份记者的工作，报道的领域包括商业、科技和医药。1996 年，他从《华盛顿邮报》跳槽到了《纽约客》，这份杂志可以给他充分的空间来写那些他感兴趣的话题。

在《纽约客》，按照他的编辑亨利·菲德尔的说法，格拉德威尔发展出了一种新的文体——“格拉德威尔式文体”。这种文体的特征是以观念探索为驱动，在个人经历、社会事件和历史场景中来回转换，使人们开始重新思考早已默认的观念。

举两个例子。在《番茄酱之谜》这篇文章里，格拉德威尔试图解释一个在美国人的生活里很常见但是却没人仔细去探究的问题：为什么人们能够接受不同口味的芥末酱，由此得以让一个更高端的品牌贵普朋（Grey Poupon）崛起，人们也能够接受不同口味的意大利面酱（事实上，格拉德威尔在 TED[①] 演讲中说，有 7 种不同的醋、14 种不

① TED 是美国的一家私有非营利性机构，该机构以它组织的 TED 大会著称，会议的宗旨是“传播一切值得传播的创意”。——编者注

同的芥末酱和 71 种不同的橄榄油），但是，自从亨氏推出番茄酱，这个产品就再也没有产生过什么变化？

在《天才神话：“聪明人”是否名过其实》这篇文章中，格拉德威尔用心理学原理和案例分析对麦肯锡公司和它的客户们颇为推崇的人才识别系统发起挑战：“麦肯锡需要的是那种能够跳出既有框架思考的人，可是他们从未想过，如果每个人都需要跳出框架思考，那么就应该是这个框架本身需要被调整了。”

在《引爆点》里，格拉德威尔把自己的这种风格发挥到了极致。他从暇步士（Hush Puppies）休闲鞋的意外走红和纽约犯罪率的突然下降开始谈起，然后发展出了自己的一套用来解释事情突然变化的理论。简而言之，这套理论就是用来解释为什么某个事物突然开始流行，或者流行的趋势突然发生变化的。

尽管格拉德威尔总是谦逊地说，他一直认为只有自己的亲戚朋友才会花钱去买一本《引爆点》，但是它在《纽约时报》的畅销书排行榜上停留了 28 周，卖出了 170 万册。格拉德威尔本人也从一名《纽约客》的作者摇身一变，成为无数经理人眼中的“营销上帝”。用他自己的话说，他开始在电脑键盘和麦克风之间摇摆：作为《纽约客》的作者，他每年要为这本杂志撰写 5 万到 6 万字的文章，题材任选；作为炙手可热的《引爆点》的作者，他每年要做 25 场演讲（他的出场费用已经高达每场 4 万美元）。《时代》杂志把他评选为“全球最具影响力的 100 人”之一；在咨询公司埃森哲（Accenture）列出的 50 位管理大师名单中，格拉德威尔名列第 27 位，排在他后面的包括第 37 位的杰克·韦尔奇和第 45 位的理查德·布兰森［维珍（Virgin）品牌的创始人]；商业杂志《快公司》称赞格拉德威尔是“21 世纪的彼得·德鲁克”。

2

从《引爆点》出版到现在，格拉德威尔已经出版了六本书，每一本都是超级畅销书。

在《引爆点》中，格拉德威尔分析了一个事物如何变得流行，掀起一股浪潮，或者如何抑制一个事物——比如疾病——的流行。他提出了流行三法则：个别人物法则、附着力法则和环境威力法则。个别人物由三类人构成：联络员、内行和推销员。联络员是善于结识人并且会介绍这些新结识的人相互认识的人，我们认识的人中大多数都是通过联络员介绍认识的；内行是对某种事物——比如汽车、手机甚至肥皂——感兴趣并且极其了解的人；推销员则是生活中那些不停推荐我们买什么样的东西、去哪家餐馆的人。附着力法则意味着，事物本身的微小改变可以改变它的命运，比如一款商品在设计上的微小变动就可以让它大卖。环境威力法则意味着，环境的微小改变能够引起巨大的变化，最好的例子莫过于纽约地铁犯罪率的突然下降——警方只是简单地将地铁站的涂鸦清洗掉，并且严禁逃票，结果所有重大犯罪的犯罪率都下降了。《引爆点》旨在证明格拉德威尔的一种简单想法，即改变这个世界并没有我们想象的那样困难，有时候，仅仅需要找到恰当的方法，并不需要太多成本，我们就能改变世界。

在 2005 年出版的《眨眼之间》（*Blink*）里，格拉德威尔详细解释了人们所忽略的另外一种思维方式。我们非常重视理性的推论，并且我们接受的所有教育也都在培养这种思维方式，可是我们却忽略了另外一种思维方式——我们的直觉、我们的瞬间判断力。格拉德威尔要阐释的就是这种新的思维方式。他在书的序言中就举了一个典型的瞬间决断的例子：博物馆买下了一座雕像，专家们使用各种仪器对其进行研究，认为它是古希腊时期的，可是一位来访的教授第一眼就认定它是现代仿品，后来它果然被证明是现代仿品。

2008 年，格拉德威尔出版了《异类》。这本书的内容是研究成功。不过，正如书的副标题说的那样，他要写的是“不一样的成功启示录”。格拉德威尔在书里面推翻了天才的神话。他把“10 000 小时定律”普及开来：这个定律指的是，在任何领域要想取得出类拔萃的成就，必须要经过至少 10 000 个小时的练习。他要指出的另一个关于成功的不一样的地方在于，你出生的年代，甚至你出生的月份，会在很大程度上影响你的人生。美国最富有的人中有 14 个都生活在镀金时代[①]，包括比尔·盖茨和乔布斯在内的计算机大亨也都出生在20世纪50 年代。你出生的年代决定了你在一次新的技术浪潮来临时，是否站在了一个恰当的位置上。

2013 年的《逆转》讨论的是强弱对比的问题。在格拉德威尔看来，有些劣势可以成为优势，而有些旁人认为的优势其实是劣势。他从探讨大卫和歌利亚的决斗出发来解释这一点。大卫之所以能战胜歌利亚，一个很重要的原因是他拒绝遵守决斗规则。大卫拒绝了以色列军队统帅扫罗要借给他的铠甲和利剑，因为披上厚重的铠甲并手持利

---

① 镀金时代指从南北战争结束到 20 世纪初的美国历史时期。——编者注

剑之后，行动速度就会降低，而且这会迫使他不得不像一个步兵那样和步兵中的佼佼者歌利亚来决斗。他选择在离对手有一段距离的位置向其没有遮挡的前额投出石块，从而成功击晕了歌利亚这个巨人，然后快速接近他并用歌利亚的剑斩下其头颅，而不是面对面地用兵器和歌利亚拼个你死我活。回到我们生活的世界，患上阅读障碍症的人也得到了补偿：有的人变得更会倾听，有的人变得更加善辩、更加具有说服力，而且他们都更能接受失败。相反，很多优势却未必会一直是优势。比如，并不是班级越小，教学质量就越高；不是你考入的大学越好，你就会越成功。

《逆转》出版六年之后，格拉德威尔出版了《陌生人效应》。这本书要探讨的主题是，陌生人之间为什么会产生误解、轻信和冲突。为什么一名古巴间谍能够潜伏中情局很多年，能够成功骗过其他经验丰富的情报官员？并且更让人吃惊的是，当事后反思时，人们其实能够发现其有过无数的破绽。为什么尽管不断有人向美国证监会等机构举报麦道夫，但他的庞氏骗局依然能够维持那么多年？为什么交通警察会开出那么多罚单，并且很容易跟司机发生冲突？

除了以上五本书，格拉德威尔还把他为《纽约客》写的文章结集出版为一本书——《大开眼界》。我前面提到的《番茄酱之谜》就被收录在这本书里。这本书还收录了他对《黑天鹅》一书的作者塔勒布的采访。

格拉德威尔的每一本书都在探讨一个每个人都会关心的问题，并且能给出一个不同的思考维度：某个事物为什么会流行？人们是如何思考和决策的？什么样的人能够取得世俗成功？优势和劣势如何互相转换？人们为什么会轻信他人，又为什么会跟他人发生冲突？

他的每一本书都是典型的“格拉德威尔式文体”，用讲故事的方式来介绍最新的科学研究，以解释生活中司空见惯的事，并改变你对这些事情的看法。格拉德威尔在一次采访中盛赞另一位非虚构作家迈克尔·刘易斯为天才，其实，他自己又何尝不是一个天才呢？

格拉德威尔曾经说，他写作的动力之一就是想知道，如果用另一个人的眼睛、另一个人的头脑去看、去思考某个问题，他会得到什么样的答案——无论是关于番茄酱、“挑战者号”航天飞机事故，还是一桩公司丑闻。如今，通过他的书，我们有了一条捷径，可以透过他的眼睛和头脑去看、去思考问题。

我强烈推荐你随便翻开一本格拉德威尔的书，走进格拉德威尔的世界。他一定会改变你对事物的既有看法。

前　言

小狗看到了怎样的世界

1

在很小的时候，我时常会溜进父亲的书房，翻看他摆在桌上的那些报告。我的父亲是一位数学家，他经常用铅笔在绘图纸上写东西：一长串一长串工整的数字和图形。我会坐在他座椅的边缘，带着疑惑和好奇一页页地翻看。这些东西当时在我眼里简直是无字天书，而父亲靠这些居然就有薪水可领，这真是太不可思议了！更重要的是，我如此挚爱的一个人却每天都沉浸在自己的世界里，琢磨着我难以理解的事，这一点实在令我受不了。

这正是我后来学到的，被心理学家称为“他者心灵”的现象。[1]

岁的孩子认为，如果他喜欢金鱼小饼干，那他的爸爸、妈妈也一定很喜欢这种饼干，他还无法理解，自己头脑里想的跟其他人头脑里想的都不一样。未来某天，他将懂得他的爸爸、妈妈不一定也喜欢金鱼小饼干，这就是人类发育过程中认知能力成长的一大里程碑。为什么 2 岁的幼儿会如此淘气？那是因为他们正在验证一些令他们好奇的全新观念：此事虽然能让自己感到快乐，却并不一定能让别人也感到快乐。其实成年人也从未失去对人类心理的好奇心。当我们在社交场合认识一位医生时，我们想要知道的第一件事是什么？我们并不会问“你都做些什么事”，大家大体上都知道医生是做什么的。我们反而想知道整天跟生病的人待在一起意味着什么，我们想知道当医生是什么感觉。因为我们相当清楚，当医生跟整天坐在计算机前工作、在学校教书，或是销售汽车的感觉完全不一样。问这种问题不是在明知故问，这种问题也不是蠢问题。对于别人日常工作的实情感到好奇是人类基本的原动力之一，而我之所以撰写各位手上拿着的这本书，也出自同样的原动力。

2

《大开眼界》一书中收录的所有文章，之前均刊载于《纽约客》杂志。我自 1996 年起便担任《纽约客》的特约撰稿人。在这期间我写过无数的文章，而选入本书的都是我的最爱。我把这些文章归为三部分，第一部分关于一些锲而不舍的“天才型小人物”——我喜欢这么称呼他们。他们不是爱因斯坦、丘吉尔或曼德拉那样的人物，也不像那些打造我们这个世界的伟大建筑师，而是像销售万用剁碎机的罗恩·波佩尔（Ron Popeil），或是以一句广告语而名噪一时的雪莉·波利考夫（Shirley Polykoff）这样的人。那句广告语是：“她染不染头发？只有她的美发师最清楚。”（Does she or doesn’t she? Only her hairdresser knows for sure.）第二部分是理论研讨，主要讨论了整理个人经验的方式。我们对于街头游民现象、金融丑闻，或是像“挑战者号”航天飞机灾难这些事件，应该持什么样的态度呢？第三部分侧重于讨论我们是如何对他人做出预判的。我们怎么知道一个人是好是坏、聪明与否，或是能不能把某件事情做得十分妥帖？各位将会读到，我对于我们做的这类判断的准确性是存疑的。

其实，我们的看法不是关键，更让我感兴趣的是，那些会去思考游民问题、番茄酱或金融丑闻的人，他们究竟是怎么看待这些问题的。就我本人而言，我完全不知道该怎么评断“挑战者号”的事故。那对我来说无疑是无字天书：那是一堆工整地记在绘图纸上的我无法解读的数字和图表。可是如果我们通过另一个人的眼睛，通过另一个人的头脑，去看、去思考这个问题，那我们会得到什么答案？

比如，书中有一篇文章是关于我试图去了解“惊慌失措”（choking）和“紧张失常”（panicking）有什么区别。这篇文章的灵感来自1999年7月小约翰·肯尼迪驾驶飞机失事身亡事件。他是飞行新手，又遇到坏天气，因此“失去平衡”（lose the horizon，这是飞行员惯用的说法），开始螺旋俯冲。为了解他当时经历的过程，我特别请了一位飞行员带我搭上肯尼迪驾驶的那个型号的飞机，并且选择了跟他当时经历的一样的天气状况飞行。我要飞行员做出急速下坠的动作，这不是什么噱头，而是有其必要性的。我想尽可能地了解飞机失事是什么感觉，因为只知道肯尼迪做了什么，不足以让我真正了解那次意外事故。

“图像问题”这一篇谈到如何解读卫星图像，就好比布什政府误以为自己已掌握的萨达姆·侯赛因拥有大规模杀伤性武器的照片。我之所以着手写这个题目，是因为我和一位放射医学家看了一下午的乳房 X 光片，看到一半时——在毫无预兆的情况下——他提到他想过，像他这种人看乳房 X 光片所遇到的问题应该跟 CIA（中央情报局）的人看卫星图片时会碰到的问题很相似。我当时正想知道他是怎么想的，而他却想知道 CIA 官员的脑袋里在想什么。我还记得在那一刻，我整个人觉得头晕眼花。

还有就是关于本书英文书名来源的那篇文章，那是对驯狗专家西泽·米兰（Cesar Millan）的人物速写。米兰可以靠手的触摸摆平最凶悍、最顽劣的狗。当初促使我执笔写那篇文章的原动力是，我想知道米兰做这种工作时在想什么。可是这篇报道写到一半时，我发现还有一个更棒的问题：当米兰施行他的“魔法”时，狗在想些什么？这才是你我真正需要知道的：狗能看到什么？

3

我最常被问到的问题是：你写作的灵感是从哪里来的？我每次回答这个问题都答得不好。通常我的答案模棱两可，有时是说有人会讲些故事给我听，或是说跟我合作的主编亨利拿了一本书给我看，从而激发了我的灵感，要不就干脆说我不记得了。我在挑选本书的文章时，就想到要试着一劳永逸地整理出答案来。例如有一篇篇幅较长且内容有点儿偏离主题的文章谈到，为什么市面上从未出现与亨氏分庭抗礼的番茄酱品牌（我们吃番茄酱时在想什么）。这篇文章的灵感得自我的友人戴夫，他是做食品杂货生意的。我们俩经常一起吃午餐，而他是那种会思考这些问题的人（戴夫还有一些关于甜瓜的有趣理论，但我将留到后文揭秘）。另外一篇是“真实的发色”，描写的是开创染发市场的女性。一开始是因为不知怎么的，我脑海里出现了一个念头，觉得写洗发露应该很好玩（我想我当时可能真的是文思枯竭了）。在做过很多次采访后，一个麦迪逊大道[①]类型的人愤恨地对我说：“你干吗要写洗发露？写染发剂要有趣得多。”于是我就改了题目。

寻找写作灵感的秘诀就是要说服自己：每个人、每件事都有故事可说。我虽然用了“秘诀”两个字，但其实我真正的意思是“挑战”，因为这是很难办到的一件事，毕竟人类的直觉是假设大部分事情都不会有趣。我们总是在电视频道间转来转去，先要跳过 10 个，才能选定 1 个。在书店里，我们总要先翻过 20 本小说，才能选定 1 本自己想看的。我们会过滤，区分好坏，再做判断，这都是情非得已，因为各式各样的东西实在太多了。可是要从事写作工作的话，你每天就必须对抗这种筛选的本能。洗发露感觉上好像没什么意思？管他呢，我一定要从这里面找到故事，即使一时找不到，我也要满怀信心，相信

① 麦迪逊大道（Madison Avenue），美国纽约市广告业大本营。——译者注

继续挖掘下去最终一定会发现可以写的东西（对于这一点，我要请读者来判断我是对是错）。

另一个寻找灵感的秘诀是，对于权力与知识的不同之处要有所认识。出现在本书中的人物很少是大权在握的人，他们甚至没有什么名气。我是真的对“天才型小人物”最感兴趣。要发掘有趣的故事，切忌从最上层人物找起，而要从中层人物着手，因为全世界在做实事的大多是中等阶层的人。我的朋友戴夫，就是教我番茄酱知识的那一位，他便是中产阶级人士。他做过番茄酱生意，所以他懂这里面的故事。高高在上的人，因为要保护自己的地位和特权，所以说话时自我意识很强（这也是应该的），而自我意识正是“趣味”之敌。

在《王牌推销员》一文里，我们会结识阿诺德·莫里斯（Arnold Morris）。某年夏天，他曾在泽西海岸的自家厨房里，向我演示如何推销万用切果蔬机。他的开场白是：“各位乡亲父老，请过来这边，我要向大家展示一台史上最强的切果蔬机。”接着，他拿起一包烤肉调味料当道具。“请看这个！”他高举着那台机器，像是在展示一只蒂芙尼花瓶。这就是我发掘灵感的地方，在泽西海岸某人家的厨房里。

4

从小到大，我从来没想过要当作家。我曾经想当律师，后来，到大四那年，我决定进军广告界。于是我向多伦多市的 18 家广告公司申请工作，结果收到了 18 封拒绝信。我把这些信一字排开，用胶带贴在墙上（它们到现在应该还被我存放在某个角落）。我考虑过考研究生，可是我的成绩不够好。我申请过奖学金，想到有异国情调的地方游学一年，但也遭到拒绝。到最后，写作成了我无心插柳而走上的一条路，我之所以走了那么多弯路只出于一个简单的原因：我怎么也没想到写作可以是一种工作。工作应该都是很严肃、很可怕的，可是写作对我而言充满了趣味。

大学毕业后，我在印第安纳州为一家出版《美国观察者》杂志的小型出版社工作了半年，然后搬到华盛顿特区，做了几年自由撰稿人，后来又进入《华盛顿邮报》，再从那里跳槽来到《纽约客》。一路走来，写作的乐趣对我来说丝毫不曾减少，但愿读者在翻阅本书时能体会到我对写作的热爱。最令我感到挫败的事莫过于有人看了我写的或别人写的东西，却生气地说："我不赞成这种看法！"他们为什么要生气？文章的优劣并不取决于其说服力有多强，反正读者在本书中读到的文章不会是这一类。写作成败的关键在于，能不能让读者爱不释手，能不能刺激读者思考，给读者从别人的视角审视世界的机会——哪怕读到最后的结论是"我还是更喜欢从我自己的视角审视世界"。我认为选入本书的每一篇文章都可以被称为一段"探索之旅"，我写作的初衷也正是如此。现在就请各位细细品味吧。

1

疯狂世界：偏执狂、时代先锋和天才型小人物

“对山葵上的虫子而言，这个世界只有山葵那么大。”

王牌推销员

罗恩·波佩尔及其对美国家庭厨房的征服

1

罗科秀坦（Ronco Showtime）电转烤肉器不平凡的故事始于内森·莫里斯（Nathan Morris）这个人。内森的父亲基德斯·莫里斯（Kidders Morris）是一名鞋匠，也是一名犹太教领唱者，他于19世纪80年代来到美国，定居于新泽西州阿斯伯里帕克。内森的职业是推销员。彼时他顺着大西洋沿岸地区南来北往，在海边木栈道、廉价商店和乡间市集推销新奇的厨房用具，这些用具均是由纽瓦克的顶尖金属公司Acme Metal生产的。到20世纪40年代初期，他创办了莫里斯制造公司（N. K. Morris Manufacturing），主要生产KwiKi-Pi三明治烤盘和莫里斯计量切片器。或许是大萧条时期工作不好找的缘故，也可能是因为内森做的这个新行当确实有特别吸引人之处，随后莫里斯家族的成员一个接一个地追随他走上了推销这条路。

内森有两个儿子：莱斯特和绰号“刀子”的阿诺德，他们都是内森手下的推销员。此外，内森还带着自己的小舅子欧文·罗森布鲁姆人了行。后来，罗森布鲁姆在长岛靠卖塑料制品致富，他的塑料制品中有一种刨丝器，由于做工极好，内森为表示敬意，也推出自己的产品“荷式捣碎刨丝器”。内森跟亲兄弟阿尔合伙，当时阿尔的儿子们与身材颀长的爱尔兰人埃德·麦克马洪一起在海边木栈道做推销。后来在大战爆发前的那年夏天，内森起用了外甥塞缪尔·雅各布·波佩尔（Samuel Jacob Popeil）当学徒。人称 S. J. 的波佩尔受内森影响极大，日后更是在芝加哥创办了波佩尔兄弟公司（Popeil Brothers），并陆续推出万用切果蔬机、万用剁碎机、高效能切蔬果机等产品。S. J. 有两个儿子，长子杰里不幸早夭，次子叫作罗恩·波佩尔，只要看过美国深夜电视购物节目的人应该都很熟悉他。

“二战”后那几年，有许多人把厨房用具这一行当当作终身事业。纽约的克林霍弗家族即是其中之一。其家族成员中曾有人死于非命。那是发生于 1985 年的恐怖分子劫持意大利邮轮“阿奇列·劳罗号”事件，当时坐着轮椅的利昂·克林霍弗被巴勒斯坦恐怖分子残忍地推入海中。他们家族在 20 世纪 50 年代生产出 Roto-Broil 400 这款产品，那是一款早期的家用烤肉器，负责推销这款产品的便是莱斯特·莫里斯。还有一位做厨房用具的是刘易斯·索尔顿，他带着父亲收藏的一枚珍贵的英国邮票成功逃离纳粹魔掌，并把那枚邮票转化为一家位于布朗克斯的家用电器工厂。他当时推出的产品是索尔顿食物保温器，这可以说是微波炉的前身，而今日索尔顿公司出售的主打产品是乔治·福尔曼烤肉架。

不过任何对手也比不上莫里斯–波佩尔家族。这是美国厨房用具界的第一家族。这个家族的人赚到了丰厚的利润，也娶到了貌美的妻子；他们互相借用对方的构想；夜里躺在床上时，他们还不忘苦思有什么方法可以使人们削洋葱时流的是欢喜之泪。

他们认为，当时大多数人的想法——把产品开发与产品营销分开——是不对的，因为在他们眼中，这两者密不可分：本身就好卖的东西才会畅销。波佩尔家族的成员个个积极进取又精明能干，罗恩更是其中的佼佼者。他是家族里的“约瑟”[①]，被父亲放逐到蛮荒之地，而回来时所赚的钱比整个家族的人赚的总数还要多。他是把海边木栈道推销产品的秘诀带到电视荧屏上的开路先锋。而在莫里斯－波佩尔家族推出的厨房新奇用品中，设计最独到、最受消费者欢迎，以及最能反映其产品与营销相互关联理念的，非罗科秀坦电转烤肉器莫属。这种电转烤肉器可放在厨房台面上使用，消费者可以用分 4 期、每期 39.95 美元的分期付款方式购得。而以价格和功能来说，它算得上有史以来质量最优的厨房家电用品。

2

罗恩相貌英俊，他仪表堂堂，五官特征明显而突出，有强壮的臂膀与宽厚的胸膛。时年 60 多岁的罗恩住在位于冷水峡谷半山腰贝弗利山庄的一栋造型不规则的平层别墅里，屋后有一片鳄梨树和一处菜园。以贝弗利山庄的生活标准来说，罗恩的习惯算是老派的：他会自己提东西回家，会去连锁餐厅 Denny’s 用餐；他平时穿 T 恤衫和运动裤，还会每天到当地杂货店买鸡鸭鱼肉，且经常每天去两次。他尤

① 约瑟（Joseph），在《圣经》故事中，他在家族里遭受排挤和欺凌，后成为受人敬畏的有智慧的人。——编者注

其喜欢好市多卖场，因为那里的鸡肉每磅[①]才 0.99 美元，低于一般超市的 1.49 美元。不管他买了什么，他都拎回家中的厨房——那里能够俯瞰峡谷，空间十分宽敞，厨房台面上摆了一整排烹饪器具，还有 1 500 瓶橄榄油，角落里挂着一幅油画，画中是他与他的第 4 任妻子罗宾（她曾是某内衣公司的模特），还有幼女孔泰萨。罗恩的名下有一家名为“罗科发明”的公司，公司设立于加州查茨沃思，拥有 200 名员工，还有两个仓库。不过罗科公司的灵魂人物其实是在家中办公的罗恩，而公司的许多重要人物事实上也是罗恩的朋友，他们也是各自在家里工作。当罗恩煮好一锅汤，想要商量事情的时候，这些人就会齐聚在罗恩的厨房里。

过去几十年，罗恩发明了一系列构思巧妙的厨房用具，其中有“罗科电动食物脱水机”，有“波佩尔自动面团香肠机”，这台机器的推力轴承跟防弹玻璃一样，均由相同的材质制成。乍现的灵光总是引导着不懈努力的罗恩。比如 2000 年 8 月，他突然对罗科秀坦电转烤肉器的后续产品有了灵感。那时他和助手艾伦·巴克斯一直在研发一种调面糊机，一次最多可以放入 10 磅重的鸡翅、扇贝、虾或鱼片，只要把鸡蛋、面粉、面包糠和上述原料搅拌好，几分钟后这道菜就大功告成，而且无论是厨师的手还是机器本身都不会弄脏。罗恩后来在午餐桌上向我说明了那次的情形：“巴克斯当时到韩国去谈一批大订单了。”当时罗恩在贝弗利山庄酒店的波罗厅贵宾室吃着汉堡和薯条，他说：“我打电话给巴克斯，把他吵醒——当地时间是凌晨两点。以下是我一字不差对他说的

① 1 磅 ≈ 0.45 千克。——编者注

话：‘放下那边的工作，别管面糊机了，我之后会接管那个项目的。你优先处理眼下这个新项目。’”这个新项目也出自罗恩的灵感，那是一台可以在室内熏肉却不会导致室内空气满是烟熏味儿或家具沾上烟熏味儿的装置。当时，罗恩在自家的阳台上就摆着这种室内熏烤炉的原型机，那是他一年前研发出来的，是那种“小题大做的复杂设计”。有一天他心血来潮，把一只鸡放进去熏。“结果那份熏鸡肉实在太好吃了，我忍不住对自己说。”说到这里，他开始用左手敲打桌面，“我这一辈子都没吃过那么好吃的鸡肉三明治。”他反问我：“你吃过几次熏火鸡肉三明治？也许每半年才吃一次。才吃一次！那你又吃过几次熏三文鱼？啊，不止一次。假设你每 3 个月吃一次熏三文鱼好了。那熏猪肋排你吃过几次？这要看你在哪家餐厅点肋排了。熏香肠，也是同样的情况。我们都会吃烟熏的食物。”他倾过身来，戳我的手臂，强调他说的话：“可是我很清楚一件事，马尔科姆，你家没有熏烤炉。”

秀坦电转烤肉器的构想也是循着这个模式而来的。罗恩有一次在好市多购物时突然注意到，有一堆顾客大排长龙，等候购买刚出炉的烤鸡。他们喜欢吃烤鸡，可是罗恩知道一件事：这些人家里都没有电转烤肉器。他回家后打电话给巴克斯，两人一起买了玻璃鱼缸、马达、电热丝、烤肉杆和若干零件，然后开始拼装。罗恩希望做出的器具既要大到可以放下 15 磅重的火鸡，又要小到能够挤进一般厨房橱柜下方和厨房台面之间的空隙。他不要自动调温装置，因为这种装置会自动断电，而加热器不断地开关则无法产生他认为十分重要的效果——将鸡烤出均匀、酥脆的金黄色表皮。同时烤肉杆必须水平转动，不可垂直转动，因为在垂直杆上烤整只鸡或烤大块牛肉时，会出现上半部分被烤干、汁液全流到底部的情况。罗恩的专利律师罗德里克·多尔曼（Roderick Dorman）说，每次他去冷水峡谷，都能看到厨房台面上放着一字排开的五六台电转烤肉器的原型机。罗恩会在每台机器里各烤一只鸡，以便比较每台烤肉器烤出来的肉质和色泽。他也会思考一些细节，例如能否在烤肉串靠近电热丝之际使它转动，好让烤出来的肉串的内侧也跟外面一样呈金黄色。待罗恩完成秀坦电转烤肉器的成品时，他申请了不下 24 项专利。电转烤肉器的马达是同类产品中马力最强的；它的油滴盘包覆了一层附有不粘涂料的陶瓷，很容易清洗；整台电转烤肉器即使连续 10 次从 3 英尺[①]高的地方砸落在水泥地或石材表面，仍然可以继续使用。在罗恩眼中，这台电转烤肉器烤出来的鸡肉绝对是他这辈子吃过的最好吃的鸡肉。

当时，罗恩为秀坦电转烤肉器拍了时长为 28 分 30 秒的电视广告片。片子是在有观众的摄影棚里实况拍摄的，在 1998 年 8 月 8 日首次播出。此后这支广告片便不断四处播放——经常是在清晨时段，或是在鲜为人知的有线电视频道与教人理财的节目、重播的经典电视剧《三人行》等连着播放。而这一广告的反响也极其热烈，在广告片推出后的 3 年里，秀坦电转烤肉器的总销售额超过了 10 亿美元。罗恩从未用过一个焦点小组[②]，他也不靠市场调查专家、研发团队、公关顾

① 1 英尺 ≈ 0.3 米。——编者注

② 焦点小组，即小组座谈（Focus Group），是由一个经过训练的主持人与一个小组的被调查者进行的半结构化访谈。小组座谈法的主要目的是通过倾听一组从调研者所要研究的目标市场中选取的被调查者，获得对一些有关问题的深入了解。——编者注

问、麦迪逊大道的广告公司，或是企业经营顾问。他的经营方式是莫里斯家族和波佩尔家族在20世纪大部分时间中的一贯做法，也是每个专家都声称在现代经济中办不到的做法。他会在厨房里构想出新产品，然后自己走出去，直接推销。

3

罗恩的舅爷爷内森·莫里斯长得很像影星加里·格兰特[①]。内森喜欢戴硬草帽，会弹夏威夷四弦琴，爱开敞篷车，还会创作钢琴曲。他的公司位于阿斯伯里帕克附近的山脊道上，那是一栋低矮的、刷着白漆的房子，后面有一小间加盖的建筑物，他就在那里展开了对特氟龙[②]的创新研究。内森有一些怪癖，例如他得了恐慌症——若没有医生陪同，他就不敢走出阿斯伯里帕克半步。他与兄弟阿尔不和，后来阿尔一气之下移居亚特兰大了。他之后又与外甥S. J.有了矛盾：内森认为是他带外甥进入厨房用具这一行的，外甥却不知感恩。在两人矛盾最白热化时，他们竟为了S. J.的万用剁碎机而对簿公堂。万用剁碎机是准备食物时用的，装有特殊的离合装置，带动旋转的褶式W形刀片，最适合切卷心菜和动物肝脏。当内森推出一款名为Roto-Chop的、与之极为相似的产品时，S. J.就控告他侵犯了自己的专利权（碰巧万

① 加里·格兰特（Cary Grant），美国著名影星，出演过的经典电影有《美人计》《捉贼记》《西北偏北》等。——编者注

② 特氟龙，即聚四氟乙烯树脂，一般被称作“不粘涂层”，杜邦公司以“Teflon”作为该产品的商标名称。——编者注

用剁碎机本身好像也是出自瑞士 Blitzhacker 公司的灵感，后来 S. J. 也输了在瑞士的专利官司）。

他们两人于 1958 年 5 月在新泽西州特伦顿打官司，法庭里挤满了莫里斯和波佩尔两家的人。开庭后，先是内森在台上接受 S. J. 的律师们的诘问——他们试图证明内森只是个小摊贩和抄袭者。当庭审进行到关键时刻，法官忽然打断了诘问程序——与 S. J. 合作多年的专利律师杰克·多米尼克（Jack Dominik）回忆说："法官举起右手指着内森，我一辈子都忘不了他当时说的话：'我认识你，你是推销员，我看过你在街头推销东西。'内森也用食指回敬法官，并且大叫：'不是！我是制造商！我是个有身份的制造商，跟我合作的也是一等一的律师！'"（多米尼克表示，内森是那种会把每位跟他一起工作的伙伴都说得很了不起的人。）多米尼克继续说："那个时候，内森的脸越来越红，法官的脸比他更红，于是被迫休庭。"多米尼克未发表的手稿里详细记录了那天之后发生的一切，手稿题目是"S. J. 的发明——其代表律师多米尼克的所见所闻"。那天休庭后，内森突然心脏病发作，这令 S. J. 内疚不已。多米尼克写道："罗恩因内疚和自责而不断地啜泣。第二天这个案子就和解了。而内森前一天才发作的心脏病居然好了，这实在是个奇迹。"

内森有表演天赋，他的众多亲戚也是如此，而推销产品首要的技巧就是表演。据说，内森的侄儿阿奇（推销员中的一位翘楚）曾经在一个漫长的下午，卖给一名穿着讲究的男子一件又一件的新奇用具。到收工时，阿奇亲眼看着那个男子走开，停下，望着自己的手提袋，然后把刚刚买下的所有东西全数丢到附近的垃圾箱里——莫里斯家的人就是有这种能力。罗恩说："我的那些亲戚连空盒子都卖得出去。"

莫里斯家族最后一位活跃在推销这一行的是"刀子"阿诺德。有这个绰号是因为他特别擅长运用 Sharpcut 刀具，Sharpcut 刀具是 Ginsu 刀具的前身。阿诺德当时 70 岁出头，他生性乐观、顽皮，有圆圆的脸庞，几缕白发，还有一个招牌动作——他每次把番茄切成齐整、漂亮的薄片后，一定会熟练地顺着刀子钝的那一边，把番茄片排成整齐的一排。他与妻子菲莉丝住在距阿斯伯里帕克几英里[①]的大洋城——他（带着或许也是推销轻触式刀具时的绝对信心）表示菲莉丝是"阿斯伯里帕克最漂亮的女生"。一天早晨，他坐在书房里，精神抖擞地开始推销万用切果蔬机，那可是 S. J. 在大约 40 年前就开始生产的器具。

"各位乡亲父老，请过来这边，我要向大家展示一台史上最强的切果蔬机。"他开始了。菲莉丝坐在旁边，脸上闪耀着骄傲的光芒。阿诺德拿起一包烤肉调味料当道具，那是罗恩随秀坦电转烤肉器一起销售的赠品。"请看这个！"他高举着那台机器，像是在展示一只蒂芙尼花瓶。他强调用这台机器切马铃薯、切洋葱、切番茄……有多么利落。他说话时的声音极具说服力，带着泽西海岸语调的韵律，听起来像是在唱歌："有几个人能像这样切番茄？当你用刀切它时，你会被弄得满手汁液，那会一直流到你的手肘。用万用切果蔬机来切，你就不用那么麻烦了：你只需把番茄放进去，然后转动。"他示范该如何把番茄固定在机器的底座上。"看看这个番茄，各位女士！看看这

① 1 英里 ≈ 1.61 千米。——编者注

个番茄！你转动的次数越多，切出来的片就越多。看看这个番茄，各位女士！每片切出来都整整齐齐，没有一粒籽掉出来。不过我最喜欢用这台万用切果蔬机来切卷心菜。我的岳母大人以前常常这样对付卷心菜，”他对着想象中的卷心菜，做出一连串乱切的动作，“我以为她要自杀。噢，天啊，我拼命祷告，求她不要失手。请别误会，我很爱我的丈母娘，只是她的女儿偶尔会令我伤脑筋。有了这台万用切果蔬机，当你再处理卷心菜的时候，你只需先把它切一半，然后放进机器里，凉拌、快火炒、做沙拉，或是其他做法都随你。”

那是一人担纲的独角戏，只是阿诺德表演的目的不只是娱乐大众，他是要卖东西。他说：“一个推销员可以成为很棒的演员，可是演员却不一定能够成为很棒的推销员。”推销员必须能让人鼓掌叫好，还愿意掏出钱来。他一定要能够掌握好行话所说的“转折点”：在千钧一发的关键时刻，从演员的角色转变为商人。假设在50个围观者当中，有25人走上前来购买产品，真正的推销大师只会卖给其中的20个人，然后对其余5个人说：“等一下，我还有更多特色要向各位介绍。”然后开始大力推荐这件产品，但是这一次与之前的推销稍有不同，而那四五位没有买到产品的人就成为下一批围观群众的内圈，被后来者包围。由于他们急着付钱，想买好东西就走，于是又能引起另一波抢购潮。

推销的转折点需要推销员善用人们的预期心理，所以阿诺德总是在示范台上放一个诱人的菠萝。他说：“40年来，我每次都保证会示范切菠萝给大家看，可是我从来没有切过。我有一个同行甚至干脆去买了一个菠萝模型。干吗真的切菠萝？一个菠萝要两三美元，而且切完以后，围观的人就都走了。”阿诺德说，他雇用过一些人在康涅狄格州丹伯里的市集上替他推销一款切菜机。那几个人无精打采的态度令他十分不满，他索性自己上场示范。他说，那些人等着看他的笑话，因为他从来没有用过那款切菜机，所以一定会切得乱七八糟。可是他只示范了一次，就赚了200美元。阿诺德回忆当时的情境，说道：“这些人的眼珠子都要掉出来了，他们说‘实在没有道理，你连怎么用这台机器都不知道啊’。我说‘可是我知道有一件事我做得比你们好’，他们问是什么事，我说‘我知道该怎么让人掏钱’。那就是这一行的秘诀。”

4

自20世纪50年代中期，罗恩便开始在芝加哥马克斯韦尔大街的跳蚤市场推销父亲生产的厨房用具了，当时他才13岁。每天早晨5点，他就来到跳蚤市场，准备好洋葱、卷心菜和胡萝卜各50磅，以及100磅马铃薯。他从早上6点开始卖，一直卖到下午4点，一天可以做成高达500美元的生意。到十八九岁的时候，他开始转战全州和各郡的市集进行巡回推销。后来，他在芝加哥商业圈内的一家沃尔沃斯连锁超市分店里弄到了一个不错的门面。当时，那里是沃尔沃斯连锁店在美国生意最好的一家分店。他在那里推销万用剁碎机和万用切果蔬机，结果他赚的钱比分店经理还多。他在高级餐厅Pump Room吃饭，手戴劳力士表，住每晚150美元的酒店套房。从当时的照片来看，他长得一表人才，有一头浓密的黑发、一双蓝绿色的眼睛，以及性感的嘴唇。几年后，当他把办公室搬到密歇根大道919号时，还获得了“花花公子大楼的保罗·纽曼”[①]这一称号。

梅尔·科里（Mel Korey）从大学时代起就认识罗恩，也是他的第一个生意伙伴。科里还记得当年他曾经去那家沃尔沃斯分店观摩罗恩推销万用剁碎机的场景。科里说：“好多人迷死他了，因为他实在太帅了，附近的秘书小姐都会趁着午休时间专程到沃尔沃斯去看他。他会挑好时机进入‘转折点’，顾客简直是抢着过来买东西的。”有一次，罗恩的一位朋友史蒂夫·温（Steve Wynn，幻象度假村集团的创始人）去看望因内线交易而入狱的著名金融家迈克尔·米尔肯（Michael Milken）。他们两人坐在电视机前，无意中看到罗恩的一集购物广告节目，节目中，罗恩正在一步步地降价，这是街头推销的经典策略。他说：“各位不必花200美元，不必花180美元，不必花170美元，不必花160美元……”这是标准的推销手段：只因为一开始的价格喊得很高，这听起来就很戏剧化。然而，罗恩叫起价来却有一种令人难以抗拒的魔力。他口中的价格越来越低，此时，温和米尔肯——这两位仁兄跟任何一个熟知利润率的美国人一样——异口同声地大叫：“打住！罗恩，别再降了！”

罗恩是最厉害的推销员吗？唯一一次有意为这个问题找到明确答案的行动发生在几十年前，当时罗恩和阿诺德在马萨诸塞州西斯普林菲尔德举行的东部各州博览会上推销一组刀具，另一位推销员弗洛斯

---

① 花花公子大楼（Playboy Building），即密歇根大道919号大楼；保罗·纽曼（Paul Newman），美国著名演员，此处指罗恩的长相与保罗·纽曼颇有几分相似。——编者注

蒂·维森（Frosty Wishon）也在场，他也是一个传奇人物。罗恩说："维森是个穿着讲究、口才一流的人，也是位很棒的推销员。可是他自以为无人能比，所以我就说'各位，这场博览会为期 10 天，每天的展出时间为 11~12 个小时。我们轮流上阵，比赛谁卖得多'。"在莫里斯-波佩尔的推销学中，这叫作"对决"。那次较量的结果，没有一个人忘得了。罗恩击败了阿诺德，但是两人的"战绩"只差一点点，仅差几百美元。而维森推销的成绩只及两位对手各自的一半。罗恩继续说："你不知道当时维森的压力有多大。博览会结束时他来找我，对我说'罗恩，有生之年，我再也不想跟你同台推销了'。"

维森想必是魅力十足又很有说服力的，然而他以为这样就够了，以为推销的游戏规则与名人代言的规则一样。当职业篮球明星迈克尔·乔丹为麦当劳的汉堡代言时，乔丹是其中的明星。可是罗恩或阿诺德在推销万用剁碎机等商品时，他们的能耐就在于让万用剁碎机成为明星。毕竟这是一项创新产品，让人们可以用不同的方式切洋葱、剁肝脏，消费者需要重新考虑要不要改变自己的做菜方式。万用剁碎机跟大部分伟大的发明一样，会改变人们现有的生活习惯。你要怎么说服人们放弃原来的习惯？你不能只靠诚心诚意或讨好逢迎，靠名气大或外表好看也不够。你必须一遍接一遍地向消费者说明这项发明，而且每一次都要有不一样的"转折点"。你必须示范机器到底怎么用，为什么它会让人们的生活变得更加便利。在用机器剁肝脏时，你要引导观众注意你的操作过程，然后确切地告诉他们，这台机器十分合适日常做饭。最后你要强调，这虽然是革命性的发明，使用起来却一点儿也不难，以此作为卖点，把东西卖出去。

几十年前录像机刚上市时，它也是会改变人们生活习惯的产品。理论上讲，录像机可以让我们录下电视节目，这样我们就再也不必被“黄金时段”绑住了。然而，尽管录像机后来变得十分普及，但是它很少能实现这个用途，因为从来没有人从这个角度推销过录像机。没有人一遍又一遍地向消费者介绍过这款新产品，也没有人精确地展示过录像机的使用方式，或是示范如何把录像机融入日常生活，也没有一双手一步步为消费者展示整台机器的操作步骤。制造商只管把装着录像机的箱子交给消费者，拍拍他们的肩膀，再附上一本使用手册——任何推销员都会说这么做是不行的。

有一次，我到罗恩位于冷水峡谷的住宅去拜访他时，有幸坐在他家厨房的高脚凳上，见识到他那一套“真正的推销”究竟是怎么一回事。罗恩说起他刚刚和演员罗恩·西维尔（Ron Silver）一起吃完饭。罗恩·西维尔在一部有关 O. J. 辛普森案的新电影里，饰演罗恩的朋友鲍勃·夏皮罗（Bob Shapiro，辛普森的辩护律师）。罗恩说：“他们把罗恩·西维尔后脑勺的头发剃掉，让他的后脑勺秃了一块，因为夏皮罗的后脑勺就秃了一块。所以我对他说‘你一定要买 GLH’。”GLH 是罗恩早年推销过的一款产品，那是一款喷雾发胶，可以使头发变得更加浓密，从而盖住秃头的地方。“我跟他说：‘那可以让你比较好看，等快要拍戏时再洗掉就好了。’”

讲到这里，一般推销员通常会就此打住——这个话题已经说完，可以翻篇了。我们俩那时候一直在谈秀坦电转烤肉器，在我们身后的台面上，有一台秀坦电转烤肉器正在烤鸡肉，另一台在烤小牛排。罗恩前方的桌上，一台面团机也在运转中。他自己则在炒一些大蒜，准备午餐的时候吃。可是他既然说起 GLH，如果不把 GLH 的妙用展示给我看，那他就不是罗恩了。他快速走到厨房内另一边的一张桌子前，还边走边说："别人总是问我 GLH 这个名字是怎么来的，那是我编出来的，就是'美丽的头发'（Great-Looking Hair）的意思。"他拿起一个罐子说："我们做了 9 种颜色，这一罐是银黑色的。"他拿起一面小镜子，以便找到头上秃掉的地方。"现在，你要做的第一步是将其喷在没有秃的地方。"他摇晃那个罐子，然后开始喷头顶。他一面喷，一面说个不停。"接着，喷没有头发的地方。"他指着秃头处说，"就在这里，好了，现在等它干。梳头这个环节也很关键，最后的效果 50% 取决于这一步。"他开始用力梳头发，突然间，罗恩看起来就像是有满头黑发一般。我说："哇！"罗恩面露得意之色。

"你的反应是'哇'，其他人的反应也一样是'哇'，只要用过的人都会发出同样的尖叫。"他抓住我的手臂，把我拉到外面的阳台上，"如果走到室外，在明亮的阳光下，或者平常的大白天，你也看不出我的后脑勺秃了一大块。这看起来真的很像头发，这款产品真的很厉害、令人觉得不可思议，而且用任何洗发露一洗就掉。你知道谁会是最佳代言人吗？艾伯特·戈尔[①]。你想摸摸看感觉怎么样吗？"罗恩把头低下来，让我能看到他的后脑勺。我说了"哇"，也看过他的头发在室外的样子，可是罗恩身上的推销本性使他仍然不满足，我还得摸摸他的后脑勺。我摸了，那感觉就像真的头发。

---

① 艾伯特·戈尔（Albert Gore），美国前副总统。——译者注

5

罗恩不只继承了内森的推销功力，也不愧是 S. J. 之子，这一点颇能解释秀坦电转烤肉器为什么会大卖。S. J. 在位于芝加哥壮丽大道高级地段的德雷克大厦，拥有一套包含 10 间卧室的豪宅。他的凯迪拉克房车配有专职司机，车内还装设电话——这在当年是很稀奇的，他也很喜欢炫耀那部电话。他会穿三件式西装，喜欢弹钢琴、抽雪茄，他常皱眉头，说话时会发出怪异的小小呼噜声。他会把钱都押在美国国库券上，而他的人生哲学，体现在他说过的一些名言里。他对律师说："如果对方逼得太紧，就告他。"他对儿子说："重点不在于你花了多少钱，而在于你赚到多少钱。"有一位设计师曾质疑，他最畅销的成功商品之一，即一款名为"袖珍渔夫"的便携式钓竿到底有什么用途，他说："这不是拿来用的，是拿来送人的。"

1974 年，S. J. 的第 2 任妻子埃洛伊丝决定找人干掉他。她找来两名职业杀手，其中一个的名号相当贴切，就叫"剥皮先生"。那时候，埃洛伊丝跟两个女儿及她本人的男友住在 S. J. 位于新港滩的房子里，她的男友是一个 37 岁的机械师。在埃洛伊丝受审的法庭上，S. J. 被问及那个机械师，他答道："我其实还有些感谢他的出现，有他在，可以让她别来烦我。"这就是 S. J. 典型的作风。不过 11 个月之后，埃洛伊丝出狱，S. J. 跟她再次结婚了，这也是 S. J. 典型的作风。正如一位他过去的同事所说："他是个怪胎。"

S. J. 是个爱好设计新玩意儿的人。他会在夜里睡着睡着就爬起来，用摆在床头柜上的本子画下一些零乱的草图。他会躲在厨房里好几个小时，把里面搞得一塌糊涂，然后带着恍惚的神情走出来。他很爱站在机械师身后，越过他们的肩头，探看他们组装自己设计的原型产品。在 20 世纪 40 年代末及 50 年代初，他几乎只用塑料材质就成功地为厨房中的各项基本设备重新赋予了低调的现代风格。蒂姆·塞缪尔森（Tim Samuelson）说：“这些漂亮的塑料面粉筛子是波佩尔兄弟公司做的。”塞缪尔森是芝加哥历史学会的负责人，也是研究波佩尔家族史的权威人士。“他们会使用对比色，或是将不透明塑料与半透明旋涡纹塑料结合在一起进行设计。”塞缪尔森曾买到波佩尔兄弟公司原产的甜甜圈机，他觉得这个以红白色塑料做成的用具“有着优美的线条”，从此，他就对波佩尔家的一切都十分着迷了。很久之后，他在海德公园高层住宅的自家厨房里，仍会使用万用剁碎机来准备沙拉材料。塞缪尔森说：“S. J. 设计的东西一定会有小巧思在里面。以波佩尔自动翻蛋器为例，它的外观看起来就像一般的刮刀，可是如果你挤压把手，刀片转动的角度就刚好能让一个荷包蛋翻面。”

沃尔特·赫布斯特（Walter Herbst）是一位设计师，他的公司曾经与波佩尔兄弟公司合作多年。他说 S. J. 的一贯做法就是先想出一个预期实现的功能。“他会一大早带着这个想法跑来，就像这样，”他模仿 S. J. 沙哑的声音，“‘我们需要改善切卷心菜的方法。’那是一种热情，无与伦比的热情。有一天早上，他一定是刚吃过葡萄柚，因为他一上班就打电话对我说：‘我们需要更好的切葡萄柚的方法。’”后来他们想出来的是一种双刀片削皮刀——在两片刀片之间留有些许距离，这样就可以同时切葡萄柚两边的皮了。赫布斯特说：“几条街外有一家小杂货店，S.J. 就派司机去买葡萄柚。起先是买 6 个，可是在几个星期内，6 个变成 12 个，12 个变成 20 个，到最后我们一天要削三四十个葡萄柚。我不清楚那家小杂货店知不知道究竟发生了什么事。”

毫无疑问，S. J. 最可圈可点的发明是 1960 年上市的高效能切蔬果机。它基本上是切割食物用的，是一款没装马达的食物调理机。这台器具的核心是一串细长而锐利的刀片，刀片像吉他弦一样，挂在两个涂过特氟龙的金属环上。金属环是在伊利诺伊州的伍德斯托克用特殊等级的 364 铝合金制成的。当两个金属环一上一下对齐排列，刀片呈平行状时，只要把洋葱或马铃薯压下去，穿过刀片，出来的便是整齐的洋葱片或马铃薯片了。如果转动上面的金属环，使上下刀片呈十字状缺口，那切出来的就是洋葱粒或马铃薯丁。框住这两个金属环的是造型美观的塑料外壳，上面有一个活塞，把蔬菜由此送入机器。在技术上，高效能切蔬果机是一大胜利：机器所用的刀片强度足以抵挡蔬菜下压的压力，其制造方法取得了美国的专利。可是从营销的角度看，这却带来一个难题。S. J. 的产品向来是由推销人员带着一大堆蔬菜叫卖出售的，他们携带的量须供一整天示范所需。然而高效能切蔬果机的工作效率太高了，据波佩尔兄弟公司推算，只需 1 分钟，它就能够切好 120 个锯齿状的水煮蛋、300 片小黄瓜片、1 150 根马铃薯条、3 000 块洋葱丁。以往供一整天使用的蔬菜量，现在几分钟便切完了。推销人员已经负担不起每次只面向 100 来个人推销的成本——他们必须一次面向 10 万人。高效能切蔬果机必须在电视上推销，而最早认识到这个事实的推销员中的一位便是罗恩。

1964 年夏，高效能切蔬果机刚推出不久，科里便与罗恩联手创办了罗科公司。他们以 500 美元的成本拍摄了高效能切蔬果机的电视广告。广告内容是直截了当地推销产品，并且将整个推销过程浓缩至两分钟。广告拍好以后，他们从芝加哥出发，前往邻近的中西部城镇。他们直接到当地百货公司上门推销，说服对方以包销的方式陈列高效能切蔬果机，包销就意味着卖不掉的全部可以退货。然后他们又到当地电视台，找到最便宜的广告时段，在两三周内的该时段播他们的广告，并祈求这么做能够吸引足够多的消费者上门。科里说："我们买入高效能切蔬果机的批发价是每台 3.42 美元，售价是每台 7.46 美元，而百货公司的零售价是每台 9.95 美元，也就是说，我们的获利空间约 4 美元。假设我花 100 美元做电视广告，那要卖出 25 台机器才能回本。"当年，显然只有宝洁这种大公司才会用电视广告推销厨房用具。科里和罗恩这两个才 20 岁出头的推销员，要通过电视媒体推销没有人听说过的高效能切蔬果机，能不能成功都很难说。他们俩是在做一场豪赌，结果让他们大感意外，他们的努力没有白费。

科里回想起最初创业维艰的那几年，继续说道："蒙大拿州比尤特有一家店叫轩尼诗。当地居民那时还在穿军衣式的厚呢短大衣，镇上多半是酒吧，只有几栋三层楼的建筑。当地居民总共有 27 000 人，而只有一家电视台。我带着高效能切蔬果机去那家店，他们说'我们拿一箱好了，这里顾客不会很多的'。我再到电视台去，那个地方又脏又乱，唯一的业务员已经老得几乎又聋又瞎。我选定了一个时段，连播 5 周，广告费是 350 美元。我算了算，只要卖出 174 台机器，也就是 6 箱，我就很高兴了。后来我回到芝加哥，有一天早上进办公室时，电话铃响了。他们说'那一箱全部卖完了，马上再空运 6 箱高效能切蔬果机过来吧'。一周后的星期一，电话铃再次响起，又是比尤特那边打来的，‘我们又卖光了 150 台’。我又空运了 6 箱过去。后来每隔几天，只要电话一响，我们就会互看一眼，说‘蒙大拿比尤特’。”即使到今日，已经过了几十年，科里还是觉得难以置信。“那个镇上总共才几户人家？可能也就几千户吧？结果我们在 5 周之内一共卖了 2 500 台高效能切蔬果机！”

为什么高效能切蔬果机如此畅销？毫无疑问，那是由于美国大众殷切希望可以买到更好用的切蔬果用具。然而关键不止于此：高效能切蔬果机代表媒体（电视）与信息（新器具）之间完美的结合。就使用者的感受来说，高效能切蔬果机简单易操作。拿起马铃薯，往金属环处压下去——好了，炸薯条的原料做好了。不需要摁什么按钮，其中也没有令人生畏的隐藏装置——仅用两分钟的广告插播时间就能够把怎么使用高效能切蔬果机解说得清楚明白，而且消除了所有人对新科技的恐惧感。更特别的是，你可以把镜头紧盯产品本身，强迫观众把所有的注意力都聚焦于产品上。顶尖推销员在做现场示范时极力想要达到的目标，电视可以将其发挥得淋漓尽致：让产品成为明星。

6

这是罗恩绝对忘不了的一课。在他为秀坦电转烤肉器拍摄的广告中，一开场出现的并非他本人，而是鸡鸭鱼肉在电转烤肉器中转动的一连串镜头，烤肉油亮亮的让人垂涎三尺。广告旁白跟着叙述每个镜头：“可口的 6 磅重烤鸡”“肥美多汁的烤鸭”“叫人口水直流的烤猪排”。在这些镜头过后，我们才会看到身穿运动外套和牛仔裤的罗恩。他指出传统烤肉制作过程存在各种问题，制作过程中总会弄得脏乱不堪，让人头痛。他用铁锤去敲秀坦电转烤肉器的门，以显示它有多么坚固。他熟练地固定好一只鸡，将其插进有专利权的秀坦双叉烤杆，再放进烤肉器。接着他重复同样的动作，又烤了两只鸡、几块搭配着柠檬和茴香的三文鱼，以及一块肋排。整段过程从头到尾，摄影机都对准他的双手，那双手则动个不停，流畅地操作着秀坦电转烤肉器，同时罗恩用深沉的声音一步步引导观众了解每个步骤：“只要简单地把食材放进去，就像这样，一点儿都不费力。另一边也是同样的做法。现在撒上一些香料及调味料，再调好位置，关上玻璃门，烤一个小时——把时间设定好，就不必管它了。”

为什么这支广告的效果这么好？因为秀坦电转烤肉器与高效能切蔬果机一样，最原始的设计就是要让产品抓住人们的眼球。罗恩一开始就坚持，烤肉器的门必须是整片的透明玻璃，而且要往后倾斜，好让更多的光线透进来，那样制作者就随时可以从外面观看里面所烤的鸡、火鸡或猪肋排了，而且能够看得一清二楚。巴克斯说，第一代秀坦电转烤肉器推出后，罗恩就十分重视烤出来的肉的金黄色泽和均匀度。他认定烤杆转动的速度不太对：烤箱原本设定的速度是每分钟旋转 4 圈。罗恩在他的厨房里做比较测试，用各种速度试烤一只又一只鸡，最后他判定，效果最佳的旋转速度应该是每分钟转 6 圈。我们可以想象，如果是一位精明干练的企业管理学硕士，抱着一大沓焦点小组的试验结果报告，他必定会说，罗恩卖的其实是方便和有益于健康生活的产品，所以，花费几十万美元不断更新制造模具，只为了能够烤出更均匀的金黄色，实在不值得。可是罗恩明白，无懈可击的金黄色泽很重要，其道理就跟倾斜透明的玻璃门是一样的：产品的每一项设计，都必须使它在展示时能够充分而有效地表现出它的优越性能。产品在台上看起来越有价值，推销者就越容易进入“转折点”，从而请消费者掏钱购买。

换句话说，如果当年是由罗恩来介绍录像机，他不仅仅会在电视购物节目中推销这台机器，更会在录像机的设计上做出改变，那样才能在电视上清楚地展示产品。例如机器上的时钟不会是数字钟（那种一闪一闪的等待重设的数字钟无疑会给人一种绝望的感觉）。录像带放进去后，也不会藏在隐秘的入口后面，而是会在清楚明显的地方运作，一如烤箱里的鸡一般。所以，当机器在进行录像时，我们可以看到带子在转动。机器上的控制装置也不会是一排不明显的按钮，而会是大型按钮，并且每次按下去或弹上来时，都会发出有确认作用的咔嗒声。另外，录像过程的每一个步骤都会对应一个很显眼的数字，只要设定好相应的数字就不必管它了。况且，罗恩的录像机会是一个薄薄的、不起眼的黑盒子吗？当然不会。在西方文化中，“黑盒子”一词的含义等同于“令人费解的东西”。罗恩的录像机会以红白色的塑料为外壳，分为半透明的旋涡纹物质和不透明物质两部分，要不就是用 364 铝合金，涂上一些大胆的基本色。录像机的放置地点会在电视机上方，而不是下方。这样，当邻居或朋友来访时，他们一眼就会看到，并且说：“哇，你也买了一台罗科万用录像机！”

7

罗恩的童年过得并不快乐。他曾经对我说：“我记得我给自己烤过一个马铃薯，那是我四五岁的时候。”当时我们正坐在他的厨房里，刚刚试吃了秀坦电转烤肉器烤出来的小牛排。他不是一个爱缅怀过去的人，所以为挖出他的记忆，我着实花了一点儿时间。“我实在太饿了，马铃薯烤好后，好像我怎么狼吞虎咽都嫌太慢。”通常罗恩总是动个不停，要不就是手上忙着切食物，要不就是来回踱步。不过此刻他静了下来，没有做任何别的事。他很小的时候父母就离异了，父亲 S. J. 跑到芝加哥去了，母亲则失去了踪影。他和哥哥杰里被送到纽约州北部的一所寄宿学校。“我记得我见过我妈妈一次，而直到 13 岁我搬到芝加哥为止，我不曾记得见过我爸爸。在寄宿学校的那段日子，有一个星期天，同学们的父母都来学校看望自己的孩子，而我的父母从始至终都未现身。我知道他们不会来了，却仍然走到学校旁边，顺着农田放眼望去，我看到了一条路。”他用手做出一个起伏的手势，表示那条路一直延伸到远处。“我记得自己站在那条路上一边哭一边看着几英里外的一辆车子在移动，希望里面坐的是我的爸爸妈妈。可是他们没有来，这是我对寄宿学校唯一的记忆。”罗恩依旧保持着一动不动的姿势。“我不曾记得我这一辈子开过什么生日派对，只记得祖父祖母把我们接走，我们就搬到佛罗里达州去了。爷爷以前会把我绑在床上，捆住我的手脚，因为我有翻过身来趴着睡的习惯，如果我往上、往下或向左、向右，就会撞到头。是什么原因？是怎么撞到的？我也不知道。我像老鹰展翅那样被绑着，背朝下。如果我能够翻过去，趴着睡，爷爷就会半夜醒来，跑进我房间，把我打个半死。”罗恩停顿一下，又说，“我从来不喜欢爷爷，也完全不了解母亲、外公、外婆，或是那个家族的任何人。就是这样了，我没有太多可以回忆的东西。显然那时也发生过别的事，只是那些回忆都被我自己抹去了。”

罗恩随祖父祖母到芝加哥时只有 13 岁，他被送往波佩尔兄弟公司的工厂工作——但是只是在周末，也就是他的父亲不在工厂的时候。他回忆道：“午餐是三文鱼罐头和白面包，那里的伙食就是如此。我有没有跟父亲住在一起？从来没有，我跟爷爷、奶奶住。”他成为推销员后，父亲只给过他一样好处：他允许儿子赊账。科里说，有一次他开车从学校接罗恩回家，把他送到他父亲的公寓门口。“他有那间公寓的钥匙，他进门时他的父亲已经躺下了。他父亲问：‘是罗恩吗？’罗恩答：‘是的。’可是他父亲并没有走出来。到了第二天早上，罗恩还是没有见到他。”后来，罗恩自行创业，于是他便成为波佩尔兄弟公司不受欢迎的人。S. J. 昔日的同事回忆说：“从此以后，罗恩就被禁止进入那个地方了。他无法踏进公司的大门，也从来不被允许参与任何事。”罗恩对此的回应很简单：“我父亲的眼睛里只有生意，我并不了解他。”

我面前的这个人一生都在照着他父亲的形象走：他从事着跟他父亲一样的行业，同样对厨房器具投注永不止息的心力，而且是以销售父亲公司的产品起家的。可是他的父亲在哪里？科里摇着头说：“如果他们父子齐心，他们一定可以创造奇迹。我记得有一次我们跟销售家居用品的 K-tel 公司谈合作，对方说，如果我们联手，可以变成‘战争机器’。对方用的就是这个字眼。罗恩和父亲如果联手，本可以成为战争机器的。”尽管如此，你很难发现罗恩对他的父亲有一丝一毫的怨怼。有一次我问他：“谁是你的灵感来源？”他第一个想到的人名脱口而出，是好友史蒂夫·温。接着他沉默了一会儿，又说：“我父亲。”不管内情如何，罗恩显然在父亲的言传身教里发现了某种无价的传统。那他是如何对待这个传统的？他超越了传统，创造了秀坦电转烤肉器，就价格与功能而论，秀坦毫无疑问超越了莫里斯计量切片器、荷式捣碎刨丝器、万用剁碎机及高效能切蔬果机的总和。

当我到大西洋城拜访阿诺德时，他曾经带我去看当地的犹太墓园——神圣的谢拉姆斯（Chesed Shel Ames），地点就在镇外的一个小山坡上。我们乘坐阿诺德的白色奔驰车，车子缓缓驶过镇上的贫民区。当天下着雨。在墓园外站着一个穿汗衫的男子，他正喝着啤酒。我们穿过一扇生锈的铁门进入墓园。阿诺德说：“一切都是从这里开始的。”他指的是，这个力争上游也争执不断的家族的每一分子最终都会被埋葬于此。我们走过一排排墓碑，最后来到一个角落，找到莫里斯家族的墓碑。习惯戴硬草帽、曾经“策略性心脏病”发作的内森在这里，旁边是他的妻子贝蒂。隔几排是家族长老基德斯夫妻，再过去几排是罗森布鲁姆，他当年在长岛靠卖塑料制品而致富。然后是所有的波佩尔家族成员，墓碑很整齐地排列着：罗恩蛇蝎心肠的祖父艾萨多尔、祖母玛丽、冷淡对待自己儿子的S. J.、罗恩早逝的哥哥杰里。罗恩生于这个家族，却不属于他们那一群人。阿诺德缓缓走在各个墓碑之间，雨水从他的帽檐滴下，然后他说了一句我很认同的话：“我敢打赌，罗恩不会出现在这里。”

8

某个周六晚上，罗恩来到电视购物网 QVC 的总部。那是位于费城郊区森林里的一栋灯光闪烁的庞大建筑。罗恩是 QVC 的常客，除了录制广告节目，他偶尔也会现身 QVC 的现场节目。那一天自午夜起的 24 小时内，QVC 给了他 8 个现场时段。第一个小时是午夜到凌晨 1 点的“罗科”特别时间，罗恩和女儿香农一起作为嘉宾参加了这个节目。此时，香农从巡回各地市集推销爸爸的罗科电动食物脱水机做起，也已经入行。他们当天的计划是，两人轮番上阵，而他们推销的产品是新版的数字转盘秀坦电转烤肉器，只卖一天，每台“特价”129.72 美元。

在摄影棚里，罗恩在 5 个带轮子的木板台上，摆设了 18 台数字转盘秀坦电转烤肉器。他此前已通过联邦快递从洛杉矶运来几十箱塑料泡沫箱包装的各种肉类食材，足够当天现场示范环节所需，包括 8 只 15 磅重的火鸡、72 块汉堡肉、8 只羊腿、8 只鸭、30 多只肉鸡、20 多只烤肉专用的科尼什鸡和洛克肉鸡[①]等，除此以外的各式配菜、鳟鱼和香肠是当天早上在费城的 3 家超市购买的。QVC 的目标是，24 小时内售出 37 000 台电转烤肉器，约等于 450 万美元的销售额，这个数字即使以 QVC 购物频道的标准来说也是相当庞大的。罗恩看起来相当紧张，他对着在摄影棚里忙里忙外的 QVC 制作小组和工作人员大喊大叫，对已经做好、稍后要当成直接从烤肉器里拿出来的示范成品抱怨连连。他看着一盘淋了烤肉汁的马铃薯泥，说：“各位，这根

① 如今的美式肉鸡大多数来自科尼什（Cornish）和白洛克（WhiteRock）两大品种。——编者注

本不能看啊，肉汁要显得更高档一些才行。”他走起路来脚有一点儿跛。他心事重重地说：“你看，压力非常大。别人会问，罗恩的表现如何？他依旧坐在销售的第一把交椅上吗？”

就在节目开始前几分钟，罗恩躲到摄影棚隔壁的演员休息室里，在头发上喷了几下 GLH，然后用力梳。同台的主持人里克·多迈耶（Rick Domeier）大叫：“我的那位‘上帝’这时候跑到哪里去了？”他夸张地四下张望，找寻那位特别来宾，“‘上帝’在不在后台？”此时，罗恩才身穿厨师服，亮丽现身，棚内摄影机齐齐开动。他切开一只羊腿，示范如何操作新型秀坦电转烤肉器。他赞叹烤出来的鸭子皮脆肉嫩。他介绍新的食物保温功能：肉烤好后，烤肉器可以在低温状态下转动长达 4 小时，以免肉汁凝结。在整个过程中，他那嬉笑怒骂的表现方式特别吸引观众，他们不断打电话进来，这仿佛又回到当年，他在沃尔沃斯分店里迷住了众多秘书小姐的情景。

在演员休息室内，有两台计算机监视器。一台监视器上面显示的是曲线图，反映每秒的来电数量；另一台显现的是电子账本，反映实时的总销售额。当罗恩说得唾沫横飞之际，大家一个个走出摄影棚，聚集在那两台计算机前。香农是第一个走出来的，当时是 0 点 40 分。罗恩正在摄影机前，用父亲的公司生产的万用切果蔬机切洋葱。香农看着第二台计算机，倒吸一口气。才过了 40 分钟，罗恩的业绩便已经冲破 70 万美元。QVC 的一位经理走进来，那时是 0 点 48 分，罗恩的销售额即将突破 837 650 美元。经理大叫：“不可能，这简直令人无法相信！”此时，QVC 的两位制作人走进来，其中一位指着第一台记录电话通数的监视器叫道：“跳，往上跳！”再过几分钟，节目时间就到了。罗恩正在做最后的冲刺，再一次介绍这台机器有哪些优点，反映电话通数的线条非常明显地急速上升——全美各地的观众纷纷掏出了皮夹。第二个监视器的屏幕因为数字不断更新而变得模糊：129.72 美元加运费及税的金额，正在一笔笔不断累积上来。QVC 的人说："你看，我们马上就要向百万美元冲刺了，这才只是第一个小时。"他的声音里带着敬畏之意。

单纯记述罗恩为有史以来最伟大的推销员是一回事，现在证明此言不虚的实景就摆在眼前又是另一番感受。此时，房间另一端的门打开了，一位男士走进来，他躬着身体且一脸疲惫，但是面带笑容。他就是罗恩，他曾经在自家厨房里发明更好用的烤肉器，然后自己走出去推销。一时之间，房间里静默下来，然后，大家全部起立鼓掌欢呼。

2000 年 10 月 30 日

番茄酱之谜

如今，芥末酱已经发生彻底的改变，为什么番茄酱还是老样子?

1

好多年前，只有一种芥末酱独霸超市的陈列架：这款芥末酱叫French’s，它以塑料瓶包装，人们食用热狗和香肠时常会挤这种芥末酱吃。这种芥末酱是黄色的，以磨碎的芥末籽和姜黄根加醋制成，有一种温和的、淡淡的金属气味。那时候，如果你在杂货店里仔细地找，或许能在特色食品部找到贵普朗（Grey Poupon）这个品牌的芥末酱，那是来自法国第戎的产品，用比较辛辣的褐色芥末籽制成。20 世纪 70 年代初，贵普朗一年的营业额超不过 10 万美元。很少有人知道这是芥末酱的品牌，人们也不清楚它的味道，更不会想要放弃 French’s 牌或是排名第二的 Gulden’s 牌芥末酱，而改吃贵普朗牌的。忽然有一天，贵普朗所属的休伯莱恩公司有了一个重大发现：只要先让人们品尝一下贵普朗的芥末酱，情况就不一样了，有不少人试吃过一次贵普朗，就会用它替换其他品牌的黄色芥末酱。这种情形过去在食品市场上几乎从未发生过——即使是最畅销的品牌，曾经迎来这种转换的概率也仅有 1%。贵普朋创造了奇迹。

于是，休伯莱恩公司以更大的玻璃瓶包装贵普朋芥末酱出售，瓶上有珐琅质感的标签，并带有一丝法国风情，令人感觉芥末酱好像是欧洲制造的（后改为在康涅狄格州哈特福德制造，用加拿大的芥末籽制成）。这家公司在高级美食杂志上刊登赏心悦目的平面广告，又把芥末酱装在锡箔纸做成的小包装里，随着飞机上的餐点分送，这在当年是全新的尝试。公司还聘请曼哈顿的灵狮广告公司，以不高的预算做电视广告。灵狮公司提出的构想是：一辆劳斯莱斯商务车驰骋在乡间的道路上，车后座有一位身着西装的男士，他面前有一个银质托盘，托盘上摆着牛肉。男士向前座的司机点头示意，司机打开前座置物格。此时出现广告界行话所谓的"揭露点"——司机递给男士一瓶贵普朋，此时另一辆劳斯莱斯赶上前来，并排行驶。车里面有个男子探出头来，问："不好意思，请问你有贵普朋芥末酱吗？"

在这则广告播出的城市，贵普朋的销售量大增 40%~50%，而且只要休伯莱恩公司把它推送到其他城市播放，它在当地的销售业绩同样能提高 40%~50%。杂货店把贵普朋与 French's 牌和 Gulden's 牌摆在了一起。到 20 世纪 80 年代末，贵普朋已经成为芥末酱行业的领导品牌。贵普朋最早的电视广告脚本的创作人拉里·埃勒根特（Larry Elegant）说："那则广告的意思尽在不言中，即享用这款产品是人生的一大乐事，而贵普朋与劳斯莱斯一同出现，仿佛是在向消费者传达，它真的与众不同，高人一等。"

贵普朋品牌崛起的故事证明了一件事：只要产品带有高级的气息和丰富的香气，在超市购买食品的消费者就不会吝于多付一点儿钱。

像贵普朋就是一瓶 8 盎司[①] 要 3.99 美元，而一般品牌的芥末酱一瓶只要 1.49 美元。贵普朋的成功也显示，人们的口味和习惯并非一成不变，不见得因为芥末酱过去一直是黄色的，消费者就不肯吃其他颜色的芥末酱了。贵普朋使今日美国一般的超市都设有专卖各式芥末酱的区域。也由于贵普朋，一个名叫吉姆·维冈（Jim Wigon）的男子在 4 年前（2000 年）决定投身番茄酱这一行。如今番茄酱业的情况不正与 30 年前的芥末酱业相同吗？市面上有亨氏牌，有远远落后的汉斯牌和德尔蒙牌，再加上几个美国自有品牌。所以，维冈想要创造一个番茄酱业的贵普朋。

维冈出生在波士顿，他 50 来岁，身材粗壮，留着黑白掺杂的胡子。他经营的番茄酱事业以“世界第一”为其品牌，以合伙人尼克·斯基亚里奇（Nick Schiarizzi）承办酒席的业务为基础，地点设在马萨诸塞州诺伍德市一号公路旁的一栋低矮建筑内，它前面是一家工业设备出租店。维冈采用的原料有红辣椒、西班牙洋葱、大蒜和高质量的番茄酱膏。配料用的紫苏以手工切碎，因为用机器只会把紫苏叶切坏。他用枫糖浆取代玉米糖浆，这样做出来的番茄酱的含糖量只有亨氏的 1/4。他把做好的番茄酱装在容量为 10 盎司的透明玻璃瓶里，以亨氏牌价格的 3 倍出售。过去几年来，他走遍全美各地，向特色食品专卖店及超市推销 6 种口味的“世界第一”番茄酱：原味版、加糖版、茴香口味、蒜香口味、焦糖洋葱口味及紫苏口味。如果几个月前，你曾经去过曼哈顿上西区的萨巴美食名店，你就会看到维冈本人

① 1 盎司 ≈ 28.35 克。——编者注

站在店门前，夹在寿司摊位和犹太鱼丸冻摊位之间，头戴写有“世界第一”字样的棒球帽，身穿白衬衫和沾着番茄酱的围裙。他面前摆着一张小桌子，桌上摆着一个银质大碗，里面全是小块鸡肉和小粒牛肉丸，旁边是牙签和十几罐打开的“世界第一”番茄酱。维冈一遍遍地向路过的顾客吆喝：“请试试我的番茄酱，如果不试一下，那你就注定要吃一辈子的亨氏牌了。”

那一天，在萨巴美食名店的同一走道上，正好有另外两种食物也在搞试吃活动，所以来店逛的人可以从这一头的免费鸡肉肠吃起，再尝一块五香熏火腿，然后是“世界第一”番茄酱，吃完才走向结账柜台。顾客会迷惘地看着那一排打开的瓶子，此时维冈就会用牙签插起一个肉丸，蘸一下自己的番茄酱，然后手舞足蹈地递给他们。“世界第一”番茄酱里的固体与汁液比例比亨氏牌高很多，其中独有的枫糖浆则有一股令人回味的后劲。而试吃时，人人都会闭上眼睛，感受一下，再确认一下。有些人带着一丝迷惑的表情离去；有些人点点头，准备买一瓶。针对那些看起来很感兴趣的顾客，维冈会用他那浓重的波士顿口音说：“您知道您为什么会这么喜欢我的番茄酱吗？那是因为您以前一直都吃不到好的番茄酱。”维冈的愿景很简单：只要做出更好的番茄酱——就像贵普朋做出更好的芥末酱那样，顾客自然就会蜂拥而至——要是真的那么容易就好了。

2

要讲“世界第一”番茄酱的故事，一定不能不提来自纽约州怀特普莱恩斯市的男子霍华德·莫斯科维茨（Howard Moskowitz）。他身材矮胖，头发花白，戴着一副大大的金边眼镜。而他开口说话时，喜欢使用苏格拉底式的独白：自己问自己一连串的问题，然后自己回答，其间以“啊”和拼命点头作为“标点符号”。他是先知卢布林——18世纪一位传奇性的犹太教哈西德派拉比[1]——的直系后裔。当年他读哈佛大学的时候，博士论文写的是心理物理学。如今他经营食品测试及市场调查生意，他公司一楼的每个房间都以著名的心理物理学家命名。（“你有没有听过‘罗斯·玛丽·潘伯恩’这个名字？啊。她是加州大学戴维斯分校的教授，名气很大。这一间就是‘潘伯恩厨房’。”）莫斯科维茨拥有过人的精力和说服力：“假使他是你大一那年统计学课的教授，那么你现在必然已成为统计学家了。”我们不久前见面时，他突然冒出一句：“你知道我最喜欢的作家是谁吗？是吉本。”在那一刻之前，他才刚刚谈完“钠溶液”这个主题，“现在我正在研读黑尔斯写的拜占庭帝国史。天啊，之前的篇章都很容易看懂，到拜占庭帝国就开始变得复杂了。总是有一个皇帝在大开杀戒，每个人不是有5个老婆，就是有3个老公——真的非常拜占庭。”

莫斯科维茨在20世纪70年代开始创业，他最早的客户当中就有百事公司。当时人造甜味剂阿斯巴甜刚问世，百事可乐请他计算出在一罐健怡百事可乐中添加的最合宜的甜味剂量应是多少。百事公司已经知道，甜度低于8%会不够甜，超过12%又太甜，而后续研究工作就交给莫斯科维茨了。他针对每一种他能想出来的甜度做出一批批的

① 拉比（rabbi），犹太人中的一个特别阶层，是老师、智者、贤人的象征，接受过正规犹太教育，主要指有学问的学者。——编者注

实验品，8%、8.25% 或 8.5%，一直加上去，直到 12%。他把这些不同甜度的样品拿给数百人试饮，看看哪一种最受欢迎。可是得出来的数据纷乱无序，找不出特定的模式。有一天在吃晚餐时，莫斯科维茨突然领悟到问题的症结所在：他们一直都没有问对问题。根本没有所谓唯一的完美的健怡百事可乐，他们应该寻找的是，好几种完美口味的健怡百事可乐。

食品业经过好长一段时间才跟上莫斯科维茨的前沿观念。他造访了各家食品厂商，想要说明他认为完美的口味不止一种的理念，可是没有人理会。他在食品业研讨会上演讲，听众耸耸肩，不以为然。可是他想不出还有其他更正确的道理。他说："这就像那句犹太谚语。你有没有听过？'对山葵上的虫子而言，这个世界只有山葵那么大！'"后来，到了 1986 年，他接到了金宝汤公司的电话。金宝汤也生产意大利面酱，以"普瑞格"这个品牌跟拉古牌打对台。普瑞格牌的产品里面会添加番茄丁，比用浓汤作底的拉古牌产品浓稠一点儿——金宝汤认为这可以使酱汁比较容易附着在意大利面上。可是，尽管金宝汤用心良苦，普瑞格牌意大利面酱的销售却不见起色，金宝汤急需新点子。

那时候食品业的标准做法是，把意大利面的爱好者找来作为焦点小组，然后调查他们想要的口味。可是莫斯科维茨认为，如果消费者想要的东西尚不存在，那他们也不会知道自己想要的到底是什么——即使是爱吃意大利面的消费者也不例外。他常喜欢说："脑袋不知道舌头要什么。"所以，他改为与金宝汤合作，并试做出 45 种不同的意大利面酱。这些是穷尽所有想象得到的变量——酸、甜、辣、咸、浓稠、香气、口感等所设计出来的各种组合。他又请来了一组训练有素的食物品尝专家，对每种酱进行深入分析。然后，他把试验品拿去实地实验，到纽约、芝加哥、洛杉矶和杰克逊维尔，在各地请一个由25个人组成的试吃小组，在两小时内试吃8~10小碗不同的意大利面酱，并以1~100的量表分别为它们打分数。

莫斯科维茨把调查结果制成图表后发现，每个人对于完美的意大利面酱应该是什么味道的见解都略有不同。不过，他在仔细筛查这些数据后，还是可以摸索出一些规律。他发现，大多数人的偏好不外乎三大类，即原味、辣味、特浓，其中“特浓”这一类最重要，因为当时许多超市并不卖“特浓”口味的意大利面酱。而在其后的10年，这个新类别为普瑞格带来了数十亿美元的生意。当年金宝汤的市场调查部门主管莫妮卡·伍德（Monica Wood）回忆说：“我们全都大叫‘哇！’这第三类，也就是喜欢意大利面酱里面有很多东西的顾客群，是存在的，可是这从来没有被人发掘出来过。所以，我们在1989年或1990年推出了特浓意大利面酱，结果大获成功。”

在多年后的今日，食品业中的每个品牌好像都已推出了多种口味，人们也许很难想象这在当年是多么大的突破。然而，在那个年代，食品业的从业人员都抱持着一种柏拉图式的观念——认为应该只存在一种看起来和吃起来都绝对完美的产品。出品拉古牌和普瑞格牌的公司原本也是一直在努力做出柏拉图式的意大利面酱，也就是那种口味混杂又不浓稠的酱，因为他们认为意大利人都是这么做面酱的。“烹饪”一旦上升到“食品工业”的层次，就会因为追求“普遍适用”而毁于一旦。当大家开始研究人类口味的差异化特点时，传统观念便被抛诸门外了。是莫斯科维茨站出来对柏拉图派说：“根本没有通用的食物配方。”

莫斯科维茨至今仍然保留着多年前他用计算机制作普瑞格意大利面酱的模型。里面存有消费者和专家试吃的所有结果，他将其全都整理过后归为三大类（原味、辣味和特浓），且将其与实际原料的列表并列于电子表格上。莫斯科维茨一边在计算机上调出那个程序，一边说："你知道，制造飞机的时候，人们也会先用计算机做出模型。这个是做意大利面酱的模型。看，所有的变量都在这里。"他指着一栏又一栏的评分结果说："这边列的是原料。假设我是普瑞格的品牌经理，我现在想要针对某个区块找出最合适的组合，我可以从'区块一'找起。"在莫斯科维茨的程序中，他把人们喜好的三种意大利面酱类别分别标示为"区块一""区块二""区块三"。他输入了几个指令，指示计算机找出在"区块一"得分最高的组合方式。答案几乎立刻呈现：是某个特定的配方。

根据莫斯科维茨的数据，"区块一"的试吃者给这一配方的平均分数是 78 分。但这一配方在"区块二"和"区块三"的得分就比较差，分别是 67 分和 57 分。于是莫斯科维茨重新开始，请计算机找出"区块二"的最佳组合方式。这一次得出的结果是 82 分，可是它在"区块一"却降至 68 分。他说："你看得出来问题在哪儿吗？我如果迎合某一区块的消费者，就会失去另一区块的消费者。我们替通用食品的咖啡做过同样的研究，得到的结论是，如果公司只开发一种产品，那么在各个区块能够获得的平均分最高是 60 分，这还得靠点儿运气才行。这么做是把所有人都看成口味一致的一家人了。可是如果就口味的差异做区分，就能分别得到 70 分、71 分和 72 分，这是非常可观的差别。在咖啡业，71 分是你拼了命都想争取到的。"

维冈那一天在萨巴美食名店设摊时，假设的前提是，在所有人中应该有某个区块的人偏好用加州斯坦尼斯洛斯县出产的番茄、手工切碎的紫苏及枫糖浆做成的番茄酱。这符合莫斯科维茨的理论。但是理论归理论，那一整天下来，维冈只卖了90瓶番茄酱，此外还接到两张违规停车罚单，并且得付旅馆住宿费。因此他回家时，口袋里并没有剩下多少钱。那一整年，维冈估计他可以卖出5万瓶，而这在调味料的天地里也不过是沧海一粟。维冈一边用牙签插起一个肉丸，一边说："我5年没有领薪水了，我老婆快要杀了我了。"目前在力争上游的不只是"世界第一"番茄酱，在美食级番茄酱领域里，还有佛蒙特州的River Run和Uncle Dave's、加州的Muir Glen Organic和Mrs. Tomato Head Roasted Garlic Peppercorn Catsup这几个主要品牌，以及数十种其他品牌，不过每年亨氏牌番茄酱压倒性的市场占有率却是有增无减。

当然，番茄酱领域有可能也在等待专门为它设计的劳斯莱斯版电视广告，或是特浓版的番茄酱——能够满足过去被忽视需求的魔幻配方——的开发，然而，更有可能的是，莫斯科维茨的规则虽然适用于贵普朋芥末酱和普瑞格意大利面酱，适用于橄榄油、沙拉酱和超市里几乎所有的食品，却不适用于番茄酱。

3

番茄酱是在19世纪被发明的，它融合了英国人用蔬果做酱的传统，以及美国人越来越嗜吃番茄的趋势。但是，我们现在所认识的番茄酱是出自20世纪初因苯甲酸盐而起的一场论战。苯甲酸盐是19

世纪末调味料普遍使用的一种防腐剂。哈维·华盛顿·威利（Harvey Washington Wiley）于1883—1912年担任美国农业部化学局局长，他觉得苯甲酸盐不安全，于是引发一场论战，使番茄酱产业界从此一分为二：一边是业界的“保守派”，他们主张没有苯甲酸盐就根本做不出番茄酱，而且番茄酱中的苯甲酸盐的含量还不至于对人体有害；另一边则是一群闹革命的番茄酱厂商，他们主张求助于烹调学，从而解决防腐剂的问题。19世纪番茄酱的主流性状是淡而稀，原因之一是，其原料取自还未成熟的番茄，里面有一种名为“果胶”的聚半乳糖醛酸含量很低，而果胶本身可以增加酱汁的浓稠度。可是采用熟透的番茄为原料，并使其浓度达到能够防止腐坏的程度，这种做法是否可行呢？19世纪的番茄酱有浓郁的番茄味，却只有一点点醋的味道。革命派认为，大量增加醋的用量，等于把番茄腌制过了，让番茄不致腐坏，而且可以做出更安全、纯正、美味的优质番茄酱。他们提供“变质退钱”的质量保证，也相信顾客愿意多付点儿钱购买质量更好的番茄酱，所以他们的定价也比较高，结果证明他们是对的——含苯甲酸盐的番茄酱从此退出了历史舞台，而革命派的领袖正是出身匹兹堡的创业家亨利·约翰·海因兹[①]。

熟知番茄酱早期历史的首席专家是安德鲁·F. 史密斯（Andrew F. Smith）。他身高超过6英尺，身材结实，留着近乎灰白色的小胡子，一头黑色卷发剪得短短的。史密斯原是学者，他专攻政治学，却致力于把严谨的态度带进食品界。不久前，我们在苏荷区的萨沃伊餐厅共进

① 亨利·约翰·海因兹（Henry J. Heinz），亨氏公司的创始人。——编者注

午餐（因为这里的汉堡和炸薯条很好吃，而且萨沃伊有自制的番茄酱：一种深色的、带有辛辣口味的黏稠的酱，盛于白色瓷碟中）。那时，史密斯正在为即将出版的《牛津美国餐饮百科全书》（*Oxford Encyclopedia of the Food and Drink in America*）研究羊角面包的起源。他是这部百科全书的总编辑，正处于交稿的"阵痛期"。羊角面包究竟是维也纳人在1683年为庆祝击败土耳其人而发明的，还是1686年布达佩斯居民为庆祝他们击败土耳其人而发明的？因为只有出于特定的文化意识（尤其是维也纳人），人们才会以糕点的形式来纪念战场上的胜利，所以这两种解释均可说明羊角面包为什么会有着特殊的半月形造型。不过对于这两种说法，史密斯唯一能够找到的参考文献只有1938年出版的《拉鲁斯美食百科全书》（*Larousse Gastronomique*）。他烦恼地摇摇头说："那里面的说法是经不起推敲的。"

不过史密斯的专长在于番茄，他写过许多与之相关的学术文章和著作，如为《烹饪漫谈》（*Petits Propos Culinaires*）所写的《英美自制番茄酱史》（The History of Home-Made Anglo-American Tomato Ketchup），以及为《康涅狄格历史学会学报》（*The Connecticut Historical Society Bulletin*）写的《19世纪30年代番茄药丸大战》（The Great Tomato Pill War of the 1830s）。他主张，人类烹饪文明史有很重要的一部分可以从番茄入手来研究。西班牙探险家科尔特斯率先把番茄从新大陆[①]带到欧洲，从此番茄便以不可阻挡之势进入全世界的菜谱中了。意大利人用番茄取代茄子，在印度北部，人们将它混入咖喱

① "新大陆"是相对于"旧大陆"而言的，"旧大陆"指的是哥伦布发现"新大陆"前，欧洲所认识的世界，而"新大陆"主要指美洲大陆。——编者注

或做成酸辣酱。“那当今世界最大的番茄产地是哪里？”史密斯故意停顿了一下，以制造戏剧效果，“中国。但当时我们不会把番茄和中国菜联想起来，10年前还不会如此，但现在会了。”他拿起一根薯条，去蘸餐厅自制的番茄酱，并带着极为专注的表情说：“这里的番茄酱带有番茄的原味，就像刚做好的一样，你还吃得出里面的番茄味道。”在他心中，番茄酱是番茄近乎完美的表现形式。番茄酱不贵，所以在大众市场上地位稳固；它是调味料，不是食品原料，因此可以视食用者的喜好来添加，而不是由食物烹制者做主。他说：“我一直很喜欢伊丽莎白·罗津的一句话。”[罗津是食物理论学家，写过《番茄酱与集体无意识》（Ketchup and the Collective Unconscious）一文。]史密斯用罗津在文中的结论作为自己所写的番茄酱著作的题词：“番茄酱就像烹饪界唯一的大熔炉，为每个族裔所用，它的独特性是史无前例的，因而成了烹饪领域的世界语言。”这便是海因兹及苯甲酸盐之战这么重要的缘故：他打败了调味料界的保守派，改变了番茄酱的风味，使这种味道成为一个普遍的标准。

4

我们已知的人类味觉的五种基本味道分别是酸、甜、苦、咸、鲜。鲜味是鸡汤、腌肉、鱼汁、成熟干酪、母乳、酱油、菌菇、海带或煮熟的番茄具有的那种带有丰富蛋白质的浓稠口感。费城莫奈尔化学感知中心的主任加里·比彻姆（Gary Beauchamp）说：“鲜味能够增加浓度。如果在汤里加入鲜味，汤就似乎比之前更浓稠了，这可以在感官上增加汤的分量。鲜味使汤从加了盐的水变成了一种可以吃的食物。”当海因兹改用成熟的番茄做酱，并且提高番茄中固体物质的百分比时，其最主要的用意是增加番茄酱的鲜味。接着，他又大幅提高了醋的浓度，这样他出品的番茄酱的酸度就比其他大多数品牌高了一倍。于是，番茄酱变酸了，而酸是人类的另一个基本味觉。苯甲酸盐被淘汰后出现的番茄酱，含糖的浓度也提高了一倍，于是番茄酱也变甜了。至于咸味、苦味，则是番茄酱过去一直都有的味道。

味觉可不是无关紧要的小事。我们一般会给婴儿喝没味道的汤，一旦给他喝加了味精的汤，那他以后就只肯喝有味精的汤了——这跟加了糖的水一定比白开水好喝是一样的道理。咸、甜和鲜味是食物向我们发出的基本信号，这可以向我们传递很多信息，比如这种食物的热量高不高，鲜味则可以告诉我们，有没有蛋白质及氨基酸在这种食物里。海因兹的成就在于做出集五种基本味道于一体的调味料。亨氏番茄酱的滋味始于舌尖，那里是甜、咸味蕾所在的地方；再沿边缘而上，那里是酸味感受最强的地方；然后到达舌根部，那里是苦味和鲜味渐强的地方。试问，超市里卖的食品当中，有多少能像它那样跨越如此广阔的感受范围呢？

多年以前，亨氏公司做过一次大规模的市场调查，调查人员进入消费者家里，观察他们如何食用番茄酱。凯西·凯勒（Casey Keller）长期担任亨氏公司业务发展部门主管，前不久才离职。她说：“我记得我当时坐在一个调查对象的家里。他们有两个小孩，一个 3 岁，一个 6 岁。孩子们向妈妈要番茄酱，妈妈把酱拿出来。那个瓶子有 40 盎司重。3 岁的那个孩子想要上前自己拿番茄酱，妈妈却说‘不可以’，并加以阻拦。妈妈拿过瓶子来，倒出一点点给他——这可不是一个我们乐意看到的场景。”对亨氏公司而言，那是使人茅塞顿开的一刻。一个 5 岁的普通儿童吃掉的番茄酱比 40 岁的成年人要多 60%，于是公司发现必须把番茄酱装在幼儿也拿得了的瓶子里。凯勒说：“4 岁的小孩，我家就有一个，他多半没有机会自己选择晚餐要吃什么，但是有一样东西他可以掌控，那就是番茄酱。那是他个人吃喝的体验中可以定制化及个性化的部分。”于是，亨氏推出名为 EZ Squirt 的可挤压瓶装番茄酱，这种瓶子以软塑料制成，有一个圆锥形瓶口。在使用 EZ Squirt 的家庭里，番茄酱的消耗量最多可以增长 12%。

刚刚那一幕有着另一个启示：小孩子会害怕新奇的食物——他们一旦接触过两三种味道后，就不太愿意再尝新的口味了。这一现象背后具有生物进化层面的意义，因为在人类历史上有很多时代，像这么大的儿童已经开始自己觅食，如果他们随便乱吃不熟悉或不可靠的食物，必定会小命不保。假设一个 3 岁的孩子看到餐盘上放着陌生的食物——也许是金枪鱼或者球芽甘蓝，他便会想要借着某种方式把不熟悉的菜变得熟悉。他要缓和盘里食物的陌生感，很自然地就会拿起番茄酱。那是因为摆在桌上的调味料当中，唯有番茄酱能够同时提供酸、甜、苦、咸及鲜的味道。

5

在维冈来到萨巴美食名店几个月后，堪萨斯州立大学感知分析中心的负责人埃德加·钱柏斯四世（Edgar Chambers IV）对“世界第一”

和亨氏牌番茄酱进行了联合评鉴。他手下有17位经过训练的品尝师，这17人均来自学术界和食品产业界，他们要回答一个以往很难回答的问题，就是某食材是什么味道的。这份工作不好做。钱柏斯刚完成番茄酱的研究，随即又派了一组人到曼谷去分析水果：香蕉、杧果、莲雾、罗望子。此外，他还另外派人到韩国去分析酱油和泡菜。钱柏斯的妻子则率领团队到意大利去分析冰激凌了。

评鉴番茄酱的过程历时4小时，连续在两个早晨进行。6位品尝师围坐在一张有转盘的大圆桌前，每人面前放着两个1盎司的杯子：一个装着亨氏番茄酱，另一个装着“世界第一”番茄酱。他们依照食品界通用的标准15分测量表，就14种风味及质地项目进行评估。风味项目分成两部分：一是舌头尝到的，二是鼻子闻到的。举例来说，熟透了的桃子，味道甜，气味也香，这两种感受是截然不同的。醋吃起来有酸味，闻起来也有一种刺鼻的气味——那种气味会直冲你的鼻腔深处，并在你呼气时充满整个口腔。为确保评分过程顺利进行，品尝师四周放着一小碗一小碗的酸、甜、咸味溶液，一份份的卡塔迪纳番茄泥、汉斯番茄酱以及金宝汤汁，分别代表不同的番茄性状。

品尝师把番茄酱细分为各种成分后，便着手评估关键的“融合度”（amplitude）项目，这个词是品味专家用来形容那种混合均匀且五味平衡，会在嘴里“开花”的滋味的。钱柏斯说：“融合度高低的差别，相当于我儿子和钢琴大师弹奏贝多芬《欢乐颂》的差别。虽然他们弹的是相同的音符，可是出自钢琴大师之手的曲子就能交融得如行云流水。”“非凡农庄”出品的卷心酥，一般就被认为融合度很高；

“赫尔曼”出品的蛋黄酱和“萨拉·李”出品的磅蛋糕，其融合度评价也很高。

融合度高，意味着某个食物所有的原料成分全部融合为一种状态。像可口可乐或百事可乐这种高融合度的产品，我们是尝不出其中个别原料的味道的，可是超市卖的那些小品牌产出的可乐，我们却尝得出来。新泽西州查塔姆有一家名为“知觉光谱”的公司，该公司副总经理朱迪·赫尔芒（Judy Heylmun）说道：“可口可乐和百事可乐的特色在于，它们的味道实在是棒极了。这两种可乐的口感特别和谐，也就是所有的味道维持平衡。要做到这么水乳交融非常不容易。”她在此又发出一连串不以为然的声音说：“当你试喝一些小店里卖的杂牌可乐时，你会觉得里面的每种成分都有一点儿‘强出头’的意思。通常第一个冒出来的是橘子味，然后是肉桂味。柑橘和肉桂是最重的味道，而且易于散发出来，香草味则相反，它会隐藏在深处。那种非常廉价的杂牌可乐就会有浓浓的肉桂味，它可以盖过其他一切味道。”

有些比较便宜的番茄酱亦是如此。据番茄酱迷表示，德尔蒙牌番茄酱里的番茄成分有一种令人难安的不平衡感：种子类别、收成的时节、种植的土壤和成长期间气候的不同，会造成番茄的甜度、酸度以及固体与汁液的比例都有所差异。除非这些变量均受到严密的控制，否则就可能出现某一批番茄酱太稀，某一批又太酸或太甜的状况。各位也不妨试试市场最底层那众多的杂牌番茄酱，并注意其中所用的香料组合，你很可能会发现，自己尝得出丁香的味道，或是被大蒜味呛到。杂牌的可乐和番茄酱会出现莫斯科维茨所说的“鱼饵”，也就是我们可以从中尝出某种吸引我们的味道，但很快这种特别的味道又会让人觉得腻烦。

那次品鉴最开始是使用塑料汤匙品尝番茄酱，后来经过考虑，大家认为把番茄酱放在炸薯条上品尝更有助于做口味分析。所以他们现炸了一批薯条，分给每位品尝师。根据议定的规则，品尝师必须一根一根拿起薯条，伸进盛番茄酱的杯子里，一直到杯底，然后咬下沾了番茄酱的部分，再仔细考量口中和鼻中的感受。品尝师对亨氏牌的关键成分——醋、盐、番茄性状（番茄的整体感）、甜度、苦度——所给予的评价是：各种成分的浓淡程度大致相等，而且混合得恰到好处。但是钱柏斯说，“世界第一”番茄酱却“与亨氏牌呈现出截然不同的风貌与特点”。它的甜味强出许多，两者得分之比为 4.0 比 2.5；它在番茄性状方面也优于亨氏——9 比 5.5。可是“世界第一”番茄酱含盐量比较少，也吃不出醋的味道。钱柏斯说：“品尝小组的另一个评语是，这些成分根本没有相互融合。‘世界第一’番茄酱的融合度真的很低。”参与这次评鉴的品尝师乔伊斯·布克霍尔斯（Joyce Buchholz）在进行回味评分时表示：“‘世界第一’番茄酱好像有一种味道留得比较久，那是煮熟的番茄的味道。”

那维冈该怎么办？他为了与亨氏竞争，必须尝试一系列戏剧性的做法，像是用枫糖浆取代玉米糖浆，以及增加番茄固态成分的比例等。这种做法使其产品产生了大胆、不寻常的风味。比如把“世界第一”茴香口味的番茄酱加在炸鲶鱼上，那种味道棒极了。然而，这也意味着，他的番茄酱在口感上不如亨氏牌完整，他为此在融合度上付出了高昂的代价。布克霍尔斯说：“我们主要的结论是，‘世界第一’似乎比较像一般的酱汁。”她这么说是想打圆场。

因此，莫斯科维茨的规则有一个例外。目前拉古牌意大利面酱共有36种口味，分属六大系列：欧洲风味、浓稠田园风味、醇厚风味、清淡风味、干酪新口味及丰富鲜美风味。这意味着对于几乎全美的男女老少来说，都有最合他们胃口的意大利面酱。相对于20年前莫斯科维茨所遭遇的——食品业只追求独一无二的完美口味，这是一种进步。从某个角度来看，“幸福”的程度也取决于外界能在多大程度上满足不同类别消费者的不同喜好。不过这也令我们很容易忽略一个事实：有时候我们已经吃习惯了的或适合大众口味的食物也同样可以带给我们幸福感。莫斯科维茨说：“20世纪70年代，曾经有人——我想应该是拉古牌——想要做‘意大利式的番茄酱’，结果输得很惨。”这是个谜团：适用于挤在热狗上的芥末酱的规则，却不适用于夹在汉堡里的番茄酱；同样是番茄酱，增加浓稠度并以罐子包装行得通，而加醋、加糖并以玻璃瓶包装仿佛又行不通了。莫斯科维茨耸耸肩说：“我想，番茄酱就是番茄酱。”

2004年9月6日

暴　富

纳西姆·塔勒布如何将不可避免的灾难转化为一种战略投资?

1

1996年的某一天，华尔街交易员纳西姆·尼古拉斯·塔勒布（Nassim Nicholas Taleb）前去拜见维克多·尼德霍夫（Victor Niederhoffer）。尼德霍夫在当时是美国数一数二的投资经理人，他的住宅和办公室位于康涅狄格州费尔菲尔德县，那是一处占地13英亩[①]的大院落。那天，塔勒布从拉奇蒙特家中出发，开车来到此地，他必须在大门前报上自己的姓名，再开过一条长而弯曲的车道。尼德霍夫拥有壁球场、网球场、游泳池，还有一栋仿阿尔卑斯山房舍而建的豪宅，里面几乎每个角落都装饰着18—19世纪美国民间艺术作品。那时，尼德霍夫会定期与亿万富翁金融家乔治·索罗斯（George Soros）打网球，也刚刚完成畅销书《投机教父尼德霍夫回忆录》（*The Education of a Speculator*）——他将此书献给他来自纽约科尼艾兰的担任警官的父亲阿蒂·尼德霍夫。尼德霍夫有一

① 1英亩 ≈ 4 046.86平方米。——编者注

个藏书丰富、兼容并蓄的图书馆，而且他对知识的渴求好像永不止息。尼德霍夫在哈佛大学读书时，参与了最早的壁球训练，并宣称自己有一天会成为顶尖的壁球选手。不久后，他确实打败了传奇高手谢里夫·汗（Shariff Khan），并赢得美国壁球公开赛冠军。尼德霍夫就是这种人，他听闻塔勒布在深奥难解的期权交易领域名气越来越响亮，便请他到康涅狄格州来见面。塔勒布十分惶恐。

塔勒布回忆道："尼德霍夫的话不多，所以我就只能观察他。我看着他进行交易长达 7 个小时。他办公室里的人都才 20 多岁，尼德霍夫自己虽已 50 多岁，却是精力最旺盛的。收盘后，他还会到网球场上练 1 000 次反手击球。"塔勒布是信奉希腊正教的黎巴嫩人，他的母语是法语，所以他念起尼德霍夫这个姓时带有一点儿异国腔调。塔勒布继续说："他住在一栋藏书无数的豪宅里，那也是我从小的梦想。尼德霍夫是骑士，又是学者。我对他无比崇敬。"尽管塔勒布羡慕也佩服尼德霍夫，可是他不愿意成为尼德霍夫第二，他过去不愿意，现在不愿意，任何时刻都不愿意。这也是人们解读塔勒布所选的那条鲜有人走的路，以及他反对华尔街原则的关键。当塔勒布环顾四周，看到满室的藏书、漂亮的网球场和墙上的艺术品时，当他凝神思量尼德霍夫这些年来赚到的巨额财富时，就不禁想到，这一切可能只是单纯的好运气。

塔勒布明白自己的这种想法是多么离经叛道。华尔街信奉的原则是：在市场上搏杀，讲究的是专业能力，而且技巧和眼光对于投资来说极为重要——就如同其对于做外科手术、打高尔夫球及开喷气式飞机那样重要。早在 1985 年就有先见之明，能够预见到软件在现代社会扮演的角色，因而买下微软股票的人，后来都赚了大钱；

了解投资泡沫心理学，而在1999年年底卖出科技股票的人，逃过了纳斯达克大崩盘这一劫。而沃伦·巴菲特之所以被誉为“奥马哈的圣人”，正是基于这个道理：如果你白手起家却赚得亿万财富，那你必然聪明过人。可是，塔勒布心中却怀疑：人们所说的那个道理真的是某人成功的原因，还是只是人们事后诸葛亮般的推断？

索罗斯的成功似乎也有其道理。他说过自己是遵循所谓的“反射理论”行事的，可是后来索罗斯又写道，在大多数情况下，他的理论“十分薄弱，对其不加理会也不会有什么问题”。塔勒布过去有一个贸易伙伴，名叫让-曼纽埃尔·罗赞（Jean-Manuel Rozan），他曾经花了整个一下午与索罗斯对股市展开辩论。当时索罗斯很极端地看空股市，还搬出一套煞费苦心构想出来的理论，结果事实证明这套说法完全是错误的。那段时期股市行情极好。两年后，罗赞在某场网球比赛上巧遇索罗斯。罗赞问他：“你还记得我们的对话吗？我是记得非常清楚的。”索罗斯答：“我后来改变主意了，结果赚了好大一笔。”他居然改变主意了！有关索罗斯的行事作风，他儿子说过的一段话似乎最接近事实：

> 我父亲会坐下来跟你讲一堆理论，解释他为什么要这样做。可是我记得我小时候看到他这样做时心里就会想：“老天爷，这里面至少有一半都是狗屁。”我是说，你要知道，无论是在市场上或任何事情上，他之所以改变立场，都是因为他的背开始痛得要命。那没有任何道理。他真的就会突然发作，那便是早期预警。

为什么有些人在金融市场上会大获成功，这对塔勒布而言是个伤脑筋的问题。他可以在脑袋里做一道算术题：假定金融市场上总共有10 000名投资经理人——这个数字一点儿也不夸张，则每年会有一半的人完全靠运气赚钱，另外一半也全是因为运气差而赔钱。再假定每年那些赔钱的人会被淘汰，留下来的人则继续在市场上厮杀，那么到第5年年底，就会有313个投资经理人在这5年里年年赚钱。经过10年后，只剩下9个人是全凭运气连着10年都赚钱的。尼德霍夫跟巴菲特、索罗斯一样绝顶聪明，他是芝加哥大学经济学博士，他率先提出了一个理论：对市场模式做严密的数学分析之后，投资人便能够从中找出有获利机会的异常现象。可是谁能够说自己就是那幸运的9个人之一？谁又能够断定，到第11年，尼德霍夫不会落入那不幸的一群人中，在一瞬间失去一切，套用华尔街的说法就是："毁掉了！"

塔勒布记得小时候在黎巴嫩时，他眼看着自己的国家在半年之内"由天堂变成地狱"。他的家族曾经在黎巴嫩北部拥有大片土地，现在全没有了。他记得自己的祖父曾任黎巴嫩副总理，曾祖父也是黎巴嫩前副总理，地位十分显赫，但他祖父的晚年是在雅典一处寒酸的公寓里度过的。这就是生存在一个"事情为何演变至此"的世界里的问题：谁也不知道自己的运气会不会有一天突然反转了，以致一切都化为乌有。

所以塔勒布只从尼德霍夫身上学到了以下这些东西。他发现尼德霍夫是很认真的运动员，所以决定自己也要重视运动，于是他开始骑自行车上下班，并且到健身房健身。尼德霍夫是一个顽固的经验主义者，他在康涅狄格州的家中曾坚定地对塔勒布说："凡是能够检验的东西，一定要加以检验。”所以几年后，塔勒布创建自己的对冲基金时，就取名为“安皮里卡”（Empirica）[①]。可是他效法尼德霍夫的部分也仅止于此，塔勒布决定不采取任何有可能“毁掉”的投资策略。

2

塔勒布身材高大壮硕，40 岁出头，胡须斑白，轻微秃顶，浓眉，高鼻梁，他的皮肤是地中海东部居民那种橄榄色。他的情绪起伏很大，当心情不好的时候，他就会眯起眼睛，皱起眉头，眼中仿佛要喷出火来。据塔勒布的一些朋友说，他长得颇像萨尔曼·拉什迪[②]。而他办公室的员工则在布告栏上钉了一张伊斯兰教某神学家的照片，他们发誓说那肯定是塔勒布失散多年的孪生兄弟。虽然这说法完全不可信，但是塔勒布本人坚持认为，他长得像影星肖恩·康纳利[③]。他住在一栋含有 4 间卧室的都铎式住宅中，屋内有 26 个俄罗斯东正教的圣像、19 个古罗马人头像和 4 000 本藏书。塔勒布每天黎明即起床，并花一小时写作。他出版过两本书，第一本从技术层面上论述了金融衍生品，所获评价甚高；第二本是《随机漫步的傻瓜》，对华尔街习以为常的观念而言，书中的主张近似于马丁·路德的神学论文对罗马天主教的挑

① Empirica 与“经验主义”（empiricist）一词接近。——编者注

② 萨尔曼·拉什迪（Salman Rushdie），印度裔英国籍作家，引起伊斯兰教世界强烈争议的《撒旦诗篇》（*The Satanic Verses*）的作者。——译者注

③ 肖恩·康纳利（Sean Connery），“007”系列谍战电影第一代詹姆斯·邦德的扮演者。——编者注

战。塔勒布有时会在下午开车进城，到纽约城市大学听哲学讲座。在非寒暑假期间，他晚上会在纽约大学教授金融类研究生课程，课后，人们常常可以看见他在翠贝卡区的奥迪安酒吧里高谈阔论，他会详细地分析说市场可能反复无常，或是对希腊诗人 C.P. 卡瓦菲表达敬意。

塔勒布在康涅狄格州格林尼治市外的森林里一处无名的水泥办公大楼内，经营安皮里卡资本公司。他的办公室主要是一间交易室，大小相当于曼哈顿的开间小公寓。塔勒布坐在一个角落里，面前摆着笔记本电脑，四周坐着他的团队成员：首席交易员马克 · 施皮茨纳格尔（Mark Spitznagel）、交易员丹尼 · 托斯托（Danny Tosto）、计算机程序设计师温 · 马丁（Winn Martin）、研究生帕罗普 · 安斯本（Pallop Angsupun）。施皮茨纳格尔大概 30 岁，托斯托、马丁和安斯本从外表上看起来好像应该还在高中读书似的。屋内另一个角落放着一个塞得过满的书柜，还有一台锁定在消费者新闻与商业频道（CNBC）但保持静音状态的电视。房间里有两个古希腊人物的头像，一个摆在塔勒布的计算机旁，另一个则令人费解地摆在门边的地上，好像是要被丢弃的垃圾。墙上几乎空无一物，只贴着一张略微破损的希腊手工艺展览的海报、一张伊斯兰教神学家的照片，以及安皮里卡的精神领袖——哲学家卡尔 · 波普尔的一小幅钢笔画像。

某个春日早晨，安皮里卡的员工正全情投入地解决一个棘手的问题。这个问题与 n 的平方根有关，n 指的是随机观察的次数。他们想要知道，n 与观察者对自己的仿价有多大信心之间呈现什么样的关系。塔勒布站在门边的白板前，他手中的马克笔在白板上发出尖锐的摩擦声，他正潦草地记下所有可能的解答，施皮茨纳格尔和安斯本则在一旁很专心地看着他解题。施皮茨纳格尔有着一头金发，他来自中东，有做瑜伽的习惯，他跟塔勒布相反，带有某种利落而稳健的气质。塔勒布在酒吧里会与人起冲突，而施皮茨纳格尔就是那个劝架的人。安斯本有着泰国血统，正在普林斯顿大学攻读财经数学博士学位，他留着一头稍长的黑发，带着点儿滑稽的气质。塔勒布一天当中总要对好几个人说："安斯本很懒散。"不过他的语气里充满爱怜之情，让人觉得"懒散"这个名词在塔勒布式的词典里是"有天分"的同义词。安斯本动都没有动他的计算机，反倒经常把座椅转过去背对着桌面。他目前正在阅读认知心理学家阿莫斯·特沃斯基（Amos Tversky）和丹尼尔·卡尼曼的著作。他带着有点儿失望的表情说，这两个人的主张"不太能够加以量化"。此时，塔勒布、施皮茨纳格尔和安斯本三人正针对上述问题的解答展开辩论。情况显示，塔勒布的主张可能是错的，然而在这个问题还没有解决之前，各个市场都开盘了。

塔勒布回到自己的座位，开始为办公室里究竟该播放什么音乐与施皮茨纳格尔争论。施皮茨纳格尔会弹钢琴和吹法国号，并且自封为安皮里卡的 DJ（唱片骑师）。他要放马勒[①]的音乐，但是塔勒布不喜欢马勒。塔勒布抱怨："马勒对市场波动有不良影响。巴赫不错，放《马太受难曲》好了。"他向身穿灰色高领毛衣的施皮茨纳格尔比画了个手势。塔勒布说："你看他。他想学指挥家卡拉扬[②]，就像那种想住

① 古斯塔夫·马勒（Gustav Mahler），优秀的奥地利作曲家及指挥家，其作品多探讨人生与死亡。——编者注

② 赫伯特·冯·卡拉扬（Herbert Von Karajan），奥地利著名指挥家，出身于贵族家庭，家世显赫。——编者注

在城堡里的人一样。他有一种莫名的优越感，不喜欢闲聊，他还是个滑雪高手。那就是施皮茨纳格尔。”施皮茨纳格尔翻了个白眼，而此时塔勒布口中的神秘男子“吴博士”走了进来。吴博士在走道另一头的一家对冲基金工作，据说也是位很了不得的人物：他身材瘦削，戴黑框眼镜，常眯着眼睛。大家问他对 n 的平方根有什么意见，他拒绝回答。塔勒布在这位访客又晃回去以后解释说：“吴博士来这里是来找一点儿灵感的，他也会跟我们借书，或是跟施皮茨纳格尔讨论讨论音乐。”他忽然又沉下脸说：“吴博士是马勒迷。”

安皮里卡会采取一种十分特别的投资策略——买卖期权，也就是说，不买卖股票和债券，而是在股票和债券上下赌注。假设通用汽车的股价是每股 50 美元，再假设你是华尔街的投资大户。有一个期权交易员来找你，他提出一项交易，他打算在未来 3 个月内以每股 45 美元的价格把通用汽车的股票卖给你，你愿不愿意接受？你要在什么样的利润前提下才同意用这个价格买这只股票？于是你研究通用汽车过去的股价走势，发现通用汽车的股价很少在 3 个月内下跌超过 10%，而那个交易员只在通用股价跌到每股 45 美元以下时，才会要求你买下他的股票。于是你表示愿意以每股 0.1 美元的费用接受那位股权交易员的提议。[①] 你是赌未来 3 个月内通用汽车的股价会维持在一个相对稳定的区间，如果你判断正确，那么所收的每股 0.1 美元就

---

① 在这笔期权交易中，你是期权卖方，那位交易员则是期权买方，对方会向你支付一笔费用（权利金），从而获得在期权合约规定时间内，按每股 45 美元的价格向你卖出他手中的通用汽车股票的权利。这里的每股 0.1 美元即为你卖出期权所收取的权利金。——编者注

是净利润。那位交易员则是赌一种可能性不大的情况，即通用汽车的股价会大跌，如果他赌对了，那他的获利就可能非常可观。假设他以每股 0.1 美元向你买了 100 万股的期权，之后通用汽车的股价跌到每股 35 美元，他就会用每股 35 美元的价格买进 100 万股，然后交给你，要求你用每股 45 美元买下这 100 万股权，这样一来，他就会突然变得很富有，你却损失惨重。

用华尔街的术语来说，这种交易就叫“价外期权”。期权可以有多种不同的组合方式：你可以以每股 30 美元将通用汽车股票的期权卖给那位交易员，或者如果你想赌通用汽车的股价会上涨，就可以以每股 60 美元将期权卖出。可以买卖期权的还有债券、标准普尔指数、外汇、抵押贷款，或任何有对价关系的金融工具，你可以赌市场大涨或暴跌，或维持不变。期权允许投资人以小博大——把 1 美元变成 10 美元，也让投资人能够规避风险。个人的退休基金如果买了期权来自保，或许在下一次的金融危机中便不至于血本无归。

期权操作的原理在于，这些赌博所代表的风险均可以量化，例如，只要研究通用汽车过去的股价走势，就可以算出未来 3 个月内每股股价到达 45 美元的确切概率，也算得出以 1 美元买卖其期权是否划算。这个过程类似于保险公司分析精算数字，以便求出某种寿险的保费多寡。

塔勒布和安皮里卡团队均属股市分析高手，但是他们反对股市分析的正统理论，理由是，他们认为股市这类事物的起伏变化跟死亡统计那种具体现象是不同的。具体的事件，例如死亡率或者打扑克牌，是一组有限而稳定的因素，经过可预期的相互作用而产生的结果。

这类结果往往呈现统计学家所称的正态分布，其走势是一条钟形曲线。然而市场的起起落落是否也呈现为钟形曲线？经济学家尤金·法玛（Eugene Fama）研究过股价，他指出如果过去的股价涨跌走势呈正态分布，我们就可以预期那种偏离平均值 5 个标准差的股价涨幅每 7 000 年才会发生一次，可是这么大的涨幅是股市每三四年便会发生的，原因就在于投资人的行为不会遵照任何统计学上的规则进行。投资人会改变主意，做愚蠢的事，互相跟进，或因恐慌而失去理智。法玛的结论是，如果把股市的涨跌绘制成曲线图，那么图中必然会出现“肥尾”。意思就是，在股价分布的最高点和最低点，一定会发生很多外围事件，多到习惯于模拟具体世界的统计学家无法想象的地步。

1997 年夏，塔勒布就预言，像长期资本管理这类对冲基金，因为不了解“肥尾”这个概念，所以迟早会出问题。正好一年后，美国长期资本管理公司因其计算机模型显示市场应该会平稳下来，于是便卖出了超量的期权。结果呢？俄罗斯政府突然宣布推迟偿还短期国债，市场像发疯一样，才不过几个星期，长期资本管理公司便垮台了。塔勒布的首席交易员施皮茨纳格尔表示，他最近听了一场长期资本管理公司前高级主管的演讲，那位高级主管在演讲中仍在为他们当年所做的赌博辩护。

施皮茨纳格尔说：“这位高级主管的说法是，‘各位想想，整个秋天，我每天晚上开车回家，都会看到落叶四散在树根附近。就统计学角度来看，这些叶子落地有一定的分布模式，而我也可以相当准确地算出这个模式。可是有一天我回家的时候，树叶却变成一小堆一小堆的。难道这就代表我之前提出的理论不成立吗？不对。叶子堆成一堆是人为事件'。"换句话说，俄罗斯人不偿还国债，是做了一件不该做的事，是鲜少发生的破坏性事件。可是这正是塔勒布所主张的：金融市场的游戏规则与物理学定律不同，是可以改变的。各国的中央银行可以决定不予偿还由政府担保的债券。

塔勒布最早的华尔街启蒙老师当中，有一位急性子的法国人叫让–帕特里斯（Jean-Patrice），他的穿着十分花哨，重视风险到近乎神经质的地步。当时让–帕特里斯会在凌晨 3 点从 Regine's 俱乐部打电话给塔勒布，或是约他到巴黎的某家酒吧见面，自己饮着香槟，身边还有衣着暴露的女子环绕。有一次他问塔勒布，倘若有一架飞机掉下来撞上他住的房子，那他会有什么下场？塔勒布那时还年轻，对此未加理会。让–帕特里斯的问题听似荒谬，可是塔勒布很快就领悟到没有任何事情是荒谬的。塔勒布经常喜欢引用哲学家大卫·休谟的话："无论看到过多少只白天鹅，都不可以下结论说世界上所有天鹅都是白的。只要看过一只黑天鹅，就足以反驳'天鹅都是白的'这一结论。"长期资本管理公司在俄罗斯从来没看过黑天鹅，于是就以为俄罗斯没有黑天鹅。

塔勒布自创的交易哲学，即完全以有黑天鹅存在为基础，亦即总有一天会发生出乎市场预料的事件。因此他从来不卖期权，只买期权。一旦通用汽车股价暴跌，会亏一大笔钱的人绝对轮不到他。他也从不赌市场会往这个方向或那个方向走，因为他认为要赌这个就必须了解市场，可是他自认为不了解。他没有巴菲特那种自信，因此他在购买期权时是不论涨跌都买，赌市场可能上涨，也可能下跌。塔勒布不赌市场微小的波动，何必那么麻烦？假如别人均大大低估罕见事件发生的可能性，那么通用汽车股价跌到每股 40 美元的期权价值就会遭到低估。所以塔勒布就可以大肆买进价外期权。他会同时买进数百只股票的期权，如果还来不及行使权利就到期了，他便砸钱继续买。

可是塔勒布却丝毫不碰股票，无论是安皮里卡或是他个人均是如此。买股票和买期权不一样，买股票是赌市场未来的走势，可是谁知道未来如何演变？所以塔勒布将他个人的财富，还有安皮里卡好几亿美元的储备金，都押在美国国债上。华尔街很少有人在期权交易上像他那么极端。然而股市一旦发生极为反常的事情，一旦某个随机发生的事件震撼了整个华尔街，造成通用汽车的股价暴跌，例如跌到每股 20 美元，那塔勒布不但不会赔得一穷二白，反而会因此大发横财。

不久前，塔勒布到华尔街北边的一家法国餐厅吃晚餐。当晚同桌的都是股市分析高手：人人衬衫领口敞开，口袋鼓起，他们身上都带着终日与数字为伍者的那种沉稳而略显孤僻的气质。塔勒布坐在最后的位子上，就着茴香酒谈论法国文学。席间有一位国际象棋大师，留着一头乱乱的白发，他曾是棋王阿纳托利·卡尔波夫（Anatoly Karpov）的老师；另有一名男子曾先后供职于斯坦福大学、埃克森美孚公司、美国洛斯阿拉莫斯国家实验室、摩根士丹利，以及法国一家小而精的投资银行。他们谈数学和棋艺，同时还在担心一位尚未抵达的伙伴，有人说“他肯定迷路了，他平时连厕所都找不着”。

账单被交给了一名在华尔街某大型投资银行做风险管理的男子，他瞪着账单看了许久，有一点儿迷惑，又觉得有一点儿好笑，仿佛已经记不起来解这种老掉牙的数学题是什么滋味了。在座的人所从事的行业，从形式上说是跟数学有关，其实从本质上看是与认知学有关的，因为买卖期权都需要当事人面对一个问题：自己究竟知道多少。塔勒布买进期权的理由是，他很确定自己根本什么都不知道。更确切地说，应该是其他人自以为很了解市场，其实不然。可是在这次餐会上，卖期权的大有人在，他们自认为只要够聪明，算得出恰当的期权价格，就可以赌赢许多的 1 美元通用汽车股票期权。他们相信，归根究底，叶子的掉落模式多多少少会在人的预期之中。

这两种主张的差别始于多年前塔勒布与尼德霍夫在康涅狄格州出现的分歧。尼德霍夫的偶像是 19 世纪科学家弗朗西斯·高尔顿（Francis Galton）。尼德霍夫还给长女取名为高尔特，在他的图书馆里也有一张高尔顿的全身肖像。高尔顿是统计学家和社会科学家（也是遗传学家和气象学家）。视高尔顿为英雄的人相信，把从实践经验中获得的证据加以整理，以及汇集所有的数据点，那所有需要知道的东西就都尽在掌握了。相对地，塔勒布的偶像是卡尔·波普（Karl Popper）。波普主张，我们无法确切地知道某个论点是否正确，而只能确定某个论点不正确。塔勒布自称从尼德霍夫身上获益良多，可是尼德霍夫坚称，他的榜样力量在塔勒布身上全部白费了。尼德霍夫说："在《法庭上的鲁波尔》这部剧集中，主角鲁波尔接到的一个案件是，帮一位不信上帝的主教辩护。塔勒布就是一个不相信经验主义的经验主义者。"一个人如果认为经验是不可靠的，那主张从经验中学习又有什么意义呢？如今，尼德霍夫从卖出期权上赚了不少钱，而且出售期权的对象多半是塔勒布。换句话说，如果他们当中有一人的资产在某一天增加了 1 美元，这 1 美元很可能就是从对方那里赚来的。这对师生互相之间已经成了猎人与猎物。

3

很多年前，塔勒布曾经在第一波士顿投资银行工作，当时有一件令他猜不透的事，就是在交易室里，大家都像无头苍蝇般忙东忙西。交易员应该每天早上进来，进行买进卖出操作，然后根据他操作的交易替公司赚到多少钱获得分红。假如交易员连着几周都未给公司带来进账，同事们就会以异样的眼光看他；假如他一连好几个月都没赚到钱，那他就会被炒鱿鱼。大多数交易员都有傲人的学历，他们身穿名牌西装，搭配名牌领带。他们总是急急忙忙地投入市场，仔细阅读《华尔街日报》，并聚在电视机前看突发新闻。塔勒布回忆道："美联储做了这个；西班牙总理做了那个；意大利财政部部长说，货币不会竞相贬值；有某个统计数字高出预期；著名分析师阿比·科恩刚刚又说了如此这般。"这种场面便是塔勒布无法理解的。

霍华德·萨弗里（Howard Savery）是 20 世纪 80 年代塔勒布任职法国东方汇理银行时的助理。萨弗里说："塔勒布对于要做什么总是说得那么抽象。他曾经把我们的现场交易员蒂姆搞得快要发狂了。现场交易员习惯于精确的指示——'以 87 美元的价格卖出 100 手期货'，塔勒布却会拿起电话说'蒂姆，出掉一点儿'，蒂姆问出掉多少，他就会说'哦，差不多就好'。那等于是说，我只知道要卖，心里却没有谱。当时双方常用法语进行激烈的争吵，吵到尖叫的程度。收市以后，大家还是会一起去吃晚饭或参加余兴节目。当时塔勒布和安皮里卡团队均对刚发布的贸易统计不感兴趣。因此，当大家都伏在办公桌前仔细聆听最新统计数字时，塔勒布会故意大摇大摆地走出去。"

如今，在安皮里卡的办公室里，仍旧见不到《华尔街日报》的踪影。由于这只基金所持有的期权均由计算机挑选，所以主动的交易活动很少。那些期权多半在市场出现重大变化时才会发挥作用，而大多数日子，市场不会出现什么大变动。于是塔勒布和团队的工作内容就是等待及思考，他们会分析公司的交易政策，反向测试各种策略，并不断完善他们的定价模型。坐在角落的托斯托偶尔会在计算机里输入一些东西；安斯本看起来已经神游到远方去了；施皮茨纳格尔负责接听交易员打来的电话，并不时在两个屏幕之间徘徊。塔勒布则负责回复电子邮件，以及打电话给总部在芝加哥的一家经纪公司，用带有布鲁克林口音的英语问对方："近来做得怎么样？"这里与其说是交易室，不如说是教室。

塔勒布吃完午饭一路走回来时，大声叫着："安斯本，你有没有自我反省？"而当安斯本被问到博士论文要写什么主题时，他竟然答"大概就是这个"，同时没精打采地朝屋内四下挥挥手。

塔勒布插进一句话："安斯本实在懒得可以，看来我们得帮他写了。"

安皮里卡的做法是，反向运用传统投资心理学原理。我们一般人如果沿袭旧有的操作方式在市场上投资，那么不论哪个交易日，我们因股息、利息或市场整体走高而赚得小额利润的概率都相当大，可是我们几乎没有在一天之内即赚到大钱的机会。此外，还有一种概率很小但确实存在的可能性伴随着我们，就是万一市场崩盘，我们会连同市场一起被"毁掉"。基于一些本能的理由，我们认为以上的风险配置方式是正确的，所以我们能够接受。像是在安斯本所读的特沃斯基和卡尼曼合著的书里，作者即提到一个简单的实验：请实验对象想象自己有 300 美元，再请他们做出选择：（a）再多得 100 美元；（b）掷硬币，赢的话可以多得 200 美元，输的话就一无所有。结果大多数人宁可选（a）也不选（b）。接着特沃斯基和卡尼曼又做了另一个实验：请实验对象想象自己有 500 美元，再请他们做出选择：（c）掏出 100 美元；（d）掷硬币，输的话要掏出 200 美元，赢的话就不需掏钱。这时候选（d）的人则多于选（c）。这四种选择的有趣之处在于，它们发生的概率是相同的，可是实验对象却呈现出不同的偏好。为什么？因为面对亏损，我们更愿意赌一下，可是面对获利，我们却不愿意冒险。所以我们喜欢每天在股市里小赚一笔，即使这需要承担在股市崩盘时失去一切的风险也没有关系。

相比之下，安皮里卡的情况正好相反，他们每天都有可能在一天内赚大钱，这种可能性虽小，但确实存在；小赔的可能性虽然很大，但毁掉的可能性是零。所有安皮里卡用 1 美元、50 美分或 5 美分累积起来的期权，实际执行的很少，其数量却在不断增加。公司里的任何一个人，只要看着显示安皮里卡仓位的计算机屏幕上某个特定的字段，就能够很确切地告诉你，当天到此刻为止，安皮里卡究竟赔了或赚了多少钱。比如上午 11 点半，他们已经赚回当天花在期权上的 28% 的成本；到 12 点半，赚回了 40%，这代表当天还没有过一半，安皮里卡的亏损就已达数十万美元。前一天，它赚回了 85% 的费用；再前一天是 48%；再往前连着两天都是 65%。除了少数明显的例外情况——像“9 · 11”事件之后股市重启交易的那几天，事实上，安皮里卡从 2001 年 4 月起一直在赔钱。

塔勒布说：“我们不会一夜之间倾家荡产，只会慢慢失血而死。”

失血而死，忍受持续亏损的痛苦，正是人类出于本能想要避免的。塔勒布的前助理萨弗里说：“假设有个人长期投资俄罗斯债券，且每天都有获利，忽然有一天大难临头，他将赔掉 5 倍赚来的钱。可是在一年 365 天里，他有 364 天仍然很快乐地赚着钱；另一个人就困难得多了，因为他在 365 天里，有 364 天是赔钱的，这人不免开始质疑自己，究竟能不能把赔掉的钱赚回来？我的做法到底对不对？如果要 10 年时间才赚得回来，那该怎么办？ 10 年后我的神志还清不清楚？”

一般交易员从每日获利中可以得到回馈，那是令人愉快的成就的幻觉，但在安皮里卡工作得不到这种回馈。施皮茨纳格尔说：“那好比你已经弹了 10 年钢琴，却依然不会弹钢琴入门级小曲《筷子》一样。而唯一支撑你继续做下去的只有一个信念，就是有一天早上醒来时，你会弹得跟著名钢琴家拉赫玛尼诺夫（Rachmaninoff）一样好。”这容易吗？塔勒布等人在渐渐失血之际，却看着尼德霍夫不断获利赚钱，这当然不容易。如果你仔细观察塔勒布，就会发现有一些小地方反映出持续失血对他还是有影响的：他看彭博新闻社的行情信息，看得稍久了一点儿，他倾身去看每日损失的数字的次数多了一点，等等。

塔勒布也有不少类似于迷信的“原则”。如果基金操作的情况不错，他就会每天选同样的位子停车。又如，他因为把马勒与去年市场长期低迷的状况联想在一起，所以变得不喜欢马勒。施皮茨纳格尔说：“塔勒布每次都说公司里少不了我，我相信那是真心话。”施皮茨纳格尔的存在是在提醒塔勒布，等待是有意义的。他是在帮塔勒布抗拒人性的冲动，即宁愿放弃一切也要消除损失的痛苦。塔勒布说：“施皮茨纳格尔是我的警察。”安斯本也是——他的存在提醒着塔勒布，安皮里卡具有智慧上的优势。

塔勒布说："关键不在于有想法，而在于有实现想法的方法。我们谢绝说教，我们需要一套诀窍。"他的诀窍是事先讲好规则，且对每种情况应该怎么处理都规定得一清二楚。"我们定好这套规则，这么做是为了告诉大家，不要听命于我，而要听从议定的规则。当然我有权力改变规则，可是改变规则也有一定的程序。从事这一行一定要严于律己——我们在尼德霍夫身上看到的不理智也存在于我们自己身上。"在那次股市分析高手的聚餐上，塔勒布三两下就把面包吃完了，当服务员又拿面包过来时，他大叫"不要"并且挡住了自己的盘子。那是一场永无止境的挣扎：理智与情感之间的战争。服务员拿酒过来时，他又迅速用手盖住杯子。到点菜的时候，他要了牛排薯条餐，可是"不要薯条"，然后马上设法为自己的选择"避险"：跟旁边的人商量，分一点对方的薯条。

心理学家沃尔特·米歇尔（Walter Mischel）做过一系列实验：把孩子单独留在一个房间，在孩子面前放了两块饼干，一大一小。他告诉孩子，如果想吃小块的饼干，只要按个铃，实验人员就会进来把饼干拿给他；如果想吃大块的饼干，就得等到实验人员自己进来，那最多可能要等上 20 分钟。米歇尔用摄像机将多个 6 岁孩子的反应记录了下来，他们独自坐在房间里，盯着饼干看，设法说服自己耐心等候。有一个女孩开始唱歌给自己听，且似乎在对自己低语：只要耐心等待，就能吃到大块饼干。她闭上眼睛，然后转过身去背对着饼干。另一个小男孩则拼命前后摆动他的腿，接着拿起那个铃来仔细观察，尽量不去想按铃就吃得到饼干这件事。这些录像带记录了人类社会中的纪律和人类自制力的起始：我们控制内心冲动的技巧。而观察这些孩子如何拼命转移自己的注意力时，我非常吃惊地发现：那正是塔勒布的写照！

还有一件事情有助于我们理解塔勒布的毅力，那不只是抗拒、规范或自我克制使然。就在塔勒布去见尼德霍夫的一年前，发生了一件事。当时塔勒布在芝加哥商品交易所当交易员，久而久之，他的嗓子变得沙哑了。起初他并未在意，认为嗓子沙哑是每天待在交易场上得的职业病。后来他搬回纽约，终于跑去看医生，那家诊所位于上东区一栋战前建筑里，房子的外观颇为吸引人。塔勒布坐在诊所里，呆呆地望着外面院子里的砖块，一遍又一遍地读着挂在墙上的医师证书，耐心等待最后的“判决”。医生回来后用低沉而严肃的声音说：“病理报告出来了，病情没有听起来那么严重。”他的病其实相当严重，他得了喉癌。塔勒布的心死了。他走出诊所，外面正在下雨，他一直走，最后来到一间医学图书馆。他在此拼命阅读关于喉癌的信息，雨水在他脚下积成一摊。这没有道理，喉癌是老烟枪才会得的，可是塔勒布还年轻，也几乎从未抽过烟。他得喉癌的风险大概是十万分之一，小到几乎很难想象的地步。他是黑天鹅！如今他的癌症已经治愈，但是那段记忆也是塔勒布内心深藏的秘密，因为一旦一个人曾经是黑天鹅——不只是看过，而且是自己当过，又面对过，那个人就会比一般人更倾向于相信自己还会再遇到黑天鹅。

当那一天快结束时，塔勒布和他的团队再度专注于 n 的平方根问题。塔勒布回到白板前，施皮茨纳格尔认真地看着他，安斯本则在无聊地剥着香蕉。屋外，太阳慢慢落到树木后方。塔勒布说：“先换算成

*p*1 和 *p*2。”他手上的马克笔再次在白板上发出摩擦声。“所以说这里是高斯分布，然后市场从低量区转到高量区，*P*21、*P*22，接着得出特征值。”他皱起眉头，盯着自己的板书。市场此刻都收盘了，安皮里卡亏了钱，这代表在康涅狄格州森林里的某个地方，尼德霍夫必然赚了钱，这真令人心痛。不过若是能够坚定自持，把心神放在眼前的问题上，并且时时不忘，市场总有一天会发生全然出乎预料的事——因为这种事情在我们生存的世界迟早会发生，那你的心就不会那么痛了。塔勒布看着白板上的那些等式，竖起一边的眉毛，觉得这个题目实在太难解了：“吴博士在哪里？要不要打电话请吴博士过来一下？”

4

塔勒布去拜访尼德霍夫一年后，尼德霍夫“毁掉了”。尼德霍夫曾经卖出大量标普指数的期权，从其他交易员那里赚到数百万美元，作为交换，如果市场下跌，他即会用期权交易时的价格，向他们买进一篮子股票。这是一场未曾做避险考量的豪赌，在华尔街被称为裸卖看空期权，意指尼德霍夫与每个对手赌的都是同一种结果：他是赌赚小钱的可能性大，对方则是赌亏大钱的可能性小，结果他输了。1997 年 10 月 27 日，市场大跌 8%，许多向尼德霍夫购入期权的人纷纷上门，要求他以未崩盘前的价格买回股票。他竭尽所能凑出 1.3 亿美元，包括现金储备、存款、手头的股票，可是当股票经纪过来向他索要更多的钱时，尼德霍夫已经囊中羞涩。一天之内，美国最成功的对冲基金之一就此垮台。他不得不关闭公司，抵押房产，向子女借钱，并打电话给苏富比拍卖行，卖掉自己珍爱的银器收藏品：19 世纪为巴西费盖尔德奥子爵（Viscond De Figueirdeo）制作的大件银器“胜利雕像组”，以及 1887 年蒂芙尼公司为本纳特杯帆船赛设计的超大银质奖杯。那次拍卖进行时，他刻意回避了，他受不了亲眼见证那个过程。

尼德霍夫最近表示：“那是我这一生中极其悲惨的遭遇之一，可以跟至亲去世相提并论。”那是 3 月的一个周六，他当时待在自家豪宅的图书馆里，两只看起来很无聊的狗跑进跑出。尼德霍夫个子很高，曾是个运动员，有着倒三角形身材、令人印象深刻的面孔和难过下垂的双眼。他没有穿鞋，衬衫一边的领子向内卷着，他说话时视线也望着他处。“我让我的朋友们失望，且生意失败。我曾经是数一数二的投资经理人，如今我大概得从零开始了。”他停顿了一下又说，“5 年过去了。水獭建好水坝，河水把它冲毁，于是水獭想办法把地基打得更好。我想我做到了，不过我总是得当心可能会再次失败。”远处传来敲门声。来者是一名男子，名叫米尔顿 · 邦德（Milton Bond），他是个画家，拿了一幅画来给尼德霍夫看，他画的是《白鲸记》里的白鲸莫比 · 狄克，它正在撞击捕鲸船“裴廓德号”。其画风是尼德霍夫爱得不得了的民间艺术风格，他到门厅去跟邦德见面，跪在那幅画前，看着邦德拆封。

尼德霍夫的豪宅里还有其他关于“裴廓德号”的油画，也有关于“埃塞克斯号”的油画——梅尔维尔写《白鲸记》就是以这艘船为蓝本的。在尼德霍夫办公室里的一面很显眼的墙上，挂着一幅“泰坦尼克号”的油画。他说，收藏这些画是他敦促自己保持谦逊的方式。尼德霍夫说：“我特别注意‘埃塞克斯号’的原因在于，后来该船船长一回到马里兰州的楠塔基特岛，就有人要聘请他。他们觉得在船被撞沉后，他还能顺利回来是因为他对危机处理得相当不错。有人问船长：‘怎么还会有人再给你一艘船？’他答：‘我想是出于一个人不会两次遭到雷击的说法。’雷击是十分偶然才发生的。于是他得到了第二艘船，可是这艘船又沉没了，这次是卡在冰里。这一次他彻底失败了，甚至拒绝救援，别人只好硬把他弄下船。后来终其一生，他都在楠塔基特岛当看门人，沦为华尔街所称的‘幽灵’。”尼德霍夫此刻已经回到书房，颀长的身体伸展开来，两脚搭在书桌上，眼睛有一点儿湿润：“你懂了吗？我已经不起第二次失败，那样我从此就一败涂地了。那就是‘裴廓德号’的意义所在。”

尼德霍夫“毁掉”前一个月左右，塔勒布跟他在印第安纳州韦斯特波特的一家餐厅用餐。尼德霍夫告诉他自己裸卖看空期权的事。你可以想象他们两个隔着餐桌，尼德霍夫是如何解释自己的赌注属于可接受的风险，以及市场惨跌到让他最终破产的概率小到微不足道的，而塔勒布则是边听边摇头，不禁想起了黑天鹅。塔勒布说：“我跟他道别时心情很沮丧。眼前这个人，一下子能够反手挥拍一千下，他下棋下得也跟专业棋手不相上下。眼前这个人，不论一早醒来想要做什么，最后总是做得比别人都好。我是在跟心目中的偶像对话……”这便是塔勒布即便在尼德霍夫最风光的时候也并不想变成他的原因，也是塔勒布不想要那些银器和豪宅，或不想与索罗斯较量网球球技的理由。对于这一切的结局是什么，塔勒布看得再透彻不过了。他可以在脑海里想象尼德霍夫向子女借钱、卖掉收藏的银器、用空洞的声音说他令亲友失望时的样子。塔勒布没有把握自己有足够的力量面对那种状况。他不像尼德霍夫，也从来不觉得自己所向无敌。塔勒布曾经目睹自己的家乡被炸得满目疮痍，他又是那十万分之一罹患喉癌的人，有过这种经历的人就不会那么自信满满，所以在他心中，没有任何东西可以取代他为保护自己免遭大难而备受煎熬的过程。

如此小心谨慎自然看似非英雄所为，反倒像是会计人员和主日学校[①]老师的那种谨慎无趣的作风。其实我们会被尼德霍夫这种人吸引，是由于我们内心也有同样的想法：认为愿意冒极大的风险，以及能够从惨败中东山再起，都代表勇敢。可是在这一点上我们错了。这是塔勒布和尼德霍夫带给我们的一课，也是这个多变的时代带给我们的教训。能够抗拒人类冲动的天性，采取刻意而痛苦的步骤，为无法想象的未来做准备，反而需要更多的勇气和英雄气概。

尼德霍夫在 2001 年秋卖出大量期权，赌市场会维持平稳，而市场也一直没有大幅的波动，直到两架飞机冲进纽约世贸中心。尼德霍夫摇摇头说："我暴露在风险中，那是极难避免的事。""9 · 11"事件这种事情根本无法预见，他说道："那是完全出乎所有人的意料的。"[②]

2002 年 4 月 22 日、29 日

① 主日学校（Sunday School），基督教教会为向儿童灌输宗教思想，在星期天开办的儿童班。——编者注

② 自"9 · 11"事件发生时起，塔勒布便声名大噪。本文刊出几年后，他的第二本著作出版，就是超级畅销书《黑天鹅》（*The Black Swan*）。而 2008—2009 年的金融危机也使他的基金赚了不少钱。2009 年春，正值金融风暴未息时，我在某次会议上碰见他，他说："现在我们手上管理的资金有好几十亿美元，可是我们还是什么都不知道。"不愧是典型的塔勒布作风。为了本篇文章，我们多次共进午餐，每次持续数小时之久。跟他在一起是快乐的，但一想到后期还要整理那么多令人头痛的采访录音，这种愉快感又被抵消了。顺便说一句，这些年，尼德霍夫赔了又赚，赚了又赔，损失了不少财富。

真实的发色

染发剂和战后美国的隐秘历史

1

早在经济大萧条时期，雪莉·波利考夫（Shirley Polykoff）尚未成为其所处时代著名的文案撰稿人之前，她遇到了一个叫乔治·霍尔珀林（George Halperin）的男子。他来自宾夕法尼亚州雷丁市，是犹太教正统派拉比之子。两人开始交往不久，霍尔珀林就带波利考夫回家过节，跟他的家人见面。大家一起吃烤鸡、犹太式甜胡萝卜和海绵蛋糕。霍尔珀林的父亲为人热情风趣，波利考夫与他相处融洽，但他母亲就不是这么一回事了，霍尔珀林的母亲信奉东欧犹太教正统派，会把头发往后梳得一丝不苟，在她眼里，没有人配得上自己的儿子。

“我表现得如何？”波利考夫在他俩一坐上车准备回家时，立刻开口问道，“你母亲喜欢我吗？”

霍尔珀林避而不答：“我妹妹米尔德丽德觉得你很棒。”

她说：“很好，可是你母亲怎么说呢？”

他停顿了一下说：“她说你染过头发。”又停顿了一下，“那，你真的染了吗？”

波利考夫觉得受到了羞辱，心中仿佛听到未来的婆婆在问：“她的头发是染了还是没染？”

答案当然是她确实染了头发。波利考夫向来有染发的习惯，早年在只有歌舞女郎和站街女郎才会把头发弄成金色的时候，她便已经开始染发了。在纽约布鲁克林的老家，她从15岁起就会到尼可拉斯美容院让老板“把背后头发的颜色弄浅”，直到她头发天然的褐色全看不见为止。波利考夫自认为她的头发应该是金色的，或者更确切地说，她认为要何种发色的选择权应该掌握在自己手里。波利考夫喜欢深橘、深红、淡米黄和葡萄紫色的服饰，也爱穿紫色小山羊皮和湖水绿丝质的衣衫。她是那种会把设计师精品外套买回家，自己再绣上新花样的人。那时，她还经营着自己的广告公司。有一次她为了向美宝莲公司做简报，特地乘车前往孟菲斯[①]，结果出租车在高速公路上抛锚了。她当即跳下车，招手拦下一辆百事可乐的卡车。那位卡车司机告诉波利考夫，他之所以肯让她搭便车，是因为他过去从来没有看到过像她这样的人。

曾经为她担任创意总监的迪克·许布纳（Dick Huebner）说：“波利考夫会同时穿上三套衣服，每一套都很好看。”她明艳动人，才华横溢又颇为自负，其魅力叫人难以抗拒。她本人深信，这些特质均与其褐色的头发不符，而她终其一生想要为自己塑造的形象也不应该包含褐色的头发。波利考夫的父亲希曼是纽约东部的一个卖领带的小商

① 孟菲斯，田纳西州的城市，当时美宝莲公司总部就设立在该市。——编者注

人，母亲罗丝是个来自弗莱特布什的家庭主妇，父母二人都是由乌克兰辗转来到美国的。波利考夫力争上游，最后来到公园大道 82 号。她的女儿阿利克斯 · 纳尔逊 · 弗里克（Alix Nelson Frick）说："如果你问我母亲是否以犹太人的身份为荣，她会回答是的，也不会回避。可是她怀抱着一个梦想，就是一个人可以靠后天努力取得富裕阶层所拥有的一切，包括特定的教养和相貌。她的想法是，每个人都应该想做什么样的人就做什么样的人，包括当个金发美女。"

1956 年，波利考夫还是博达大桥广告公司的初级文案人员，公司把伊卡璐这个客户交给她。伊卡璐当时要推出的产品是"伊卡璐小姐"系列，是市面上最早的可以在家里使用的染发剂产品——不论把发色变浅、改变颜色还是洗发润发，一个步骤即可完成。比如，你选 Topaz（香槟金色）系列或 Moon Gold（浅灰色）系列，把染发剂混合入显色剂直接涂在头发上，20 分钟后就会看到效果。伊卡璐的业务团队在位于麦迪逊广场花园对面的老斯塔特勒酒店举行的国际美容大展上展示了这款新产品，数以千计的美容师挤满了会场，瞠目结舌地看着一次次示范。布鲁斯 · 盖尔布（Bruce Gelb）曾与父亲劳伦斯和兄弟理查德共同经营伊卡璐公司多年，他追忆当时的情况："这些美容师异常惊讶。这款产品对染发界的意义等同于计算机对生产计算器的厂家的意义。业务员们不得不提来一桶桶水，在观众面前一再为模特洗头发，因为那些美发师认为我们一定是在幕后对模特们动了什么手脚。"

"伊卡璐小姐"使妇女首次能在家里方便快速地染发，可是波利考夫心中的疙瘩仍在：未来可能成为婆婆的人反对自己染发。于是她马上想到，该用哪句话当广告词。如果说她认为女性有权选择拥有金发，那她更认为女性应该有行使这项权力的自由。她把未来婆婆用意第绪语说的那句话翻译成英语，写下：“她染了还是没染？只有她的美发师最清楚。”（Does she or doesn't she? Only her hairdresser knows for sure.）伊卡璐公司在1956年秋买下《生活》杂志13页的广告版面，“伊卡璐小姐”的销售额一飞冲天。这是她初试身手的成果。

后来伊卡璐推出突破性的产品：洗发露式染发剂Nice'n Easy。波利考夫为此写下：“他走得越近，你看起来越美丽。”随后出现的结合润发和染发效果的Lady Clairol让中年妇女又多了银色系和白金色系的选择，波利考夫写的是：“金发女子的人生真的比较多姿多彩吗？”后来她又写下更令人难忘的：“如果人生只有一次，就让我以金发来度过！”据女性主义大师贝蒂·弗里丹（Betty Friedan）传记的作者指出，1962年夏，在《女性的神话》（*The Feminine Mystique*）即将出版前，弗里丹对波利考夫的广告词“着迷”到把自己的头发也染了。

就这样，波利考夫负责撰写广告词，伊卡璐公司负责不断改良产品。从20世纪50年代起，到20世纪70年代波利考夫不再负责这个客户，其间美国妇女染发的比率由7%增至40%以上。

如今，女士们将发色由褐变金、变红、变黑，再变回原发色，眼睛眨都不眨一下。我们已经能把染发产品与唇膏相提并论。在药妆店的货架上，一瓶瓶染发产品，牌子有Hydrience、Excellent、Preference、Nature Instincts、Loving Care、Nice'n Easy等，每个品牌都有好几十种不同的颜色可选。欧莱雅面向年轻顾客群体推出的Feria染发剂，有巧克力樱桃色和香槟鸡尾酒色。这些色系的产生并不是基于“她染了还是没染”，而是直接假设“她染发”。染发剂现在已是一年零售额可达数十亿美元的商品。

然而在美国，曾经有一度——大约是自艾森豪韦尔政府到卡特政府期间——发色确实代表了某些意义，像“她染了还是没染”或是 1973 年欧莱雅 Preference 染发剂的“因为我值得”（Because I’m worth it）这些广告词一出现，马上就如同“温斯顿，正同烟的味道”（Winston tastes good like a aigarette should），或者“可口可乐万事如意”（Things go better with Coke）一样令人难忘。这些广告词在广告已被遗忘很久之后，仍会萦绕在人们的脑海里，最后变成人们的日常用语；有些则不知怎的，还成功地表达了广告词之外的含义。20 世纪 50—70 年代，妇女进入职场，争取社会地位的解放，她们开始服用避孕药，也开始随心改变自己的发色。当我研究这段时间的染发剂广告时，我却很意外地发现，上述所有事情，不论是意义深远的还是看似无关紧要的，全部交织在了一起。在书写战后时期女性历史的时候，我们是否遗漏了一些重要的东西？我们是否忽略了她们的头发？

2

当“她染了还是没染”的广告在 1956 年首次推出时，大部分广告主要针对的仍然是想要使自己更有魅力的女性。照盖尔布的说法，就是“雪中樱桃、冷若冰霜、热情如火”那种格调。但是波利考夫坚持认为，为“伊卡璐小姐”代言的模特要是邻家女孩的模样。她当初发给伊卡璐公司的信中写着：“她要穿男性化衬衫，不要穿女式礼服。

她要把山羊绒毛衣披在肩上，就像是一个邻家女孩，只是更出色一点儿，比自己家的老婆漂亮一点儿，住在漂亮的房子里。”这个模特一定要属于多丽丝·戴[①]型，而不能是性感女神杰恩·曼斯菲尔德型，目的在于尽可能使染发行为为大众所接受。

在最早的“她染了还是没染”的电视广告中，有一则拍的是一个家庭主妇正在厨房里做菜。她身材苗条，面容姣好，身穿黑色小礼服，围着围裙。先生走进厨房，亲吻她的嘴唇，赞赏地抚摸她那头亮丽的金发，然后又替她开门，好让妻子把开胃菜端出去给客人享用。那是每个动作都经过精心设计的家庭情境，连妻子端菜出去，用手肘按下电灯开关时，略微倾斜的动作都十分讲究。在早期的平面广告里，有一则先后由理查德·阿维顿和欧文·佩恩[②]拍摄，画面上的女子有一头草莓香槟金色的秀发，她躺在草地上，指间夹着一枝蒲公英，躺在她身旁的是一个八九岁的小女孩。引人注目之处在于，小女孩的头发跟妈妈一样是草莓金色的。在“她染了还是没染”的平面广告上，必定是妈妈带着孩子，用意是为了消除这句话里的性暗示，以便明确表现出，不仅是“性感的”女人，妈妈们也在用“伊卡璐小姐”，最重要的是展示母女拥有相同的发色。在这种对比之下，有谁猜得到妈妈的发色是源自一个瓶子里倒出来的染发剂？

波利考夫的广告宣传轰动一时。信件如雪花般纷至沓来，伊卡璐

---

① 多丽丝·戴（Doris Day），美国歌手兼电影演员，有“雀斑皇后”之称，以邻家女孩的灿烂笑容征服了 20 世纪五六十年代的影迷。——编者注

② 理查德·阿维顿（Richard Avedon）和欧文·佩恩（Irving Penn），两人均为著名的摄影大师。——编者注

公司收到的一封来信说："谢谢你们改变了我的生活。"此信在全公司上下传阅，并且成为公司美国业务会议的主题。来信者写道："我和男友哈罗德在一起已经 5 年了，可是他从来不肯定下结婚的日子，这让我很紧张。我现在 28 岁了，妈妈一天到晚跟我念叨，再不快点儿嫁出去就没人要了。"后来，她在地铁里看到伊卡璐的广告，于是把头发染成了金色，"结果你猜怎么着？我现在正在与哈罗德在百慕大度蜜月。"波利考夫曾经收到了这封信的副本，随信附上的字条写着："这简直令人不敢相信。"波利考夫以感性的金发母女形象创造出了偶像效应。

波利考夫的女儿弗里克说："我妈妈想要变成广告里的那个女子，就是家住郊区、穿着优雅又备受呵护的女主人，是丈夫的附属品、慈爱的母亲、没有自我的妻子，永远没有丈夫出色。妈妈一直想要金发的孩子。其实我小时候是金发，可是大概到 13 岁时，我的发色变得越来越深，于是妈妈就开始替我染发。"当然，波利考夫完全谈不上是她想成为的那种女性，这也是早期伊卡璐广告里的一个重要的矛盾。她向来都有工作，从来没有搬去郊区住。弗里克说："她主张女性要有女人味，别太坚持己见，不要强过自己的丈夫，可是她却大大超越了我父亲。我父亲是个非常单纯、没有野心的学者型人物，我母亲却锋芒毕露，非常情绪化，又很跋扈。"

波利考夫经常提起一件事——此事甚至在她过世后还刊登在《纽约时报》的讣文中，就是她觉得女性赚的钱绝对不可以比丈夫多，所以直到 20 世纪 60 年代初她的丈夫去世后，她才让公司把她的待遇调升到应有的水平。弗里克说："那是传闻，不是事实。不管她所处的真实情况如何，理想在她眼里永远和现实一样栩栩如生。她对自己心中的梦想深信不疑且从未动摇过，即便你对她点明，告诉她她的那个梦想有说不通的地方、有自相矛盾之处，或是事实上她并不是在过那样的日子，她也不改其志。”

对波利考夫而言，发色不仅是一种有用的虚构情境，也是一座桥梁，它能调和自己的梦想与自己的实际身份。这能让她二者兼顾，即她可以获得多丽丝·戴的模样和感觉，却不必真的变成多丽丝·戴。在27年的婚姻里，波利考夫生了两个孩子，但是她真正当家庭主妇的日子仅两周，而其中的每一天都是一场灾难。对此实在忍受不了的丈夫终于对她说："亲爱的，你听我说，你在厨房里实在是个糟糕的小女人。"于是，接下来的那周周一，她就回去上班了。

这种有用的虚构情境概念——外表形似却不必具有实质，对波利考夫那个时代的美国人而言特别能够引起共鸣。她十几岁时，想要争取一家保险公司的工作，却失败了。后来她又改用"雪莉·米勒"这一名字去应聘另一家公司，结果却被录取了。

她丈夫也很了解外表的重要性。波利考夫刚认识他的第一周，他成熟稳重的风度，对欧洲一些偏远地方了如指掌的知识面，以及在美食与美酒方面的品位，无一不使她为之倾倒。到了第二周，她发现霍尔珀林懂得的这些都只是装模作样，全是从《时代》杂志上看来的。其实他是从白天在梅西百货地下室做搬运工，晚上念法律起家的。他很善于伪装，但就某些方面而言，波利考夫也是如此，因为她身为犹太裔，就跟所有身为爱尔兰裔、意大利裔、非洲裔，或是身处妇女运动初期的20世纪50年代的女性是一样的，她们不得不在千百种小场合伪装自己——在别人眼里是一个模样，内心深处又是另一个模样。“这种压力是由于初来乍到的移民担心自己的外貌有问题，或是自己在本地人眼中显得怪怪的，或是身上穿的衣服太寒酸。”弗里克说，“所以有很多人开始自己做衣服，这样才可以模仿当时流行的款式。你要彻底改造自己，让自己变成一个地道的美国人。”

弗里克本人也从事广告这一行（任 Spier NY 广告公司董事长），她是一位极为聪明能干的女性，谈起母亲时则十分真诚，满怀孺慕之情：“当时有各种流行语纷纷出笼，像是‘人要衣装’和‘第一印象很重要’等。”所以“她染了还是没染”这个问题，不只是在说没有人能够真正知道你做了什么事，也是在说没有人能够确实知道你是什么样的人。此话实际的含义不是问“她做了没有”，而是问“她是哪种人”，例如：“她是知足的家庭主妇，还是女权主义者？她是犹太人还是非犹太人？难道她两者都不是？”

3

1973 年，伊伦 · 施佩希特（Ilon Specht）在纽约的麦肯广告公司当文案撰稿人。当时她年仅 23 岁，是从加州来的大学辍学生。施佩希特离经叛道又特立独行，从西海岸来到东海岸，在麦迪逊大道工作，因为那时候像她这种人都是在这种地方就业的。施佩希特的多年好友苏珊 · 舍默尔（Susan Schermer）说：“那时候的广告业跟现在不一样，那是 20 世纪 70 年代，还有人戴着羽毛饰品去上班。”施佩希特十几岁时就在另一家广告公司工作过，她在那里为和平队[1]写过一个著名的电视广告脚本。（那个电影脚本中只有一个场景，无须剪辑：一对年轻的男女躺在沙滩上，收音机里放着歌曲，正在唱“这是一个广阔而美好的世界”一句，而收音机中的话外音在播报的是发生在世界另一个角落的一连串可怕的新闻，如在中东，一半的孩子在过 6 岁生日前就死了，等等。歌曲唱完时，沙滩上的女性换了一个姿势。）

“施佩希特？我的天啊，我合作过的人当中，她算是最疯狂的那个了。”说这话的是艾拉·马德里斯（Ira Madris），她是施佩希特当年的另一位同事。她在追忆过往时用了“疯狂”一词，代表的却是最高赞誉：“她非常聪明，非常坚定，又很有创意。我们当时都相信，人要有一点儿神经质才会有趣。施佩希特就有一点儿神经质，所以她这个人特别有意思。”

施佩希特在麦肯公司时与法国的欧莱雅公司合作，当时欧莱雅企图挑战伊卡璐在美国染发剂市场的独霸地位。欧莱雅原本打算做一系列对比式的电视广告，强调经研究后发现，用它的新产品 Preference 染出来的头发色泽更自然、更有光泽，所以在技术上优于伊卡璐的产品 Nice’n Easy。但是由于这项研究不是在美国做的，整个宣传计划在最后一刻被叫停。麦肯公司对此措手不及。同样参与这个案子的迈克尔·森诺特（Michael Sennott）说：“当时距广告上档的日子只剩下 4 周，我们手上却空空如也。”施佩希特、美术指导马德里斯和其他少数几个人组成的创意小组把自己关在房间里冥思苦想。施佩希特忆起

① 和平队（Peace Corps）是 1961 年 3 月成立的一家志愿服务组织，成立和平队是美国政府应对苏联挑战的重要举措之一。——编者注

当时说：“我们聚集在一个大办公室里，大家都在讨论这支广告应该如何呈现。公司里的男性主管想要做的广告是，一个女子坐在窗边，风透过窗帘吹进来。你知道，就是那种虚幻的场景，挂着飘逸的大窗帘。在他们的设想中，窗边那个女子完全是一个静物，我想她连嘴都不必张开。”

施佩希特有一头乌黑茂密的长发，常用松松的发饰绑住，她常涂着黑樱桃色的口红。她说话时语速快、声音大，边说还要边转动座椅。同事经过她的办公室时，有时候会用力敲她的门，仿佛引起她注意最好的办法就是像她一样弄出那么大的动静。她追忆20世纪70年代时曾经谈到，穿着光鲜西服的客户常称赞他们办公室里的每个女职员都长得像模特，这令她觉得不可思议。她也谈到，当时身为年轻女性，在由年长男性主导的广告业工作意味着什么；对于她写的广告词明明用的是“女人”两个字，却被人划掉改成“女孩”，她心中有何感想。

施佩希特说：“我那时已经23岁，是一个女人了。我很清楚他们对女性抱持着传统观念。我觉得自己不是在写一支‘女为悦己者容’的广告，可是他们似乎要朝那条路上走。我心想：‘见鬼去吧。’我就径自坐下来，在5分钟内搞定了文案。那是非常个性化的要求。我可以把整段广告词背给你听，因为我写的时候实在太气愤了。”

她一动不动地坐着，压低了声音说：“我用这个世界上最贵的染发剂——欧莱雅公司出品的Preference。我不在乎钱，而在乎自己的头发。这款产品的重点不在于色泽，我相信染出来的发色一定很漂亮。对我而言更重要的是，头发染过以后的质感——柔软、滑顺、蓬松，且贴在脖子上非常舒服。其实多花一点儿钱买欧莱雅也没什么大不了的，因为我值得拥有（讲到这里她举起拳头，轻捶前胸）。”

起初，大家以为这则广告的卖点在于，不着痕迹地使“Preference的价格比 Nice’n Easy 贵”的设定合理化。可是大家很快便发现，最后这一句才打中要害。凭借“因为我值得拥有”这句话的威力，Preference 逐渐抢走伊卡璐的市场占有率。20 世纪 80 年代，Preference 超越 Nice’n Easy，成为美国染发剂领域的领导品牌；欧莱雅更把这句话拿来当作整家公司的广告词。现在有 71% 的美国女性能分辨出这是欧莱雅公司的代表广告语，这是一个十分惊人的比例。相较于品牌名称的代表性，广告词能够令人联想到公司本身，这几乎是史无前例的。

4

从一开始，Preference 染发剂的广告宣传即相当独特。波利考夫创作的伊卡璐电视广告用的是男声的旁白，而欧莱雅的电视广告都是模特自己的声音。波利考夫的广告词是以他人为导向——周围的人怎么说（“她染了还是没染”）或是丈夫会怎么想（“他走得越近，你看起来越美丽”），而施佩希特的广告词则是女人在对自己说话。就连选择广告代言人时，这两家公司也各有千秋。波利考夫要求用清新的、邻家女孩型的模特。麦肯和欧莱雅则要求模特能够呈现“因为我值得拥有”这句话隐含的既坚强又脆弱的复杂气质。20 世纪 70 年代末，Preference 染发剂的代言人是梅雷迪斯·巴克斯特（Meredith Baxter），那时她在电视剧《家族的诞生》里饰演一位刚离婚、正在就读法学院的母亲。麦肯买下的广告时段是在电视剧《朱门恩怨》及其他以穿丝质衬衫女性为主角的节目时段播放。所谓“丝质衬衫女性”，意指强势独立的女子。到了20世纪80年代，Preference的代言人换成斯碧尔·谢波德（Cybill Shepherd），当时她因在电视剧《蓝色月光侦探社》中饰演个性冲动而独立的麦蒂而红极一时。到了20世纪90年代，Preference的代言人则是出演热门电视剧《飞越情海》的性感又强悍的女星海瑟·洛克莱尔（Heather Locklear）。欧莱雅的这几位代言人都是金发女郎，不过均个性鲜明。

加拿大人类学家格兰特·麦克拉肯（Grant McCracken）在1995年出版过一本很精彩的著作《头发大事》（*Big Hair*）。麦克拉肯在书中把金发美女分成六大类，并称之为“金发周期表”：爆炸型，代表人物是梅·韦斯特、玛丽莲·梦露；阳光型，代表人物为多丽丝·戴、戈尔迪·霍恩；坚强型，代表人物为坎迪斯·伯根；危险型，代表人物为莎朗·斯通；社会型，代表人物为名媛盖斯特；冷艳型，代表人物为玛琳·黛德丽和格蕾丝·凯利。欧莱雅的创新之处是，在朴实、温和、单纯的“阳光型”与聪明、勇敢的“坚强型”之间开拓出一个细分市场。用麦克拉肯的话来说，坚强型金发女子“不会对自己的感觉妥协，也不会伪装自己的声音”。

那种感觉很不容易掌握。多年来，曾有无数女星为欧莱雅试镜，却未被录用。马德里斯忆述：“有一次我们请碧姬·芭铎[①]为欧莱雅的另一款产品代言。纵然是芭铎如此大牌的女星，试那句广告词试了

① 碧姬·芭铎（Brigitte Bordot），法国电影女明星，出演首部电影《穿比基尼的姑娘》即一举成为性感女神。——编者注

好多次仍然不行。她内心就是无法完全相信那句话，因此她说出来就没有说服力。”这不难理解，芭铎是爆炸型，而不是坚强型的金发美女。伊卡璐也针对 Preference 的感性要求推出了自己的新品牌，并在 20 世纪 80 年代请琳达 · 伊万斯（Linda Evans）担任 Ultress 染发剂的代言人，这个品牌是以 Preference 染发剂的高端市场为目标的，结果同样不成功。伊万斯在《豪门恩怨》里饰演布莱克 · 卡林顿备受宠爱的妻子，她太过偏向于阳光型了。（迈克尔 · 森诺特说：“她在该剧集里做过最困难的事就是把花重新插一遍。”此话或许有点儿言过其实。）

就算找到合适的金发美女，还有广告词的问题要解决。波利考夫在 20 世纪 70 年代为推广“伊卡璐小姐”写过一系列“我这么做是为了自己”的电视广告，然而这一句广告语充其量只是半吊子地模仿了“因为我值得拥有”而已，更何况这个牌子在刚开始时宣传的是截然不同的意思。弗里克跟我说：“我母亲觉得‘我值得拥有’这种话太刺耳了。她向来很在意周围人的看法，她绝对无法暂时掩饰自己，以自信的态度说出这句话。”

事实上，波利考夫的感性特质在吸收他人所长时曾经有所发挥，后来却因为一些事件而被掩盖。比如她在 20 世纪 60 年代为 Lady Clairol 染发剂创作的“金发女子的人生真的比较多彩多姿吗”系列广告，其中有一则的某一段，到 1973 年（波利考夫退休那年）时再来看想必会令人感到痛苦。广告中，一位有着亮丽金发的年轻女孩在湖边，被一位皮肤黝黑的英俊男士抱着在半空中旋转。他的手臂搂着她的腰，而她的手臂则搂着他的颈部，她光着双脚，脸上散发着光彩。

旁白是洪亮低沉的男声，说着："她成功地吸引了这个男人，但她始终无法确信这一点。"这是波利考夫负面的一面：你可以通过伪装得到自己想要的东西，可是这样你就永远无从知道，你是凭自己的本事还是因为伪装才获得成功的，这导致你很可能看不清楚真正的自我。波利考夫懂得典型美国式生活的价值，也懂得"他"的价值——无论是湖边的英俊男子还是终于肯带你去百慕大度蜜月的恐婚男友。然而到 20 世纪 60 年代结束时，女性更想要知道的是，不加伪装或修饰的自己也是值得被人善待的。

5

波利考夫和施佩希特为什么重要？这个问题好像从她们的广告内容里很容易找出答案。她俩都是出色的广告文案高手，能够在一句话里掌握时代流行的女性感觉。染发剂不知怎么与移民同化、女性主义及自我价值等议题扯上了关系，而她俩则是美国社会史上这一奇特时刻的最好例证。除此之外，她俩的故事还意味着人们与其所消费的物品之间的关系；她们的故事也让广告业者意识到，只有洞悉了消费者与商品之间的关系，只有通过广告使其商品赋予生活某种意义，他们才能真正抓住现代消费者。波利考夫和施佩希特所创作的广告将这种精神发挥得淋漓尽致。我们也能从这些广告中了解到"二战"后的美国广告业是如何通过集体的努力界定及拓展广告风格的。广告界的革命是由几位社会科学家所主导的，其中一位主要人物是风度优雅的心理学家赫塔·赫佐格（Herta Herzog）。赫佐格的能耐是，她知道像“她染了还是没染”及“因为我值得拥有”这种广告语成功背后的道理，这一点最终决定了赫佐格与波利考夫、施佩希特的地位同等重要。

赫佐格任职于一家名为廷克公司（Jack Tinker & Partners）的小广告公司。当年广告界的人讲起该公司时，他们的敬佩之情无异于棒球迷谈起1927年的纽约扬基队。这家公司的诞生源自传奇广告人马里恩·哈珀（Marion Harper）的构想。当年他认为自己经营的麦肯广告公司规模太庞大、太笨重，无法有效运营，因此他挑出公司一些顶尖的人才，先让他们在瓦尔道夫大楼的临时办公地点办公，之后又让他们搬到更为固定的地点——西五十四街上的多赛特酒店，那里可以俯瞰纽约现代美术馆。廷克公司租下酒店顶楼，附带大阳台、意大利威尼斯瓷砖地板、挑高的起居室、金碧辉煌的古典法式酒吧、大理石壁炉、壮观的天际线景观，还有墙上定期更换的现代艺术品（全是为激发创意而悬挂的）。所有的装潢，包括墙壁、地毯、天花板和家具……全都是亮丽耀眼的白色。这里原本是作为创意部门，可是因为业绩太过亮眼，不久便门庭若市。

当别克汽车要为其新款豪华双门轿车起名字时，廷克公司构想出Riviera（原指法国南部蔚蓝海岸度假胜地）；宝路华手表公司要为其新款石英表命名时，廷克建议了Accutron（臻创）；廷克公司也与可口可乐、埃克森美孚石油、美国西屋电气公司及无数厂商合作过，不过根据廷克公司严守的保密标准，该公司的人无法透露其合作伙伴是哪些公司。一开始，廷克公司靠4位合伙人和一部电话起家，而到20世纪60年代结束时，廷克公司已经占据了多赛特酒店的8个楼层。

廷克公司与众不同之处在于，该公司特别倚赖一种被称为“动机研究”的调查方法，它是在20世纪40年代由一群来自维也纳大学的欧洲学者所引进的研究方式。在那之前，广告研究方式以数人头为主，就是记录什么样的人买了什么样的东西。但是研究消费者购买动机的目的是要知道其背后原因：人们为什么要买这些东西？他们购物是出于什么动机？研究人员根据弗洛伊德的动力心理学设计了问卷，上面有几百道问题。他们采用的方式包括催眠、罗氏逆境图画测验（Rosenzweig Picture-Frustration Study）、角色扮演，以及罗夏墨迹测验[①]，此外，他们还发明了现在被称为“焦点小组”的方法。

在这批知识分子中，有一位是20世纪社会学大师保罗·拉扎斯菲尔德（Paul Lazarsfeld），他设计过一种小装置，名为拉扎斯菲尔德–斯丹顿项目分析机，机器上设有按钮，可以精确地记录研究对象的情绪反应；另一位是汉斯·泽伊泽尔（Hans Zeisel），他在维也纳时曾是著名心理学家阿尔弗雷德·阿德勒（Alfred Adler）的病人，后来任职于麦肯广告公司；还有一位是欧内斯特·迪希特（Ernest Dichter），他曾在维也纳的心理研究院受教于拉扎斯菲尔德门下，当时还为数百家大企业担任过顾问；还有廷克公司的赫佐格，她算得上动机研究专家中的佼佼者，她培训过数十个调查员，派他们至美国各地去分析美国

① 罗夏墨迹测验（Rorschach blot）是由瑞士精神科医生、精神病学家罗夏（Hermann Rorschach）创立的，是著名的投射法人格测验之一。罗夏墨迹测验主要通过向被试呈现标准化的、由墨迹偶然形成的模样刺激图版，让被试自由地看并说出由此所联想到的东西，然后将这些反应用符号进行分类记录，加以分析，进而对被试人格的各种特征进行诊断。——编者注

消费者的心理。

早年与赫佐格一起合作的前广告部经理雷娜·巴托斯（Rena Bartos）在回忆往事时说："有一次，我们谈到了波多黎各的朗姆酒，结果赫佐格就打算进行关于人为什么喝酒的研究，想要挖掘其深层动机。我们会请调查对象去喝一杯，由他们点自己平常喝的酒，然后我们进行一次心理测验。等大家酒酣耳热、谈话要结束时，再做一次心理测验。这么做的用意是要看看，人的个性在酒精的影响下会有何变化。"赫佐格曾经根据自己的心理学研究，发现"绿洲"一词会让人联想到清凉的、汩汩流出的泉水——这对老烟枪最具吸引力，从而协助厂商选择它作为香烟的名称。

当年与她密切合作过的赫伯特·克鲁格曼（Herbert Krugman）说："赫佐格很优雅，她个性温和，善于表达，有过人的独到见解。我们有一个客户是胃药'我可舒'（Alka-Seltzer），有一次他们在讨论下一则电视广告要采取什么新手法。她说：'你们的广告只呈现了一只手，把一片胃药丢进一杯水里。为什么不丢两片？那样它的销量会倍增。'于是我们照她的建议拍了。赫佐格是点子王，大家都崇拜她。"

赫佐格从廷克公司退休后又返回欧洲，她先搬到德国，后回到故乡奥地利。她为学术期刊《社会》（*Society*）写过一篇关于电视剧《朱门恩怨》的评论文章。她也在大学里教授传播理论的课程。她为耶路撒冷的"维达·沙宣国际反犹太研究中心"做过关于纳粹屠杀犹太人的研究。目前，赫佐格住在阿尔卑斯山里的洛伊塔施，距因斯布鲁克有半个小时的车程。她的房子是一栋像图画书里画着的人字形尖顶白色小屋。赫佐格个子不高，身材苗条，性格沉着冷静，昔日的黑发现在渐渐灰白。她说一口悦耳的但地方口音很重的英语，遣词造句言简意赅。假使让赫佐格与波利考夫、施佩希特待在同一个房间里，其他两位会一面挥舞着珠光宝气的修长手指，一面讲个不停，赫佐格则会默默地躲在角落里聆听。

赫佐格说："哈珀请我去做质性研究[①]，就是质性访谈，那是维也纳的'经济心理学研究中心'发展出来的专业方向。这种访谈不用问答的方式，而是用相关的话题开场，然后让交谈自然进行。采访者不表达意见，只用一些简单的问题——像是'还有其他的想法吗'——来协助访谈对象。采访者不是要影响对方，而是助其一臂之力。这非常类似于精神分析法。"说话时，赫佐格直挺挺地坐在起居室的椅子上，身穿黑色便裤和厚厚的褐色套头毛衣，以抵挡阿尔卑斯山的寒气。

在她身后是一排排摆满了图书的书架，那些藏书反映着战后的文学和知识发展轨迹：有美国作家诺曼·梅勒（Norman Mailer）的德文著作及学者莱斯曼（Reisman）的英文著作。在她座椅垂直方向的长沙发上，摆着一本已打开、面朝下的杂志，是最新一期的精神分析刊物《心理》（*Psyche*）。"后来，我把各种心理学的东西加进调查过程，比如文字联想测验或是画图说故事测验。假设你是我的访谈对象，访谈主题是肥皂。我已经跟你谈过肥皂的种种事情。你觉得肥皂是什么？为什么要买肥皂？你喜欢和讨厌肥皂之处在哪？访谈结束时，我

---

① 质性研究（qualitative research）是一种在社会科学及教育学领域常用的研究方法，其中包括但不限于民族志研究、访谈研究等。质性研究的目的是更深入地了解人类行为及其理由。——编者注

说：‘请画一幅图，画任何你想要的东西，接着看着你的画，给我讲个故事。’”

赫佐格请访谈对象在结束前画图，目的是从他们身上挖出一些故事，从中了解他们未说出口的内在欲望。照赫佐格的说法，她这时候是在做精神分析。不过她不是像精神分析师那样通过你用的染发产品来分析你这个人，而是问有关你的事，以便了解你使用的染发产品。她认为精神分析式访谈用在这两方面都行得通，也就是说她认为可以用心理治疗的技巧发掘销售的秘诀。像是“她染了还是没染”及“因为我值得拥有”，也是基于同样的道理——这两句话不但传达了有力的救赎信息，而且将这种信息与一瓶5美元的染发剂连接了起来，这才是其成功的关键。

动机研究对麦迪逊大道经久不衰的贡献在于它能证明，环绕在我们周围的几乎所有的产品和广告都跟一般精神分析研究的主题（包括关系、情绪和经验等）一样，是我们精神家园的一部分。

“我记得很清楚，我们在廷克做过一件事。”赫佐格又回过头来谈她和廷克公司用过的一个妙招，“我发现有人吃‘我可舒’治胃痛，也有人用它来治头痛。我们知道，胃痛是很多人会说‘都怪我自己不好’的那种病痛，而‘我可舒’当时的广告也多半以治疗吃得过饱为主。吃太饱是自食其果，但是头痛就不一样了，那是外力造成的不舒服。”在赫佐格眼里，这是典型的心理学发现，即可以将服用“我可舒”的人分成两个截然不同的类别：一类是“犯罪者”，另一类是“受害者”。这也告诉制药公司，为了争取其中一类消费者，反而要牺牲另一类消费者。更重要的是，这让广告商明白，只要选对字句，便可以解决这一问题，或者更理想的是，解决两颗白色小药片的心理难题。赫佐格露出微笑，说："所以我提议，如果能够找到结合这两种元素的广告语就太好了。后来文案人员想出来'如此这般'（the blahs）。"她重复"如此这般"几个字，因为用得很漂亮。"那些'如此这般'的话并未顾此失彼，不是只强调胃部或头部，而是两者兼顾。"

6

这种"日常商品构筑人们的精神家园"的概念，如果你仔细想想，就会发现这是相当激进的。我们在讲述人类历史的演进时，总不免偏重思想层面多于物质层面，偏重艺术作品多于商业产品。在20世纪60年代的社会英雄人物名单上，有诗人、音乐家、人权斗士和体育明星。而赫佐格的意义在于，指出如此高高在上的名单仍是不够完整的。以维达·沙宣为例，他在同一年代带给世人"造型剪"（Shape）、锐角（Acute Angle）、"独眼恩加罗"（One-Eyed Ungaro）等发型。《头发大事》的作者麦克拉肯写道，在旧式"美容术的天地里，顾客的地位只相当于雕像的基座，是表现剪发艺术的媒介"。可是，沙宣把个性化变成剪发艺术的标记，把女性的头发从当时流行的发型（麦克拉肯所说的"洛可可式的繁复的、以烫发为底、靠发卷定型、用发胶固定的可笑造型"）中解放出来。那些导致沙宣发型革命不受重视的理由——他只不过是替人剪发，前后只花半个小时，也仅止于影响个人形象，剪后一个月又要重新来过，从赫佐格的观点来看正是这场革命如此重要的理由：如果革命不易参与、要求不明、无法复制，那又怎么算得上革命呢？

所以，“因为我值得拥有”及“她染了还是没染”这两句话的威力之所以如此之大，正是因为它们是广告语，伴随着广告而来的是实体的产品，而产品能够提供诗词歌赋、政治运动和激进思想所没有的东西，产品给我们一种直接且负担得起的转型工具。森诺特对我说：“在‘因为我值得拥有’这一广告推出的前几年，我们发现，新增客户（那些初次染发的女性顾客）的市场份额大大超越了我们的预期。其中像离婚女性这种刚经历人生变化的客户群体会特别中意我们的产品。离婚女性中，爱用欧莱雅染发剂的人比爱用伊卡璐的人多出很多，她们的孩子已经长大，自身又发生了不顺遂的事情，所以她们要彻底改造自己。”她们的感觉变了，施佩希特则正好为她们提供改变的途径。再者，我们是否真的知道，人们是先有不同的感觉，还是先有不同的发色？甚至这两件事能否分开来看都是个问题。她们在生活起变化的当下，也改了头发颜色。那不是非 A 即 B，而是同时发生的。

7

20 世纪 90 年代中期，伊卡璐 Nice'n Easy 的代言人是朱莉亚·路易斯–德瑞弗斯（Julia Louis-Dreyfus），她广为人知的荧幕角色是在剧集《宋飞正传》里饰演的伊莲。她符合伊卡璐的邻家女孩传统，是现代版的多丽丝·戴。但是她所拍摄的电视广告与波利考夫最早的

“伊卡璐小姐”系列广告相去甚远，其中拍得最好的一部是，德瑞弗斯在公交车上对站在她前面的深色头发女子说：“如果你把头发染成金色，你会更好看。”然后她当即使用 Nice’n Easy 的 104 号染发剂染发，引得车上其他乘客惊呼、喝彩。那支广告彻底颠覆了波利考夫的思想：好玩，不严肃；公开，不隐晦。

欧莱雅也有所改变。20 世纪 70 年代梅雷迪斯·巴克斯特说“因为我值得拥有”的时候，带着与此相符的诚恳态度。可是到了 20 世纪 80 年代，谢波德成为品牌代言人后，广告给人带来的感觉几乎算得上很轻佻了，这反映出对物质主义时代的认可；由洛克莱尔代言的广告则给人带来性感、放纵的感觉。她在当前的一则广告中说：“新的欧莱雅 Preference。继续吧，你值得拥有。”当初赋予这句广告语极大威力的“因为”两字消失无踪，极具说服力的“我”则被“你”取代。这意味着伊卡璐和欧莱雅的宣传重点已趋于一致。据市场营销公司 Spectra 指出，符合以下条件的 Preference 和 Nice’n Easy 使用者，人数几乎不相上下：年收入在 50 000~75 000 美元的人，会听宗教电台广播，住在出租公寓，会收看气象频道，上一年买书超过 6 本，是职业橄榄球迷，也是工会会员。

不过这两个牌子仍存在实际上的差异，这对波利考夫和施佩希特的历史传承是一种肯定。我们说有差异，并非指有一种伊卡璐女性，另有一种欧莱雅女性，这种基本差别是比较微妙的。正如赫佐格所知道的，我们每个人在构建自我意识时会向周围世界东借一点儿，西借一点儿，借用外部的想法、说法、仪式及产品，以不起眼但有意义的方式来塑造我们的自我意识。其中，我们信仰的宗教、听的音乐、穿的衣服、吃的食物以及所用的染发剂品牌都对我们的自我意识有影响。

欧莱雅的营销副总经理卡罗尔·汉密尔顿（Carol Hamilton）说，她能够一走进焦点小组聚集的房间，就马上辨识出谁是伊卡璐或欧莱雅的用户。汉密尔顿对我说："欧莱雅的用户总是展现出更多的自信，通常外形也比较亮丽，不只是因为头发颜色，还有她们总会多花一点儿时间打扮自己，并且其穿的服饰也比较时髦。我绝对分得出来。"伊卡璐的营销副总珍妮·马特森（Jeanne Matson）说她也办得到，她说："对，不会弄错。用伊卡璐的女性更能代表美式美女形象，会更自然一点儿。她们主要是为了自己而打扮，而不是为了外界。用欧莱雅产品的女性会透出一点儿疏离感，而伊卡璐女性身上散发着一种温馨感，与人之间的互动也比较多。当有人说'我使用的是 101 号染发剂'时，就会有人附和'我也是'。你会看到这种热烈的交流。"

随着时光变迁，波利考夫极具巧思的复杂安排已不复见，施佩希特表达的愤怒也已转为魅力，留给我们的只剩下几小节原始的广告音乐旋律。即便如此，也足以确保"因为我值得拥有"绝对不会与"她染了还是没染"混淆。施佩希特说："这句话的意思是，我知道你们觉得我不值得，因为当时房间里那群男人就是那么想的。他们认为女人只是男人的附属品。我居于劣势，可是我不服气。我心想，我不必让你们来告诉我该怎么做。多少世代以来，一直是你们在决定我是什么样的人，因此我决定反抗到底。"她说到"反抗"时，伸出了右手的中指。波利考夫绝对不可能向任何人伸出中指，因为她忙于兴奋地探索她所认识的美国还有多少自我改造的可能性。在美国，单身女子可以染发，且最后能戴着结婚戒指躺在沙滩上。1973 年，波利考夫在她的退休欢送会上提醒在场的伊卡璐和博达大桥高级主管说：“在最早的染发剂广告播出后，信件曾如雪片般飞来，你们还记得那个染了金发，结果终于一偿夙愿到百慕大去度蜜月的女子吗？”

大家都记得。

她说：“噢，那封信是我写的。”

1999 年 3 月 22 日

约翰·洛克悔不当初

避孕药的发明者在女性健康问题上的疏忽之处

1

约翰·洛克（John Rock）于 1890 年在马萨诸塞州马尔伯勒市的圣母无原罪教堂受洗，结婚时是由波士顿的枢机主教威廉·奥康奈尔（William O'Connell）证婚的。洛克育有 5 个子女，19 个孙子孙女，他的书桌上方永远挂着十字架。自成年后，他几乎每天早晨 7 点都会到马萨诸塞州布鲁克林的圣玛丽教堂做弥撒。他的朋友都说，洛克爱上了天主教会。

洛克也是避孕药的发明人之一，但他相信自己的信仰与其职业毫无冲突之处。若有人对此有异议，他也仅是重复小时候牧师告诉他的话："永远坚守自己的良心，绝对不要让别人替你保管良心。我指的是所有其他的人。"即使是当俄亥俄州克里夫兰的天主教蒙席[①]弗朗西斯·W. 卡尼（Francis W. Carney）指责他是"道德强奸者"，以及长期

① 蒙席（Monsignor），教会给予那些有特殊贡献或颇有成就的主教神父的荣誉称号。——编者注

担任波士顿市立医院产科主任的弗雷德里克·古德（Frederick Good）要求当地的枢机主教理查德·库欣（Richard Cushing）把洛克逐出教会时，洛克也未曾动摇其信念。避孕药上市一事获得批准后不久，有个愤怒的妇女写信给他说："你应该没脸去见上帝。"洛克回信说："亲爱的女士，我的信仰告诉我，天主始终与我们同在。该轮到我去见上帝的时候，是不需要别人引介的。"

在 FDA（美国食品药品监督管理局）于 1960 年批准避孕药上市后的那几年，洛克在哥伦比亚广播公司和美国全国广播公司的访谈及纪录片中不断露脸，也出现在《时代》杂志、《新闻周刊》（*Newsweek*）、《星期六晚邮报》（*The Saturday Evening Post*）等报纸杂志上。他积极走访全美各地，还写过一本引起广泛讨论的书《时候到了：一位天主教医师对结束避孕争端的提议》（*The Time Has Come: A Catholic Doctor's Proposal to End the Battle over Birth Control*），此书曾经被译成法文、德文和荷兰文。洛克身高 6 英尺 3 英寸，瘦得像一根竹竿，他待人彬彬有礼，会替病人开门，称呼病人时也一定会冠上"太太"或"小姐"。考虑到他与避孕药的关系，更让人觉出他对于女性的尊敬。美国人口理事会的谢尔登·J. 西格尔博士（Dr. Sheldon J. Segal）回忆起当年的情形，说："他为人非常正统，即使是不必打领带的场合，他也一定会系上领结，这与他那一撮白头发正好相配。他的身姿始终如箭一般笔直，这一点甚至到他生命的最后一年都没有变。"

洛克是哈佛医学院产科学的知名教授，一教就是 30 多年。他是试管婴儿和冷冻精子细胞研究的先驱，也是第一位取出完好受精卵的人，避孕药的发明则是他的至高成就。他的合作伙伴格雷戈里·平卡斯（Gregory Pincus）及张明觉负责解决生理机能的部分，他自己则负责指导完成整个临床实验。洛蕾塔·麦克劳克林（Loretta McLaughlin）在1982年出版过一本精彩的洛克传记，她在书中写道："避孕药能够让妇女避免意外怀孕，这种说法是凭借他的名字和声誉才终于获得认可的。"

在避孕药获批上市前不久，洛克曾经到华盛顿去，就这种药的安全性向FDA进行论证。FDA的检验官帕斯奎尔·德费利斯（Pasquale Defelice）也信奉天主教，他是一名来自乔治城大学的产科医生。据说，德费利斯曾一度提出令洛克难以置信的说法：天主教会绝对不会同意开发这种控制生育的药。洛克的一名同事多年后追忆说："我现在依然忘不了当时的情景，洛克站在那里，面部表情十分平静，眼睛盯住德费利斯，然后以能够把灵魂冻结的声音说，'年轻人，你别低估了我的教会'。"

最后，洛克的教会当然是令他失望了。1968年，教皇保罗六世发布《人类生命》（*Humanae Vitae*）通谕，宣告口服避孕药和所有其他"人工"避孕法违反教义。20世纪60年代有关避孕辩论的那种激情和急切氛围如今已成追忆，不过洛克依旧值得一提，原因很简单：他在调解教会和自己工作之间矛盾的过程中，犯下了一个错误。这并非蓄意为之，而是直到他去世后，凭借他难以预见的科学进展才得以真相大白的一个错误。可是正是这个错误，影响了他对避孕药的看法：这是一种什么药物？它如何产生作用？最重要的是，这代表何种意义？由于洛克是避孕药以何种面貌问世的推手之一，因此他犯下的错误也影响到从此以后人们对避孕一事的观感。

洛克认为，避孕药是一种“自然的”节育法。他所谓的“自然”，并非指感觉上自然，因为有许多妇女显然并不这么觉得，特别是在早期，避孕药的激素含量甚至是如今的好几倍。他说“自然”的意思是，避孕药发生作用的方式是自然的。女性排卵后，体内会大量分泌一种叫黄体酮的激素，它属于炔孕酮的一种，使女性只在每个月的某段时间才会怀孕。黄体酮让子宫为受精卵着床做好准备，并使卵巢不再排卵，以怀孕优先。洛克曾经写道：“健康女性体内，是黄体酮在阻止排卵，并决定经前和经后的‘安全期’。”女性怀孕后，体内基于相同原因会持续分泌黄体酮，以免再排卵威胁到已经在进行的妊娠。换句话说，黄体酮是大自然的避孕药。那避孕药呢？避孕药就是药丸式的黄体酮。妇女服用避孕药后，这些激素自然就不会于排卵后突增，也不只是在月经周期的特定时段才会分泌，而是持续以一定的剂量进入女性的体内，让排卵暂时停止。另外，药物中还要加一剂雌激素，以强化子宫内膜，而我们现在也已经知道，雌激素有保护其他组织的功能。可是对洛克而言，激素如何组合和何时出现并非问题的症结，重点在于避孕药的成分是复制人体内“自然存在”的东西。在这“自然”的本质当中，洛克看到了重大的神学意义。

举例来说，教皇庇护十二世在1951年赞同天主教徒利用安全期避孕，他认为这是节制生育的“自然”方法，不会像杀精剂那样杀死精子，或像子宫帽那样破坏正常生殖过程，也不会像结扎那样伤及器官。洛克对安全期避孕法再清楚不过了，20世纪30年代，他在马萨诸塞州布鲁克林妇女义诊医院开设了美国第一家安全期避孕诊所，教导天主教夫妇使用自然的避孕法。然而，安全期避孕法之所以能使女性避免怀孕，就是限定人们只能在黄体酮分泌的那段日子发生性行为。那避孕药又是如何产生避孕作用的？它是利用黄体酮把安全期拉长为一整个月。这不会伤及女性的生殖器官，也不会影响任何自然过程。洛克写道，口服避孕药“确实可以说成是‘以药物建立的安全期’”，在道德上与安全期避孕法几乎没有两样。对洛克来说，避孕药只不过是“师法自然”。

教皇庇护十二世在 1958 年容许天主教徒使用避孕药，但仅限于避孕效果为“间接”的状况，也就是只为了治疗痛经或“子宫疾病”等症状而服用避孕药。这个决定更使洛克勇气倍增，他知道，短期使用这种药可以让月经周期不规律的妇女把经期调顺。既然安全期避孕法的成功有赖于规律的月经周期，而这种避孕法又为罗马教廷所允许，那么经期不规律的妇女用避孕药来辅助安全期避孕，不是也应该获得准许吗？如果这个推论可以成立，又为什么不更进一步呢？联邦法官约翰 · T. 努南（John T. Noonan）写过一本《避孕术》，阐述天主教会有关节育立场的历史。他在书中写道：

> 倘若利用安全期抑制排卵来避孕是合法的，那么不通过安全期避孕法而抑制排卵为什么就不合法？倘若可以用药丸加安全期来避孕，那为什么不干脆只用药丸来避孕呢？这两种情况都是以抑制排卵为手段的，怎么加上规律的周期就出现了道德上的争议？

以上论点看似复杂深奥，却对口服避孕药的发展极为重要。是洛克和平卡斯决定了服用避孕药应以四星期为周期：吃三星期停一星期（或是吃无效药片），以便行经。但这个规律的利用从过去到现在都没有医学上的道理，育龄妇女一般的月经周期是28天左右，取决于卵巢分泌的一连串激素。起先是雌激素，然后是雌激素加黄体酮，这些激素能让子宫内膜变厚，为受精卵做好着床的准备。如果卵子没有受精，激素浓度陡降，导致内膜剥离，便形成了经血。女性服用避孕药后，因为药物能抑制排卵，体内就不会有卵子产生。减缓排卵可使促成子宫内膜增生的雌激素和黄体酮分泌大减。

洛克和平卡斯知道，避孕药里的激素对子宫内膜的作用极其平稳，所以女性服用后，想必几个月可能都不会来月经。平卡斯在1958年公开承认："只要服用这种化合物就能够阻止行经，那理论上任何长度的周期应该都不成问题。"但是他和洛克认为，让月经持续每个月都来可以使女性安心，于是他们决定避孕药的服用方法为：每吃三星期要停一星期保持行经。更重要的是，假使洛克想要证明避孕药只是安全期避孕法的自然变体，那还是让女性保持规律地来月经比较好。安全期避孕法需要"规律性"，所以避孕药也必须有规律性。

人们常说，没有别的药像避孕药这样，看一眼外包装就能认出来。然而这种圆盘式包装除了配合28天一周期外，还有什么特殊用意？按照这种包装发明者的说法，那是为了能够装进与粉饼盒一样大小的纸盒里，这样携带起来"就不会露出蛛丝马迹"。时至今日，避孕药仍然常以圆盘式包装出售，并以28天为服用周期。换句话说，避孕药依旧是罗马教会支配下的产物，因为洛克想要让这个新避孕法看起来越自然越好。但是洛克错了，他被师法自然的观念误导了。他以为合乎自然的机制，实际上一点儿也不自然，他带给世人的避孕药后来也被证实了并不是他以为的那种东西。在洛克的想法中，宗教的教义与科学的原则相互混淆了，而直到现在我们才开始厘清其中纠缠不清的关系。

2

1986 年，年轻的科学家贝弗莉·施特拉斯曼（Bevery Strassmann）前往非洲，与马里的多贡族一同生活。她进行研究的地点是萨赫勒的桑圭伊村庄，位于廷巴克图南方约 120 英里处。萨赫勒是个大草原，雨季时植被繁茂，其余季节则是半干旱状态。多贡族的主要农作物有小米、高粱和洋葱，族人也饲养牲畜，他们住在邦贾加拉崖壁上的土坯屋中。他们不避孕，且许多人仍坚守着祖先留下来的习俗和宗教信仰。多贡族农民在许多方面沿袭着当地人自古以来的生活方式。施特拉斯曼想要探索多贡族妇女生殖系统概况，以便了解距今一千年前的女性生物学是怎样的面貌。就某方面而言，施特拉斯曼是想解开一个谜题：什么才叫“自然”？这与洛克和罗马教廷在 20 世纪 60 年代初争论不休的是同一个问题。只不过她想了解的自然并非神学上的自然，而是演化上的自然。在人类的演化史上，诸如女性一般多久生育一次？多久来一次月经？几岁时进入青春期，几岁时进入更年期？哺乳对排卵有什么影响？这些问题过去都有人研究过，可是研究得不够彻底，以致人类学家没有把握能够给出确切的答案。

施特拉斯曼任教于密歇根大学安阿伯分校。她身材苗条，有一头红发，语气温婉，当她追述其在马里的日子时，带着几分自嘲的幽默。她在桑圭伊村庄住的房子原本是羊圈，在她离开后被改建成猪舍。她的厕所里有一条棕色的小蛇，它常常会盘在她洗澡时坐着的凳子上。村里人对这条小蛇持两种观点：有的人认为这是一条“咬你一口，你就会死”的毒蛇，有的人认为它只是一条捕鼠蛇（事实证明，后者是对的）。有一次，她的一个邻居，也是她在村里最好的朋友给她送来了一只烤老鼠作为加餐。“我告诉他，白人把老鼠当作自己的图腾，因而是不可以吃老鼠的。”施特拉斯曼说，“我到现在都还记得那只烤老鼠的样子：整只老鼠被烟熏得黑黑的、焦焦的，四肢被用木棍撑开，胡须和尾巴的末端都被烤焦了。”施特拉斯曼原本打算顶多在桑圭伊村庄住一年半，可是由于在那边的体验实在太丰富、太令人激动了，所以她待了两年。她说：“我觉得自己太幸运了，就是舍不得走。”

施特拉斯曼的一部分研究偏重于多贡族隔离经期妇女的习俗：多贡族的经期妇女必须待在村子附近的特别小屋里。桑圭伊村庄有两间经期屋，那是阴暗狭小、只有一个房间的土坯屋，里面以木板为床，每间至多可容纳三人。如果屋子住满了，那后来的人就只能夜宿在外面的岩石上。施特拉斯曼说：“那里可不是打打闹闹、轻松愉快的地方，只是一个晚上的住处。妇女在黄昏时来到这里，清晨即起床去打水。”施特拉斯曼会取尿液样本，以确定待在小屋里的妇女正值经期，接着把相关记录做成列表。她待在马里期间——总共 736 个晚上，一直记录着所有到过小屋的女性的情况。她发现多贡族女性的初潮年龄平均是 16 岁，会生育八九胎。她们从月经初潮来临到 20 岁时，每年平均有 7 次月经；其后的 15 年，即 20~35 岁的大部分时间不是怀孕就是哺乳（多贡族女性因哺乳而不排卵的时间平均达 20 个月），所以一年平均只有略多于 1 次的月经。从 35 岁到更年期（50 岁左右），随着生育能力快速下降，多贡族女性每年平均有 4 次月经；整体来看，多贡族女性一生总共大约行经 100 次（凡是幼年时未夭折的族人，通常都能活到六七十岁）。比较起来，现代西方女子一生的行经次数在 350~400 次。

施特拉斯曼在密歇根大学的办公室设置在一间改装过的地下室，旁边是校内的自然历史博物馆。她的办公桌后面是一排老旧的档案柜，她一边说话一边转身取出一堆发黄的图表。每页图表的左侧都写着桑圭伊村庄妇女的名字和代码，上方画着一条时间线，分为 30 天一格，每个妇女的月经期以 X 作为记号。施特拉斯曼解释说，桑圭伊村庄里有两名女性不能生育，她们由于无法怀孕，所以是经期小屋的常客。她翻阅那些图表，找出那两个人。“你看，她在两年内来过 29 次月经，另外那个来过 23 次。”在她们俩的名字旁边是满满一列 X 记号。

施特拉斯曼顺着那页往下指并继续说道：“这个妇女快到更年期了，她仍然会来月经，但是周期有一点儿不规律。这边又有一个正值生育年龄的女性，她来过两次月经，然后怀孕，我从此没有再在经期小屋见过她。另外这名女子生下孩子后，因为哺乳，有 20 个月不曾去小屋。她来过两次月经之后再度怀孕，但不幸流产，接着有过几次月经，然后又怀孕了。而这边这个女了在我研究期间总共来过 3 次月经。”施特拉斯曼手上那些图表里没有几个 X，大部分的格子是空的。她又往回翻，翻到那两个每月均有月经来潮的异常女子的记录：“如果是密歇根大学女学生的月经图，那每一排都会像这个样子。”

施特拉斯曼并不是说，这些数字适用于所有的工业化之前的社会。不过她相信，女性一生月经的总次数受饮食、气候或维生之道（如畜牧或农耕）的影响不大，而其他的人类学研究也支持她的主张。施特拉斯曼认为，更重要的因素在于哺乳或不孕的普遍程度。但是整体来说，她认为初潮晚、怀孕次数多、密集哺乳导致长期无月经的模式原本几乎是普遍现象，直到一百年前“人口形态转变”，生育率由高转低，才有所改变。换言之，我们现在认为的正常就是经常来月经，但从演化的角度来看，这反而是不正常的。施特拉斯曼说：“很可惜，现今的妇科医生认为女性应该每个月都来月经，这些人根本不了解真正的月经生物学。”

对施特拉斯曼和其他演化医学的专家而言，女性从一生来 100 次月经演变为 400 次，具有极重大的意义。这代表女性的身体不得不承受一些变化和压力，而从进化论的角度来说，她们的身体又并未发展出应付这一切的能力。有一本写得很精彩并引起热烈讨论的著作《月经已经落伍了吗？》（*Is Menstruation Obsolete?*），该书作者艾尔西玛尔·科蒂尼奥（Elsimar Coutinho）博士及谢尔登·S. 西格尔博士是享誉世界的两位避孕学研究专家。他们认为，这种转向“不停排卵”的变化对妇女的健康构成了严重的威胁。这并不是说女性月经次数少就必定对健康有利，有时候，特别是针对某些疾病而言，女性如果不来月经，是需要多加留意的，例如肥胖的女性如果不来月经，可能意味着得子宫癌的风险增加；女性运动员如果不来月经，则可能意味着得骨质疏松症的风险变高。不过科蒂尼奥与西格尔指出，对大多数女性来说，不停排卵并无任何意义，只是徒然增加腹痛、情绪起伏、偏头痛、子宫内膜异位、子宫肌瘤和贫血发生的概率。他们说，其中贫血属于“世界上最严重的健康问题之一”。

最严重的是，这会大大增加罹患某些癌症的风险。毕竟在细胞分裂和复制的过程中倘若出现错误，导致防御细胞增生的机制遭到破坏，便可能诱发癌症。这便是通常随着年龄增长，患癌风险会升高的一个原因：体内细胞有更多时间犯错。可是这也表示，任何会促进细胞分裂的改变均有可能增加患癌的风险，而排卵似乎就属于这类变化。女性在排卵时，卵子会从卵巢壁挤出，为了愈合这个破口，卵巢细胞必须进行分裂、复制。而女性每怀孕生子一次，一生中得卵巢癌的风险便降低 10%。原因何在？可能是在怀孕的 9 个月与哺乳期间，女性约有 12 个月会停止排卵，这使卵巢壁减少了 12 个回合的细胞分裂。类似的理论也可套用在子宫内膜癌上。女性在经期中，散布于子宫内的雌激素会刺激子宫内膜增生，引起可能带来危险的细胞分裂，而月经来潮不频繁的女性便降低了子宫内膜这方面的风险。卵巢癌和子宫内膜癌是典型的现代疾病，而女性月经演化为一生会有 400 次就是其原因之一。

就这一点而言，避孕药确实有一个自然效应，即避孕药里的黄体酮会阻止新的卵子排出，从而减少卵巢细胞分裂的次数。黄体酮也会抵消子宫内膜中激增的雌激素的作用，从而遏制子宫内膜的细胞分裂。服用避孕药10年的女性得卵巢癌的风险可减少约70%，得子宫内膜癌的风险可减少约60%。不过这里所谓的“自然”跟洛克想的不一样，他以为避孕药是人体运作过程的一种变体，不具侵犯性，所以其特性是自然的。事实上，近期研究发现，避孕药的自然之处其实全在于它产生的激烈作用：它在现代生活中拯救了卵巢和子宫内膜。而洛克坚持认为，服用避孕药必须以28天为一周期，更证明他对此的误解有多深：避孕药真正可能发挥的作用不在于可以维持20世纪的月经周期，反而在于可以打断这个周期。

如今，生殖学专家越来越大力推动的一项运动，就是反对标准的28天避孕药服用周期。欧加农公司已经推出一种新的口服避孕药，名为Mircette，把停药7天的时间缩短为2天。得克萨斯农工大学的医学研究员帕特里夏·苏拉克（Patricia Sulak）已经证明，大多数女性可以连续服用6~12周避孕药，然后才会有出血或点状出血现象。苏拉克最近更以真凭实据证明，每个月“停用”避孕药一周的代价会是什么。她和同事在《妇产科》（*Obstetrics and Gynecology*）学报发表的论文中，提出了大多数服用避孕药的妇女都经历过的事实：在停用的那一星期，出现骨盆疼痛、胃胀和水肿的人数多出两倍以上，出现乳房疼痛的人数多出一倍以上，出现头痛症状的人数也多出将近50%。这也等于说，有些服用避孕药的女性仍然会出现像正常行经时的经期症状。苏拉克的报告不长，也很枯燥，是写给少数专业人士看的学术论文。然而看过之后，你依然会为洛克为了取悦他的教会而造成的后果感到震惊。过去40年来，全世界千千万万的妇女经医师指示服用避孕药的方式，反而加深了她们的痛苦。这些都是为了什么？难道只为了假装避孕药不过是药剂版的安全期避孕法？

3

1980—1981 年，南加州大学的医药统计学家马尔科姆·派克（Malcolm Pike）到日本待了半年，在原子弹伤亡委员会进行研究。派克对于原子弹产生的辐射效应不感兴趣，然而这个委员会曾经费尽苦心地搜集了广岛和长崎的幸存者的医疗记录，他打算对此仔细加以研究。他探讨的问题是：为什么日本妇女罹患乳腺癌的概率仅为美国妇女的 1/6？这个问题的答案会跟十多年前施特拉斯曼的研究结论一样，重建我们对避孕药的理解。

世界卫生组织自 20 世纪 40 年代末开始搜集和公布世界各地的健康比较数据，而美日之间在乳腺癌罹患率方面的差异引起了癌症专家极大的兴趣。这个问题显而易见的答案是：日本妇女似乎受到基因的保护，所以较不易罹患乳腺癌。可是这在道理上说不通，因为移居美国的日本女性罹患乳腺癌的概率几乎与美国女性不相上下。于是，过去的许多专家以为，这必然是起因于某种西方国家所独有的，但是目前还不清楚的化学物质或病毒。派克在南加州大学的同事（也是他的长期合作对象）布赖恩·亨德森（Brian Henderson）说，在他 1970 年进入这一领域时，“病毒或化学物质致癌的理论十分盛行，成为相关学术著作的主流论调”。他还记得：“乳腺癌被放在一个未知的大框架里，这个框架就是说乳腺癌与环境有关，而‘环境’这个词对不同的人有不同的意义，可能指饮食、吸烟行为或农药。”

但是亨德森及派克对几种统计学上的特殊现象尤其感兴趣。其中一种现象是，女性得乳腺癌的风险在她们三四十岁这段时间显著上升，到更年期即开始趋缓。假设癌症是由某种外在有毒物质造成的，那照理说，随着基因突变和出错的次数累积，随着岁数的增长，得病的概率应该持续增大。然而相形之下，乳腺癌似乎是由与女性生育年龄相关的某种东西所引起的。还有就是曾经切除卵巢的年轻女性得乳腺癌的风险却明显降低：当她们的身体不会每个月分泌雌激素和黄体酮时，出现肿瘤的情况就少很多。派克与亨德森相信，乳腺癌也像卵巢癌和子宫内膜癌一样，与细胞分裂的过程有关。毕竟女性的乳房对激素含量变化的敏感程度不亚于生殖系统。当乳房受到雌激素影响时，乳腺组织的乳腺终末导管小叶单位——也是大多数乳腺癌发病的地方——会进行一个回合的细胞分裂。到月经周期的中段至末段，卵巢开始分泌大量黄体酮，此时细胞分裂的速率更会加倍。

因此，符合直觉的推论是：女性得乳腺癌的风险跟乳房在一生当中受雌激素及黄体酮影响的程度有关系。自青春期起，女性身体各处的激素激增，而少女的乳房细胞似乎极易受到那些因“叛变”而诱发癌症的细胞的影响，所以女性初潮的年龄十分关键。（更复杂的因素是，生育子女被证实可以降低女性得乳腺癌的风险，原因可能是孕期的后 6 个月，乳房细胞变得成熟，对细胞突变的抵抗力大增。）更年期开始，女性的年龄会对女性患乳腺癌的风险有影响，每个女性的卵巢实际分泌多少雌激素和黄体酮同样很重要，甚至更年期后的体重也与之有关系，因为脂肪细胞会把别的激素转换成雌激素。

派克来到广岛，为的是检验这个细胞分裂的理论。他与当地医疗档案库的研究人员合作，首先着手分析日本女性的初潮年龄：生于19世纪末和20世纪初的日本妇女，初潮平均在16岁半；同一时期出生的美国女性，初潮平均年龄是14岁。照他们的推算，单单是这个差距，已经足以说明美日女性罹患乳腺癌概率相差40%的原因。派克说："他们从当地妇女那里搜集到令人惊叹的记录。你可以精确地追踪到自20世纪初这么多年来日本女性的初潮年龄变化，甚至可以看出'二战'造成的影响。日本女孩的初潮年龄就在那段时间因为营养不良和生活困苦而延后了；到战争结束后，初潮年龄又重新恢复至战前水平。这便是这些资料的可贵之处。"

派克、亨德森和其他研究人员接着把其他风险因素也纳入研究范围，诸如更年期开始的年龄、首次怀孕的年龄及子女数，但这些因素与乳腺癌罹患率的关联性在美日两国之间差异不大，因此不具意义。可是体重则不然，日本女性在绝经后的平均体重是100磅（约45千克），美国女性是145磅（约65千克），这个因素能说明两国女性乳腺癌罹患概率相差25%的原因。最后，研究人员分析日本及中国农村妇女的血液样本后发现，或许由于她们饮食中的脂肪含量低，所以她们卵巢分泌的雌激素量仅有美国女性的75%。这三项因素加起来，似乎足以解释美日之间的差异了。这甚至似乎也能够解释，为什么亚洲女性移民美国后乳腺癌罹患率会增加：亚裔女性转为美式饮食，初潮的年龄提早，体重增加，雌激素分泌也较多。于是，有关化学物质、毒性物质、高压电和烟雾致癌的说法被束之高阁。派克断然说道："有人说，我们对乳腺癌的认识只能解释这个问题的一小部分，或说它仍是个谜，但那完全是一派胡言。"派克是南非人，60多岁，头发与胡子都已经花白。他与亨德森在癌症研究领域具有崇高的地位，没有人会指责他宣布的研究结果尚不成熟。"我们对乳腺癌了如指掌，且认识乳腺癌的程度正如我们了解香烟与肺癌的关联一样。"

派克在日本的发现使他开始将注意力转向避孕药，因为只要剂量控制得当，这种抑制排卵——以及每个月带来雌激素和黄体酮的药丸——显然有成为抗乳腺癌药的潜力。可是，乳房又跟生殖器官有一点儿不一样，黄体酮因为能抑制排卵，所以可以防止卵巢癌，又因为可以抵消雌激素的刺激效应，所以能够预防子宫内膜癌。然而派克认为，对乳房细胞来说，黄体酮并非解决办法，因为黄体酮是一种会引起细胞分裂的激素。派克以上的主张正好可以用来解释研究人员在研究避孕药多年以后得出的结论：避孕药对乳腺癌的影响无所谓好坏，无论避孕药对印制乳腺癌的发生有什么好处，均会被它引起作用的方式抵消。

洛克曾经大肆宣扬避孕药利用的是黄体酮，那是人体本身的避孕剂。派克却看不出让乳房受制于这么大量的黄体酮，有什么"自然"可言。在他看来，形成有效避孕作用所需的黄体酮和雌激素剂量，比维持生殖系统健康所需要的量多许多，以致那些多出来的部分反而不必要地增加了罹患乳腺癌的风险。真正自然的避孕药应当是不必用到黄体酮仍然有办法抑制排卵。派克忆起整个20世纪80年代，他始终不曾忘记这个想法："我们大家都在思考应该怎样改良避孕药，日日夜夜苦思不已。”

4

派克提出的解决方法是，使用一种名为GnRHA的已经存在多年的药。在脑下垂体试图制造性激素时，GnRHA会阻断它发出的信号——GnRHA的作用是“切断电路”。派克说：“我们对使用这种药有相当丰富的经验。”对于罹患前列腺癌的男性，医生有时会给他服用GnRHA，以使其体内暂停分泌睾丸素，让肿瘤不致恶化。对于那些有发育过早的问题，即七八岁甚至更小就进入青春期的女孩，医生有时候也会用GnRHA来推迟性早熟的时间。若是给育龄女性服用GnRHA，则可以让卵巢停止分泌雌激素和黄体酮。如果说常见的避孕药是让身体以为即将受孕而停止排卵，那派克提出的这种药是借着让身体相信自己处于更年期而产生避孕作用。

派克想要采用的方式是，把GnRHA放在盐罐大小的透明玻璃瓶里，瓶子上方有一个白色塑料喷头，使用方法是用鼻子来吸。药剂在进入体内后很快就会分解，早晨吸上一剂能让女性维持短暂的“更年期”状态。当然更年期有其风险，女性需要雌激素来保持心脏和骨骼健康，也需要黄体酮来保持子宫健康，因此，派克打算再加进这两种激素，只是剂量刚好足够维持健康即可，比女性经由避孕药吃进体内的剂量少很多。派克说，服用雌激素的理想方式是可以调整剂量：由女性自行尝试不同的剂量，然后找出最适合自己的量。黄体酮则是在一年内服用4个周期，每个周期连续12天。当采用这种避孕方式的女性停用黄体酮时，每年就会来 4 次月经。

派克和两位肿瘤科专家达西·斯派塞（Darcy Spicer）和约翰·丹尼尔斯（John Daniels）联手成立了平衡制药公司（Balance Pharmaceuticals）。公司设在加利福尼亚州的圣莫尼卡，位于高速公路旁的一排白色工业区内。该片区其中一个租户开着油漆店，另一家看起来像一家外贸公司。平衡制药的办公室设在一间特大号的车库内，大门又高又宽，地面则是水泥地。走进去之后是个接待区，摆着小茶几和沙发，后方挤满了办公桌、书架、档案柜和计算机。平衡制药正在对一小群乳腺癌高危人群测试避孕法，假如结果不错，公司就会申请 FDA 的许可。

派克在平衡制药所在的车库里，坐在很靠里面的一张会议桌前，做了这番解说："几年前，我遇到斯派塞，他说，'我们何不就来试验一下？通过乳房 X 光检查，我们应该可以看出来，使用这种避孕药的女性的乳房在用药前后会有什么变化，就算我们再加一点儿雌激素回去以避免副作用，也不会影响最终结果'。于是我们进行了研究，结果发现女性的乳房在用药前后会有很大的改变。"派克拿出一篇他和斯派塞合著的刊登于《国家癌症学会杂志》（*Journal of the National Cancer Institute*）的论文，文中提供了 3 名年轻女性的乳房 X 光片。他说："这些是她们在研究开始前照的片子。"在黑色的乳房轮廓当中，有大块大块的白色纤维丛。派克和斯派塞认为，这些是代表有演变为乳腺癌风险的细胞无节制分裂的迹象。在这几张 X 光片旁边，是这 3 名女性服用 GnRHA 一年后所照的片子，那些纤维丛几乎完全消失了。他接着说："这意味着，我们确实阻止了乳房内部的活动。白色代表细胞增生，而我们让乳房的活动慢了下来。”

派克从桌旁站起来，转向他身后的黑板架，拿起架上的草稿簿，快速在上面写下一连串的数字。“假设有一名女性15岁时月经初潮，到50岁时进入更年期，乳房受到刺激的时间总共是35年。如果把受刺激的时间减半，那她得乳腺癌的风险不止会减少一半，而是减至一半的4.5次幂。”他用自己设计出来的乳腺癌风险统计模型进行计算，他说，“结果是1/23，她得乳腺癌的风险仅有原来的1/23。结果绝对不会是零，那不可能。如果采用这种避孕法10年，风险至少减半；采用5年，至少减1/3。那就仿佛让乳房年轻了5岁、10岁，而且其效果是永久性的。”他说，这种避孕法应该也能够防止卵巢癌的发生。

派克说这番话时，给人的感觉是他的这番说辞好像已经说过很多次，对同事、家人、朋友和投资人都说明过。他此刻已然明白，自己的主张在别人听来是多么怪诞、多么令人难以置信。他就坐在这里，在圣莫尼卡工业区一间寒冷、老旧的车库里诉说着，他知道如何拯救全世界千千万万的女性。他打算采用的方式是，每天早上让她们从瓶子里吸进一些化学药物，使年轻女性处于更年期状态。这是个大胆的构想，他的这种方式能够在让女性体内的激素含量保持在最合理的范围吗？黄体酮对乳腺癌真的有那么大的影响吗？目前仍然有癌症专家对此抱持怀疑态度。最关键的是，女性会怎么想？

洛克曾经用他的老派行事作风、显眼的白发以及神学诉求为避孕的理由正名，他想方设法让避孕药看起来像是干预程度最轻微、最合乎自然规律的避孕剂，可以悄悄放进女性的皮包，不致引起别人的注意。派克则是打算把40年来所谓的“自然”神话摆在一边。“服用这种避孕药的女性会觉得受到操纵，她们这么想是理所当然的。”派克的南非口音，在说到激动处变得更重了一点儿，“可是现代的生活方式意味着女性生物学发生了剧烈的改变。女性纷纷走出家庭，变成律师、医生甚至总统。她们必须了解，我们正在尝试的事情并不违反自然规律。这跟数百年前，女性在17岁时初潮、一生会生育5个孩子、月经次数比现今大多数妇女少300次一样正常。现在的世界和以前不一样，女性受教育和不必经常怀孕虽有好处，但罹患乳腺癌和卵巢癌的风险往往也伴随而来，我们需要面对这个事实。我有3个女儿，第一个外孙出生的时候，我那个女儿已经31岁了。现在很多女性都是如此，她们十二三岁就开始排卵，直到30岁出头，连续20年不间断排卵后才生第一胎，这是一种全新的现象！”

5

洛克不断为他的避孕药请命，迫使教廷不得不重视起来。1963年春，就在洛克的书出版后，梵蒂冈召开了会议，出席的有罗马教廷的高官和非营利的计划生育组织（Planned Parenthood）会长唐纳德·B.施特劳斯（Donald B. Straus）。后来这个高层会议又再次召开，地点在圣母大学。1964年夏，在圣约翰节前夕，教皇保罗六世宣布，将请教廷官员组成委员会，重新检视梵蒂冈对避孕的立场。这个委员会首次在罗马的圣何塞学院开会，会上大多数委员显然赞成并认可避孕药。《美国天主教纪事报》（*National Catholic Register*）报道的一篇流传出来的委员会报告证实，洛克的辩解获胜的机会很大。洛克为此感到很兴奋。《新闻周刊》还用他当封面人物，而把教宗的照片放在内页。相关文章的结论是："自16世纪哥白尼派主张太阳是宇宙的中心以来，罗马天主教廷还从未遭遇过如此危险而有冲击力的新理论。"

不过，教皇保罗六世不为所动。他采用拖延战术，月复一月，年复一年，却迟迟不发布最后裁决。有人说，他受到了梵蒂冈内部保守派的影响。就在这期间，神学家们开始揭露洛克论点中的漏洞。1964年，天主教期刊《美洲》（*America*）有一篇社论指出，安全期避孕法"以禁欲'防止'怀孕，即在受孕期不要有性行为。而避孕药是借着抑制排卵来防止怀孕，这等于废掉受孕期。再多的文字游戏，也不能把抑制性行为与抑制排卵混为一谈"。到1968年7月29日，教宗在《人类生命》通谕中打破沉默，宣布所有"人工"避孕法均违反天主教教义。

事过境迁，我们才可能看出洛克所错失的机会。假使他早知道我们到现在才了解的事，从而避免把避孕药说成节制生育的药，而说成预防癌症的药——避免把它说成阻止生命而说成拯救生命，那教会很可能会点头。教皇庇护十二世不是已经准许为了治疗而使用避孕药了吗？洛克只需要像派克那样去看待避孕药：避孕作用只是一种吸引服用者的手段，是为了让年轻人吃下她们原本不会吃的东西。

可惜洛克活得不够长久，没有机会亲历事情后来的演变。他亲身经历的反而是20世纪60年代末那段可怕的日子，避孕药突然遭到错误的指控，说它会引发血栓、中风和心脏病。在20世纪70年代中期到20世纪80年代初，美国服用避孕药的女性人数减少了一半。同时，哈佛医学院也接管了洛克创办的节育诊所，并且逼他退休。而他从哈佛拿到的退休金一年才不过75美元，他的银行账户里几乎没有存款，最后不得不卖掉布鲁克林的房子。1971年，洛克离开波士顿，退隐到新罕布什尔州的山间农舍。他在屋后的溪流中游泳，常听美国作曲家约翰·菲力浦·苏萨（John Philip Sousa）的曲子；黄昏时分，他会坐在起居室，与一大杯马天尼鸡尾酒为伴。他最后一次接受公开采访是在1983年，从他那次的表现看得出来，过去的成就仿佛令他痛苦万分，以致他完全不愿再想起。

当被问到他觉得一生中最满意的时刻时，这位避孕药的发明者出乎意料地答道："现在。"他穿着利落的白衬衫，打着领带，坐在壁炉旁读着《起源》，那是讲述达尔文生平的小说，作者为欧文·斯通。"我常在想，天啊，自己实在好幸运。不必负责任，想要的东西也都有了。我可以随时沉浸在自己的世界里，不会被世俗的事务干扰。"

洛克过去曾经每天一早就去做弥撒，还在书桌上方挂着十字架。最后这次采访他的是作家萨拉·戴维森（Sara Davidson），她把椅子挪得更靠近洛克，然后问他还相不相信死后复活。

洛克断然答道："我当然不信。"他没有解释为什么，可是理由不难猜测——教会无法摆平天主教信仰的要求与洛克医学的研究结果之间的矛盾，而若是教会都无法让这两方面和解，那又怎能期望洛克办得到呢？洛克向来秉持良心，到头来良心却逼迫他不得不放弃自己最心爱的东西。这不是洛克的错，也不是教会的错。错在科学的偶然性本质，这经常使科学进展超越人类的理解能力。倘若在我们探索自然规律的过程中，所发生的那些事件的次序可以颠倒，那洛克的世界和我们的世界都会很不一样。

洛克说：“天堂、地狱、罗马，所有天主教的东西，是一般老百姓的心灵慰藉。”当时，离他去世仅剩一年的时间了。“有很长一段时间，我都是一名虔诚的天主教徒，当时我真的相信那一切。”[①]

2000 年 3 月 13 日

① 从你听到某个有意思的想法到真的找到思路，能够落笔把它写出来，有时需要很长一段时间——我花了将近 1 年写这篇文章。我的朋友克里斯·格罗弗（Chris Grover）在他还在读医学院的时候就跟我说过，从进化论的角度来看，现代女性的经历太不寻常了：直到 19 世纪初期育龄期女性都极少每月来月经。今天，每月行经对于育龄期妇女来说已是家常便饭。我认为这一论断很有趣，但一直没有想好该如何围绕这一论断写一篇文章，直到我发现了约翰·洛克。

小狗看到的世界

西泽·米兰其人以及动作掌控之道

1

在“糖糖与福曼”这一个案中，西泽·米兰在抵达犯罪现场前对相关事实一无所知。米兰宁可如此，因为他的职责是去调解琳达·福曼与糖糖之间的问题，假如米兰事先知道任何细节，他都可能产生偏见而同情受害的一方。

福曼的住所位于洛杉矶北部的米申希尔的一个房车停驻场里，室内有着深色木质板壁、真皮沙发、长毛地毯。即便那一天有着南加州少见的清爽天气，屋内还是开着空调。福曼看上去60来岁，实际年龄可能更大些，但风韵依旧。她为人风趣幽默，讨人喜欢。她的先生雷坐在轮椅上，看起来有点儿像退伍军人。米兰坐在他俩对面，他身穿黑色牛仔裤配蓝色衬衫，仪表像往常一样无懈可击。

米兰说：“那么，有什么我可以效劳的地方呢？”

福曼答道：“你可以帮我们把一头野兽变成一只温驯可爱的狗狗。”显然，她想了很久应该怎么向米兰描述糖糖。“它绝大部分时间都很顽劣可爱的时候不多。它晚上会和我们一起睡觉，而且喜欢抱抱。”糖糖对福曼来说非常重要，“可是它只要看到任何它够得到的东西，那就一定要抓过来不可，然后就想要搞破坏。我先生是残疾人，它却把房间搞得一塌糊涂：它把衣服撕破了，把地毯也弄坏了。它会骚扰我的孙子，而且只要我打开门，它就会跑出去。”福曼卷起袖子露出上臂，只见她的皮肤表面到处是咬痕和抓痕，伤痂也不在少数，像被虐待过。“可是我爱它，我能说什么呢？”

米兰看着她的手臂，眨了眨眼说：“哇。”米兰个子不高，但体格健壮，不输橄榄球队队员。他年约35岁，有着橄榄色的皮肤、洁白的牙齿和一双圆圆的大眼睛。14年前，他从墨西哥越过边界来到美国，但是他的英文很好，唯一例外的是他情绪激动时说话会漏掉冠词，不过这种情况几乎不会发生，因为他极少情绪激动。他看到福曼的手臂时，发出的那声“哇”的声调，跟他说“有什么我可以效劳的地方”时一样的镇定。

米兰开始问问题：“糖糖会不会在屋内小便？”福曼回答：“会，它尤其与报纸、电视遥控器和塑料杯誓不两立。”米兰问到遛狗的事：“糖糖是会快速向前跑，还是会边走边闻？”他说到“边走边闻”时，还出人意料地模仿小狗嗅来嗅去的样子。福曼说：“糖糖会边走边闻。”米兰又问：“那你们是如何管教它的呢？”

“有时我把它放到板条箱里。只要15分钟的时间，它就会坐躺下来，变得乖乖的。我其实不懂得怎么管教，你问我的孩子就知道了。”

“你的家长惩罚过你吗？”

“我的家长从来不必惩罚我，我小时候是一个完美的孩子。”

"那么说您家里没有任何规矩。那你打过糖糖吗？"

"我打过，但那让我心里很难受。"

"它咬你的时候呢？"

"我知道它不是故意的，它会用那种无辜的眼神看着我。"

"它是在提醒你谁是老大。"

"事后它会舔舔它咬我的地方，一舔就是半小时。"

"它不是在道歉。小狗们会互舔伤口，那是为了维护整个狗群的健康。"

福曼露出些许疑惑说："我以为它是在表示歉意。"

米兰轻声说："它如果觉得抱歉，那一开始就不会咬你了。"

接下来是被告的辩护时间。福曼的孙女卡莉走了进来，手里像抱小婴儿一样抱着一只小猎犬。糖糖小巧可爱，但是它有一种野性而蛮横的眼神。卡莉把糖糖放在地上，它大摇大摆地走到米兰身边，嗅嗅他的鞋子。米兰把一份报纸、一个塑料杯和一个电视遥控器放在它面前。

糖糖咬起报纸，米兰把报纸抢回来，结果糖糖又咬住报纸并跳上沙发。米兰举起手，镇定而坚决地"咬了"糖糖的肩部。他解释说："我的手就代表嘴，手指就是牙齿。"糖糖从沙发上跳了下来。米兰站着，顺势坚决地将糖糖压制住。糖糖稍作挣扎，很快便放松下来。米兰退后。糖糖又冲向遥控器。米兰看着它，简短地发出一声："嘘——"糖糖犹豫了一下，又转头去咬塑料杯。米兰又发出一声："嘘——"于是，它把塑料杯放下了。米兰请福曼去拿一罐糖糖喜爱的食物进来，他把罐子放在地板中央，并且站在旁边护着它。糖糖看看美食，再看看米兰，接着开始嗅着地面慢慢靠近，可是在它和奖励品之间仿佛有一道无形的界限。

它不断绕圈，却始终保持 3 英尺以上的距离，它看起来好像快要跳上沙发了。于是米兰移动身体重心，挡住它的去路。米兰又向糖糖靠近一步，它退后，低下头，躲到房间里最远的角落。糖糖趴下来，然后把头平放在地板上。米兰拿起食物、遥控器、塑料杯和报纸，一一放在距离它那贴近地板的鼻子数英寸之外。糖糖，昔日的米申希尔斯恐怖之犬，此刻闭上了眼睛，乖乖投降。

最后米兰说："外部世界对糖糖来说是没有规矩、没有界限的。它需要的不止关爱，还需要规矩。我们若是爱一个人，会给他完整的一切，那才是真正的爱。可是你们并不是真正爱这只狗。"他站起身来，四下看了一看。

"现在去散散步吧。"

福曼慢慢晃进厨房，过去暴戾的狗居然在 5 分钟内变成了天使。她说："这实在让人不敢相信。"

2

米兰在洛杉矶中南区的工业地带经营"犬类心理学中心"，该中心由修车技工的工作间改装而成，位于一条狭长的巷子深处，外面是繁忙的街道，两旁全是单调的仓库和修车厂。在高大的绿色围栏后面，有一个混凝土砌成的宽敞的庭院，里面到处都是小狗。有些狗在晒太阳，有些在水池中戏水，有些则躺在野餐桌上。米兰专收顾客送来的问题小狗，他让每只狗在这里至少待上两星期，以便融入这里的狗群。米兰没有受过正规训练，他所知道的一切均是因其从小在墨西哥锡那罗亚州他祖父的农场长大，无师自通。小时候大家叫他 el Perrero，就是“狗神童”的意思。他不断观察学习，到后来觉得自己已经可以读懂狗的心理了。如今，米兰每天早晨会带着他那一群狗到圣莫尼卡山里徒步 4 小时。他走在前面，狗跟在后面，其中，斗牛犬、罗威纳犬和德国牧羊犬还背着背包，好在小型犬走累了时将它们放进大型犬的背包里。徒步回来以后，它们就吃东西。接着是训练，吃东西。最后是工作，然后奖励。

米兰说：“我一共有 47 只狗。”他把门打开，狗儿们纷纷跑过来，它们品种繁杂，体形有大有小。米兰指着一只猎犬说：“这只狗喜欢攻击人，它的攻击性真的很强。”在犬类心理学中心的一处角落，一只软毛麦色梗犬刚洗完澡。米兰解释道：“因为它不信任人，所以它在这里已经待了 6 个月。它曾经被打得很惨。”他随意地搔抓着一只大型德国牧羊犬。“这是我在这里的女朋友，名字叫‘美丽’。你没看过它和主人之间的关系。”他摇摇头说，“那是非常病态的关系，就像电影《致命诱惑》中那种。美丽一看到主人就会去抓她、咬她，而主人的反应就像是在说：‘我也爱你。’再看那边那只，它咬死过一只同伴，另外那只也咬死过一只，这两个家伙是从新奥尔良来的，它们会攻击人。那边那只斗牛犬曾在加利福尼亚州贝弗利希尔斯，用一个网球杀死了一只拉布拉多。再看这一只，它只剩下一只眼睛，另一只眼睛在跟别的狗打架时打瞎了，可是你看看它现在。”那只狗正用鼻子磨蹭着一只法国牛头犬，看起来很愉快。那只贝弗利希尔斯来的拉布拉多杀手也是如此，它正在阳光下伸懒腰。爱攻击人的那只猎犬也一样，它正伸出舌头，在一张野餐桌前徘徊。米兰站在狗群中央，背挺得直直的，肩膀摆得四平八稳。这里是监狱的庭院，但也是全加州最平和的监狱庭院。米兰说："一切的重点在于，每只狗都要保持冷静、服从。你现在看到的是一群心理状态完全一致的狗。"

米兰是美国国家地理频道《狗语者》(*Dog Whisperer*)节目的主持人。在每集里，他总是在小狗闹得天翻地覆的情况下出现，到结束时则给观众留下一片祥和的景象。他就像我们念小学时都曾遇到的老师，当他走进一间孩子们吵得不可开交的教室，他能够让每个孩子安静下来并规规矩矩地上课。那位老师的秘诀是什么？如果当年别人问我们这个问题，我们可能会回答：因为他定下好多规矩，而且要求得非常严格，所以大家都会乖乖听话。但其实我们在另一位老师的课堂上也是规规矩矩的，然而那位老师一点儿也不严格。我们真正想要说的是，这两位老师身上都有一种难以言喻的、叫作"威严"的东西。倘若你要教一班淘气的10岁学童经营一家公司、指挥一支军队或走进米申希尔斯的拖车屋里，面对一只让主人也害怕的小猎犬糖糖，那你就必须有威严，否则你必屈居下风。

在犬类心理学中心后方，在后院围栏和邻近建筑物的墙壁之间，米兰修了一条跑道，那是一片足足有一个街区那么长的泥土草地。他说："这里是我们的查克芝士游乐中心[①]。"狗群看见米兰走向后门，全都一如他所料地向他奔来，只见一团团狗毛和摇摆的尾巴，你推我

① 查克芝士是美国一家儿童连锁餐厅，配备各种游乐设施。——编者注

挤地通过狭窄的后门。米兰肩上背着一个袋子，里面装满了网球，他右手则拿着一柄长长的橘色塑料网球勺。他把网球勺伸进袋子里，捞出一个球，用训练有素的漂亮动作，朝着附近一间仓库的墙边把球丢出去。十几只狗立刻跑上前去，不顾一切地追球。米兰转身，朝相反方向又丢出一个球，然后再丢第三个、第四个球。到最后，空中和地上到处都是球，整群狗拼命嘶吼、狂吠、嗥叫、跳跃、冲刺。

米兰说："这个游戏每次会持续 5~10 分钟，又或许是 15 分钟。由我开始，由我结束。我不会说'请停止'。我会命令这些狗停止。"接下来米兰集中精神，直挺挺地站着，吹出一短声口哨。那不是随便一吹的口哨，而是有权威意味的一声口哨。突然间，全场完全安静下来。47 只狗全都停止跳跃冲撞，跟米兰一样，一动不动地站好，头挺直，眼睛盯着它们的老大。米兰轻轻点一点头，以不注意看几乎察觉不到的姿势表示游戏结束了，于是 47 只狗全体转身，高兴地挤过后门，又回到院子里。

3

2005 年秋，米兰在洛杉矶与帕特里斯和斯科特这对夫妇，做过一集《狗语者》节目。这对夫妇养了一只韩国珍岛犬，名叫尊贝。尊贝原本是流浪狗，后来被这对夫妇收养。他们在外面遛狗时，尊贝很乖，也很讨人喜欢，但是在家里，它就变成了恐怖大王，每当斯科特想让它听话，它就会变得很凶恶。

斯科特对米兰说："请帮我们驯服这只狗。我们已经请过两位驯狗师了，其中一位声称要取得主控权。他把尊贝背在背上，让它待在那里，直到它屈服为止——他坚持了至少20分钟，但这只狗一直没有认输。驯狗师一把狗放下来，尊贝就咬了他4口，那位驯狗师的手掌和手臂被咬得流血了。我又找了另一位驯狗师，而他和前一位驯狗师都说：‘你一定要把这只狗送走。’”

米兰走到室外去找尊贝，发现尊贝在后院。他在尊贝旁边蹲伏下来。后来，他在回忆当时的情境时说：“我当时是自己一个人过来的，狗的主人有点儿不放心。但老实说，比起缺少安全感的狗、会害怕的狗或惊慌失措的狗，我反而与好斗的狗在一起时感觉比较自在。其实，我正是因驯服这种狗而出名的。”

尊贝跑过来闻他，米兰为它拴上了皮带。尊贝紧张地瞪着米兰，爪子开始乱抓。米兰把它带进起居室，并由斯科特为它戴上防咬的颈圈。米兰试着要尊贝侧躺下来，结果它所有的撒野举动此时全爆发了：尊贝转身、狂咬、扭动、打转、跳跃、猛扑、挣扎，最后颈圈掉落了下来。尊贝咬住米兰，把身体扭成一团，它看起来狂怒不已，令人不寒而栗。人狗之战一直持续着，帕特里斯蒙住脸不敢看，米兰只好请她离开房间。米兰站立着，甩开皮带，看起来就像牧场上的工人正在驯服一条暴戾的响尾蛇，汗水从他的脸上滴了下来。最后，米兰终于使尊贝坐下并躺下，然后又设法让它侧躺。尊贝跌坐在地上，失败投降。米兰摸摸尊贝的肚子说：“只要这样就好。”

米兰和尊贝之间发生了什么？有一种解释是，他俩大战了一场，是黑道大哥间的火拼。可是打斗总有个起因，尊贝显然是对米兰的什么举动产生了反应。在它开始攻击米兰以前，它闻过、探索过、观察过米兰——最后这个动作最为重要，因为根据我们对狗的了解，它们身上有一点是其他动物几乎都不具备的，就是狗善于对人察言观色。

以人类学家布赖恩·黑尔（Brian Hare）对狗做过的实验为例：他摆好两个相隔几英尺的杯子，其中一个杯子底下放着食物。狗知道有食物可吃，但不知道藏在哪个杯子底下。接着，黑尔用手敲敲右边的杯子，眼睛也直视着那个杯子，结果狗几乎每次都会走向右边的那个杯子。可是黑尔对黑猩猩做过同样的实验，黑猩猩的基因虽然与人类有 98.6% 相似，它却无法正确地选出人示意的那个杯子。狗会向人求助，黑猩猩却不会。

黑尔解释说："灵长类动物非常懂得运用同类发出的提示。所以如果能够再做类似的实验，由黑猩猩或其他灵长类动物做出符合它们习性的暗示，或许它们的表现会更好。可是，当我们想要帮黑猩猩的忙时，它们却并不善于利用人类的提示，它们不懂'为什么你要告诉我食物在哪儿'。而狗主要的专长就是当人在做非常人性化的动作，把它可能确实很需要的信息告诉它时，狗会加以注意。"狗并不比黑猩猩聪明，只是它对人类的态度不同。黑尔又说："狗真的对人很感兴趣，可以说是到了着迷的地步。对狗而言，人是一个超大的、会走动的网球。"

狗十分在意人的身体是往哪边倾斜的——是向前还是向后？向前在狗眼里可能代表攻击性；向后，即使只有 1/4 英寸，也代表不具威胁性，那代表你放弃了动物学家所称的继续向前的"意向动作"。你把头歪向一边，即使是稍微倾斜一点儿，狗就会解除武装。你直视着狗，它就会把这个动作解读为禁止。如果你把身体挺直，肩膀平放，不要垮下，那可以决定狗是会服从你的命令，还是会对你不理不睬。你大口均匀地呼吸，而不是屏住气息，可以决定是能化解紧张气氛，还是会激起人狗间的紧张关系。动物行为学家帕特里夏·麦康奈尔（Patricia McConnell）说："我想狗是会看人的眼睛的，会看我们望向哪里，也会看我们眼中的神情是什么样子的。"她执教于威斯康星大学麦迪逊分校，她说："狗如果眼睛瞪得圆圆的，瞳孔放大，那是高度警觉、准备攻击的前兆。我相信它们极为注意人的表情有多放松，还有人的脸部肌肉有多放松，因为这是犬类之间相互了解时所需的一个重大线索：对方的下巴是否放松？嘴是否微微张开？此外，它们也极为注意人的手臂怎么摆。"

麦康奈尔在其著作《狗皮带的另一端》（*The Other End of the Leash*）里分析了人狗之间最常见的互动，即遛狗时两只套着皮带的狗相遇后的反应，并揭开了其中的奥秘。在我们看来，那是狗在互相打量对方。可是在麦康奈尔看来，两只狗是先打量过自己的主人后，才互相打量的。她在书中写道："主人们经常很担心两只狗是否处得来。如果不去看狗，转而观察狗的主人，你经常会发现他们屏息、瞪眼、张嘴，呈现'保持警觉'的表情，在狗的世界，那是要发动攻击的表情，所以我怀疑是人在无意中发出了情势紧张的信号。如果你又拉紧皮带——很多狗主人都是如此，那就更夸大了紧张效应，可能真的会引起两只狗互相攻击。想想看，两只狗在紧张的气氛下相遇，周围有'同伙'——主人鼓动，制造出紧张、怒目而视、喘不过气来的氛围。我算不清看过多少次，当狗转移视线，目睹主人僵硬的面部表情后，便开始对另一只狗吼叫。"

那天，当米兰走下帕特里斯和斯科特家的楼梯，到后院蹲伏下来时，尊贝看到的是一个肢体动作十分特殊的人。米兰的姿势非常灵活，卡伦·布拉德利（Karen Bradley）首次看过米兰工作时的录像带后说："他身体的线条非常优美。那种下半身的运动线条，让我怀疑他曾是橄榄球运动员。"布拉德利是马里兰大学舞蹈研究所主任，像她这样研究动作的专家均采用名为"拉邦动作分析"的方法解读人体的动作，其中包括描述人类如何移动重心、在做动作时多么灵活和对称或做某个动作时哪块肌肉要发力。

解读某个动作是直接或间接的，便是分析人传达了何种注意力；解读某个动作是快是慢、是强是弱，便是分析人有何意图；解读某个动作是受控的还是随意的，便是分析这种意图有多明确。当我想强调自己的论点时，可以采取单一平顺的动作，把手横过身体。可是我怎么做这个动作，会大大影响听者如何理解我的论点。最好的做法是我放下手的动作，以有爆发力但有节制的方式完成放下手的这一动作，也就是要有加速度的力量，但是收手时又非常急速精准，头和肩膀则顺势下倾，使姿势和手势互相协调。反之，假设我把手向下摆时，头和肩膀却向上，或者我的手是用随意、内敛的方式往下摆动，就是力量不足且逐渐减弱的表现。这类动作反映的是，我在顺应大家的主张，这跟我做这个动作的用意正好相反。姿势加手势的组合被称为一个"动作词组"，伟大的沟通者能够用"动作词组"去配合沟通意图。例如，他们明白，要强调自己所说的话，动作就必须既有节制又有爆发力。在布拉德利眼里，米兰就有很棒的"动作词组"。

现在，米兰正在与帕特里斯和斯科特说话，他把双手放在前面，放在拉邦分析家们称为"矢状面"（sagittal plane）的地方，也就是身体的正前方或后方。然后他向前倾，表示强调。不过前倾时，他会把手放到腰部以下，并靠近身体，以抵消倾身时给人的侵犯感。当他再次向后靠时，他双手又提上来，填补胸前空出的位置。我们通常不会注意这些事情，但一经别人点破，这种动作的情绪含义就再明显不过了，那是表示尊敬和保证的“动作词组”。这能传达出说话者想要表达的意思，却不会让人觉得受到侵犯。布拉德利关掉录像机的声音，只看米兰动作的画面。有几个连续镜头，她反复看了好多遍，那是米兰在跟一家人对话，他的右手以优雅的弧度滑过胸前，摆向身体下方。布拉德利说：“他在跳舞。你看这里，非常优美，是一小段优美的舞蹈。”

她继续说明：“重点在于，他的‘动作词组’长短不一。有些很长；有些很短；有些则是爆发式的语句，一开始充满力量，再逐渐减弱；有些具有冲击力，慢慢升温，最后产生一种冲击感。那些语句十分适合他的工作，那才是我所说的有能耐。”

动作分析专家往往喜欢观察特定人士，例如克林顿总统或里根总统，他俩都是“动作词组”高手，但小布什总统就不是。小布什在某年的国情咨文[①]演说中，身体从头到尾都在呆板地左右晃动，甚至下半身也是。不幸的是，他身后有一大面垂直悬挂的旗帜，将他的晃动衬托得更为明显。布拉德利说：“每次晃动结束时，他的视线就望向观众席上特定的地方。”她模仿小布什凝视时的眼神十分传神：那种特地为庄严肃穆的时刻所保留的侧视、凝重的表情，还有缓慢地来回摇摆的姿势。“那有点儿原始，有点儿倒退。”布拉德利觉得那种表情，

① 国情咨文（State of the Union address），美国总统每年在美国国会联席会议召开之前，于美国国会大厦中的众议院发表的报告。——编者注

以及摇摆和凝视的动作，清清楚楚地代表了这个人还没长大。当大家说，小布什好像永远是个孩子时，部分便是指这一点。他的动作像一个小男孩一样，这也没有什么不妥，只是他不像里根和克林顿那种动作大师，他无法在需要更为成熟的反应的场合摆脱孩子气。

布拉德利说："我们看到一般人的'动作词组'大多都是没有明显特征的。不过有些人，像我先生，就有明显的偏好。他是'水平先生'，他在会议上发言的时候一定是向后靠的，身前毫无遮挡。从开始发言到结束发言，他会一直保持这个姿势。"她说着便向后靠，双臂大大展开，说话速度放慢，"他这个姿势从始至终都不会有多大改变。幸好他的同事们很了解他。"她笑了。"碰到这种人，"她转头指向电视荧屏上的米兰，接着说，"我们会为他设置一个电视节目。我是说真的，这是给他的一种奖励。我们会被他吸引，因为我们会信任他所传达的信息。他要表达的东西不会被隐藏，而'动作词组'可以增加人们对他的信赖感。"

4

再回到尊贝与米兰身上。我们从头开始看录像，只是这一次关掉声音。米兰走下楼梯。这不是那个吹口哨引起 47 只狗注意的米兰了，眼前的场景需要他小心应对。"你看到他走路的样子了吗？他把双手放下，贴近身体两侧。"这次的分析家是《舞蹈对话》（*The Dancing Dialogue*）一书的作者苏济 · 托尔托拉（Suzi Tortora）。托尔托拉在纽约担任舞蹈动作心理治疗师，她身材高挑，体态轻盈，有一头黑色长发，会运用漂亮的“动作词组”。她的办公室位于下百老汇区，是一个宽大、空旷、有隔板的房间。托尔托拉说：“米兰的身体非常笔直，脚就在身躯下方——他没有多占任何空间，且放慢了脚步。他是在告诉那只狗，‘我是自己一个人来的，不会有冒失的举动。我还没有自我介绍，但我就在这里，你可以摸摸我’。”米兰在尊贝旁边伏下身来，他把重心放低，身体呈现出完美的对称性；他看起来很稳定，让你感到你没办法把他一拳打倒，这传达出一种镇定感。

尊贝焦急地扭动着，仔细地审视着米兰。当尊贝太过神经质时，米兰会用力拉皮带纠正它。由于米兰正在说话，所以纠正的举动很细微，一不小心就会忽略。于是托尔托拉再次倒带播放，她说：“你看这多有节奏感！米兰拉扯、等候，拉扯、等候，那‘动作词组’实在太漂亮了。你可以预见到，对狗而言，节奏充满了整个空间。米兰带来了有秩序的节奏，那是中等的节拍，其间有流连的余地。那节奏不代表不断地攻击，也不会冗长持续，而是轻快迅速。我敢打赌，与这种狗打交道时，一般人多半会怕遭到攻击，所以防卫心特别强，因此针对他们而来的敌意也不会少。而现在，这里没有敌意，米兰在发力，却不具攻击性。”

米兰转而进入起居室，此时战斗开始。托尔托拉说：“你看他是怎么与狗互动的。米兰让狗带头，给狗留余地。”这不是美国特工想要把攻击者制服的打斗。米兰站直身体，一手抓着皮带，高举在尊贝上方；尊贝则转身，狂咬、扭动、打转、跳跃、猛扑、挣扎，米兰仿佛是跟着它一起动，为尊贝的攻击提供一个松散的空间。他们也许看起来像在打斗，可是米兰并没有打斗之意。那尊贝在做什么？儿童心理学领域有一种“控制论”的说法，即如果让健康的婴儿反复听嘈杂的声音，最后他们还是能睡着，因为婴儿会习惯于噪声。第一次听，噪声也许会打扰他们入眠，可是到第二次、第三次，婴儿已经懂得怎么对付这种扰乱，就可以忽略噪声了。这说明婴儿能够自我控制。心理学家说，儿童撒野闹脾气，即处于失控状态，他们的良好状态在某方面被打破了，因而无法让自己回到原点，而尊贝就是出于同样的原因无法控制自己——它不是在打架，而是在发脾气。

而米兰就如同很懂儿童心理的父母一样。尊贝停下来喘气时，米兰也随之停下来；尊贝咬米兰时，米兰也不假思索地把手指放进它的嘴里——他的动作流畅且灵活镇定，毫无焦虑感。托尔托拉又说道：“在米兰的技巧中，时机的掌握也很重要。他现在的动作不复杂，不会一次用到很大力气，且动作十分有节制。你看他如何缩小范围，现在他要收场了。”随着尊贝安静下来，米兰开始抚摸它。他的触摸很有力，但是不带攻击意味，不会太强，以免有虐待动物之嫌；不会太轻，以免产生不实在或难受的感觉。米兰运用的动作语言是一切语言当中最坦白、最透明的，他要告诉尊贝，它很安全。此刻尊贝躺在米兰身旁，嘴部放松，舌头吐出。托尔托拉说：“你看那只狗的脸。这不是被打败的意味，而是松了一口气的表情。”

后来米兰进行示范，教导斯科特怎么安抚尊贝，斯科特却办不到，米兰只好叫他停手。米兰对斯科特说：“你还是会紧张，还是没有把握。你就是这样才成为尊贝欺负的目标的。”要安抚狗，说起来容易，做起来却不然。用温柔的声音说“乖，尊贝，乖”并配合轻搔腹部的动作对尊贝来说并不够，因为它会解读手势、姿势和对称性，以及这抚摸的实在含义。它要的是清楚、明确与一致，斯科特做不到这一点。当镜头转向斯科特时，托尔托拉说："你看他脸上满是紧张和锐气。"

没错，斯科特的脸瘦削偏长，颧骨又高又宽，嘴唇厚，动作则紧绷而焦躁。托尔托拉说："他的动作紧凑，感觉既匆忙又紧张，以及他运用眼神和视觉焦点的方式，都显露了这种特性。他的手势很复杂，同时传达了好多信息，有太多不同的动作特质一起出现，这会分散观看者的注意力。"斯科特常在戏剧中出演特定角色，他有 30 年的演员经历，得过不少奖项。他紧张、强势的态度使他成为一个有趣而复杂的人，这在好莱坞行得通，但在对付一只有情绪困扰的狗时并无用武之地。斯科特说他爱尊贝，可是他的动作与他想传达的情绪无法匹配。

托尔托拉替埃里克（化名）治疗过几年。埃里克是自闭症儿童，有严重的语言障碍和沟通问题。托尔托拉把一些治疗的过程录了下来。在疗程开始 4 个月后的一次治疗过程中，埃里克站在托尔托拉位于纽约州科尔德斯普林的治疗室中央。他是个眉清目秀的 3 岁半男孩，全身上下只穿着纸尿裤；他的妈妈坐在一边，靠着墙。背景音乐放的是《大河之舞》，这刚好是埃里克最喜欢的一张唱片。此刻埃里克正在发脾气。

他站起来奔向音响，接着又跑回来，整个人趴在地上，手脚四下蹬打。托尔托拉模仿埃里克的动作，埃里克坐起来，她也坐起来；他旋转，她也旋转；他扭动，她也扭动。托尔托拉说："埃里克四处奔跑时，我没有说'我们改放安静一点儿的音乐'。我不能让他停下来，因为他是停不住的。他不能从 0 加速到 60，然后又回归 0。如果是普通孩子，我可以说，'来做个深呼吸，我们来讲道理'。这句话或许对普通孩子有效，可是像他这样的孩子就不行——他们活在自己的世界里，我必须走进去与他们见面，再把他们带出来。”

托尔托拉跪坐着，面对埃里克。埃里克的脚向各个方向乱蹬着，她便用手抓住他的双脚，慢慢地、轻轻地，开始顺着音乐节拍移动他的脚。埃里克站起来，跑到房间的角落，然后又跑回来。托尔托拉站起来，照着他的动作做，不过这一次做得比他更灵活、更优雅。托尔托拉再次举起埃里克的脚，这一次她试着移动他的整个身体，以使他的骨盆舒展开。“我站在他的正上方，直视着他，保持非常对称的姿势。我是在对他说：‘我站得很稳，就在这里，我很平静。’我扶住埃里克的膝盖，给他一些触感的刺激，那是一种肯定而明确的感觉。抚摸是一种不可思议的工具，是另一种说话的方式。”

托尔托拉开始左右摇晃埃里克的膝盖，他渐渐平静下来，开始随音乐做一些小小的调整。脚的动作放得更开、更有韵律，整个人的动作开始变得有条理。他回头走进妈妈的怀抱，心情还是不太好，不过哭声已经缓和了许多。托尔托拉坐下来，面对着他，保持稳定、对称，眼神直接接触。

妈妈问他：“你要纸巾吗？”埃里克点点头。

托尔托拉拿纸巾给他。妈妈说她也要一张，于是埃里克把自己的纸巾给妈妈。

托尔托拉问：“我们来跳舞好不好？”

埃里克很小声地说：“好。”

托尔托拉与埃里克互动的一幕，令人不禁想起米兰和尊贝：同样是为无助的对象付出无比的精力、智慧和个人力量，同样在面对混乱时保持镇定。而最令人惊讶的是，他们同样都表现出温和的态度。每当谈到有威严的人时，我们常常假设，这种人一定有很强烈的性格，而且会像风一样席卷每个人。德国民间故事中的“花衣魔笛手”即是一个典型的例子，他吹奏的曲子令人无法抗拒，使哈姆林当地所有的儿童都盲目地追随他。然而，米兰和托尔托拉所处的情况不一样，他们吹奏的曲调也各有千秋。同时，他们并不是转过身去，要别人来跟随他们。米兰让尊贝领头，托尔托拉则让埃里克决定用什么方法来治疗——威严并非只靠能耐才能体现，还要懂得因势利导。

我们说，有些人“会掌控我们的注意力”，其实用“掌控”一词完全不对，没有所谓的掌控，只有吸引。在跑道上的狗希望有人告诉它们，什么时候开跑、什么时候停止。埃里克想要听《大河之舞》，那是他最喜欢的音乐，托尔托拉不是说“我们来跳舞”，而是问“我们来跳舞好不好”，然后，她拿来一面鼓，开始敲打。埃里克的母亲站起来，开始用爱尔兰式的踢踏舞步绕着房间转。埃里克躺在地上，双脚慢慢地顺着音乐节奏打拍子。他站起来，走到房间的角落里，躲在一面隔板的后面，然后又得意扬扬地走出来，接着开始舞动，一面绕着房间转，一面吹着想象中的笛子。

5

米兰 21 岁时，从家乡来到美国—墨西哥边境的城市蒂华纳，一个“蛇头”[①] 以 100 美元的价格带他越过边境。他们躲在水深及胸的洞

---

① “蛇头”（coyote）泛指经营及操控非法移民活动的人。——编者注

里等候，然后跑过淤泥滩，穿过垃圾场，穿过高速公路，由接应的出租车把他带到圣迭戈。在街头流浪一个月后，他满身脏兮兮地走进一家狗美容沙龙，在那里找到了一份工作，专门负责处理棘手的案子，晚上就睡在办公室。后来他搬到洛杉矶，白天做豪华房车的装潢工作，下班后开着一辆白色的 Chevy Astrovan 面包车兼职做狗心理治疗师。23 岁那年，他爱上一个名叫伊露真的美国女孩：当时她才 17 岁，个子娇小，黑皮肤，出落得很漂亮。一年后，他俩步入结婚礼堂。

伊露真忆起刚结婚那几年："米兰是个大男子主义又以自我为中心的人，他觉得全世界都应该绕着他转。在他的观念里，婚姻就意味着男人吩咐女人该做什么，不需要付出爱、关怀或谅解。他认为婚姻就是让男人满意，而这也是我们婚姻终结的原因。"

结婚之初，伊露真因病在医院住了 3 周。她说："米兰来过一次，待了不到两个小时。我对自己说'这种关系不能再持续下去了，他只想跟那些狗在一起'。"那时候，他们刚生了小孩，又没有钱，只好暂时分居。伊露真对米兰说，如果他不去看心理医生，她就要跟他离婚，米兰只好心不甘情不愿地答应了。伊露真说："那位心理医生的名字叫维尔玛，她是个强势的非裔女性。她说：'你要妻子洗衣做饭，照顾你。那她也有需求，她需要你的爱与关怀。'"伊露真还记得当时米兰愤愤不平地记着笔记："他写下那些话，说：'原来如此，女人就像狗一样嘛，都需要运动、管教和爱。'"伊露真笑道："我当时生气地看着他。搞什么鬼，应该是谈我们的事，为什么你三句话离不开那些狗？"

米兰说："我一心想要抵抗，我觉得两个女人在联合对付我一个。但我必须摆脱心里的抗拒，可是这很难做到。就在这个时候，我忽然灵光乍现，原来女人也有她们的心理需求。”

米兰治得了街头的流浪犬，可是在一开始，他却连妻子的一些基本需求都体会不到。伊露真说：“米兰以前觉得跟人有隔阂，所以跟狗比较亲近。由于他不善于与人相处，所以他是通过狗对这个世界产生归属感的。他很难摆脱这个模式。”在墨西哥他祖父的农场，狗就是狗，人就是人，每个成员都知道自己的位置。可是在美国，狗被当成人的子女，狗的主人也打破了人与狗的等级关系。糖糖的问题在于福曼，尊贝的问题在于斯科特。米兰说，在心理医生诊所的顿悟是他生命中最重要的时刻，因为他在那一刻领悟到，要在人世间成功，他不能只做一个“狗语者”，还要做一个“人语者”。

米兰有次因节目所需接触了一只叫“土匪”的吉娃娃。土匪颈上挂着一个大大的镶钻项圈，上面镶的字是“Stud”（种犬）。它的主人洛丽有一张瓜子脸和一双会说话的大眼睛，还有性感的好身材。土匪不听指挥，吓坏了洛丽的客人，还威吓别的狗，先后来了三个驯狗师都治不了它。洛丽坐在起居室的沙发上跟米兰说话，土匪坐在她的腿上，洛丽十来岁的儿子泰勒则坐在妈妈旁边。

洛丽说：“土匪第一次去看兽医回来后大概两个星期就开始大量掉毛。医院里的人说它得了毛囊虫皮肤病。”她记得购买土匪时，店家说它是有资格参加比赛的狗，不过她请人查了土匪的血统，发现它来自小狗繁殖场。洛丽继续说：“土匪从来没有跟人接触过。那之后连续三个月，它每星期都要泡药水，消除这种症状。”洛丽一边说一边用手轻轻护着土匪。“它会躲在我的衬衫里，把头靠在我胸前，一直待在那里。”她眼里含泪指着胸口说，“就在这里。”

米兰问："那你先生合不合作？"他把焦点摆在洛丽而非土匪身上，这是米兰现在才明白而过去曾忽略的地方。

"土匪是我们两个人的宝贝，它当时很需要关爱和帮助，一天到晚害怕得要命。"

"你现在仍然觉得需要为它感到难过？"

"对，它实在太可爱了。"

米兰显得有些困惑。他不懂洛丽为什么还是为她的狗感到难过。

洛丽试着解释："土匪那么小，那么无助。"

"但你认为它感觉自己无助吗？"

洛丽的手仍旧护卫着爱犬。泰勒看着米兰，再看看母亲，再望向土匪。土匪变得紧张起来。泰勒伸手去摸狗，土匪跳过洛丽的手臂去攻击泰勒，它又吠又咬又吼。泰勒大吃一惊，往后一跳。洛丽也被吓到了，接着伸出手，做出关键的反应：焦急而带有抚慰意味地用手圈住土匪，把它抱回自己的腿上。这全部发生在一瞬间。

米兰站起来，他说："给我让个位子。"他示意泰勒坐到旁边去。"狗攻击人的行为已经够多了，人并没有阻挡它，这只会让它变得更自以为是，以为一切全以它为主，好像它才是你的主人。"米兰从没有那么生气过，说："你好像比较偏爱狗，但愿这不是真的。如果泰勒踢狗，你会纠正他的行为。现在狗要咬你的儿子，你却不能严厉地纠正狗的行为。"米兰此刻进入强调语气模式，他的"动作词组"肯定而明确，他接着说："我不懂，这么明显的道理你居然看不明白。"

土匪很紧张，一边退缩到沙发上，一边开始吠叫。米兰用眼角瞄了它一眼，土匪再次退缩。米兰继续说话，土匪走到米兰面前。米兰站起来，说："我必须攻击它一下。"说着就快速用手肘推了一下土匪。洛丽看来被吓着了。

米兰怀疑地笑着，他问："你是觉得它攻击我们就是公平的，而我们攻击它就不公平吗？"洛丽身体前倾表示不认同米兰的行为。米兰说："你不喜欢这样吧？"备感挫折的米兰现在转而向整个房间里的人说："这是行不通的，因为狗主人不愿意让你用平常管教孩子的方式来驯狗。对我而言最困难的部分就是父母宁愿偏向狗，也不偏向自己的孩子，这相当棘手。我虽是驯狗师，而且很爱狗，可是我绝不会舍掉孩子，而去迁就一只狗。你们明白我在说什么吧？"

他停下来，仿佛已经说得足够多了，反正相同的话也已重复太多次。有的人嘴里说"我爱你"，可是触摸的动作却没有传达相同的感觉；有的人说"好啦，得啦"，可是动作却不协调；有的人说"我是你的母亲"，可是伸手抱的却是吉娃娃，不是自己的骨肉。泰勒看来颇受打击，洛丽则在位子上坐立难安，土匪在乱叫。米兰转向狗说："嘘——"结果人和狗都安静下来了。

2006年5月22日

• 2

奇妙生活：
理论、预言和诊断结论

“这就像在州际公路上开车，却用吸管来观察前方的情况一样。”

公开的秘密

安然公司、智慧和信息过多带来的风险

1

2006 年 10 月 23 日下午，杰弗里 · 斯基林[①] 坐在休斯敦联邦地方法院的法庭里。他身穿一套蓝色西装，打着领带，52 岁的他看起来老态毕露，他身旁一共坐了 8 名辩护律师。法庭外，整条街停的都是各电视台的卫星转播车。

主审法官西梅昂 · 拉克（Simeon Lake）开口说："美国政府诉杰弗里 · 斯基林，刑事案编号 H-04-25，我们今天下午在此要对本案做出判决。"他直接对斯基林说："斯基林先生，你现在可以发言，提出要求轻判的相关证据。"

斯基林站起来，他一手建立的能源交易巨擘安然公司在 5 年前的这个时候破产倒闭，2006 年 5 月，他被一个陪审团判决了欺诈罪，根据一项和解协议，他名下几乎所有的财产均已交给一个基金，用以赔

---

① 杰弗里 · 斯基林（Jeffery Skilling），安然公司前 CEO（首席执行官）。——编者注

偿安然以前的股东的损失。

斯基林语序混乱、断断续续地说："说到悔意，法官先生，我已是悔恨至极。"他声称"很多朋友，都是好人，已经死了"。对于他个人，他坚称自己并未犯罪："我对每项指控都不认罪。"他如此这般说了两三分钟便坐下了。

拉克于是传召安妮·贝利沃（Anne Beliveaux），她是安然税务部门的资深行政助理，在安然工作了 18 年。连她在内一共有 9 人被传召出庭做证。

她对斯基林说："你仅靠每个月 1 600 美元应该如何度日？我目前就是靠这种收入过活。"因为安然破产后，她毕生的退休积蓄也付诸东流，她说："斯基林先生，因为你的贪婪，安然公司才会破产，你应该为此感到羞愧。"

下一位证人说，斯基林摧毁了一家好公司。第三位说，安然是因为在管理上违规操作而自毁前程。另有一人叫道恩·鲍尔斯·马丁（Dawn Powers Martin），她在安然工作长达 22 年，她更是直接斥责斯基林说："斯基林已经被证明是一个骗子、小偷和酒鬼。斯基林毁了我和我女儿的退休梦，现在他应该被关进大牢，不应该让他再在地球上随意行动。"她面对斯基林说："你喝高档红酒时，我和我女儿却不得不剪折价券，靠残羹剩饭度日。"这类斥责之声不断在庭上响起。

法官宣判时要求斯基林站起来，他说："证据证明，被告在安然各项业务上一再对投资人撒谎，包括安然自己的员工。"他说除了从重量刑，他别无选择：斯基林必须在监狱服刑 292 个月，也就是须坐牢超过 24 年。曾经领导被《财富》杂志列为"全球最受尊敬企业"

的负责人斯基林，所受的刑罚是白领罪犯所受的最重刑罚之一，就算他还有出狱的一天，也已是白发苍苍的老人。

斯基林的辩护律师丹尼尔·彼得罗切利（Daniel Petrocelli）说："法官大人，我只有一个请求。如果他的量刑减少10个月——这对量刑目的毫无影响——按规定他便可以住进低一级的惩教所了。只要少判10个月。"

律师请求法官宽大为怀，斯基林毕竟不是杀人犯或强奸犯，他曾经是休斯敦的社区支柱，小幅的刑期调整就可以让斯基林免于在杀人放火的无情罪犯群体中度过余生。

拉克法官回答道："不行。"

2

国家安全顾问格雷戈里·特雷弗顿（Gregory Treverton）曾经说"谜"有两种：一种是只要再多一点儿消息就能迎刃而解的拼图般的"谜团"，另一种是要费心剥茧抽丝才能拨开云雾见青天的"迷雾"。本·拉登的下落是个"谜团"，我们找不到他是因为情报不足。解决谜团的关键可能就在本·拉登的身边，而在我们找到那个消息来源之前，本·拉登的行踪会一直成谜。

相对地，推翻萨达姆·侯赛因政权后，伊拉克的内部情形是一团"迷雾"。这不是一个简单的、有黑白分明答案的问题。迷雾需要我们对谜题的不确定性做出评估与判断，其困难不在于我们的情报过少，而在于情报泛滥。美国中情局对伊拉克战争后的伊拉克局势有一个立场，美国国防部、美国国务院、前国务卿科林·鲍威尔、前副总统迪克·切尼，以及其他无数的政治家、记者与智囊团都各有其见解，巴格达所有的出租车司机对这一问题也有他们自己的看法。

“谜团”和“迷雾”之间的差别不小。我们如果认为“9·11”事件幕后的动机与方法只是谜团，合理的反应就是：加强情报搜集，招募更多的间谍，并加强对“基地”组织的情报收集工作。我们若将“9·11”事件看作一团迷雾，你就会问：“增加情报量是不是反而会坏事？”你会希望改进情报圈里的情报分析方法，或希望有更多思维缜密、凡事都能加以置疑的情报分析人才，多加查证与“基地”有关的情报；你会派遣 CIA 的反恐小组跟 FBI（联邦调查局）、美国国家安全局以及美国国防部的人，每月打两回高尔夫球，交换已知情报与意见。

如果问题的关键在于谜团，那么找出罪魁祸首不难，因为他是扣住情报的关键人物。而迷雾就模糊多了，有时是因为我们的情报不够，有时问题的症结在于情报人员无法做出正确的解读。针对谜团，我们往往可以找出令人满意的结论，迷雾则不然。

如果你全程观察斯基林案，你也许会觉得安然丑闻是一个谜团。因为检察官说，安然对其交易秘而不宣，且高管隐瞒重大信息，这些均显示我们未被充分告知所需信息，而一手策划公司发展战略的斯基林是个骗子、小偷和酒鬼。“我们的信息不足”是典型的谜团前提，也是安然事件的中心推论。

“诸位，这是一个简单的案件。”法院首席检察官对陪审团做总结陈词时说：

因为案情如此简单，我的总结陈词可能用不完给我的时间。此案是黑白分明的，真情与谎言对立呈现。股票持有人购买一只股票，也许这一只股票不能让他们有权得到什么，但他们有权知道真相及公司的财务状况，并要求安然公司的主管与员工将股票持有人的利益置于自身私人利益之前，并诚实地对待他们。

但是检察官有所不知的是，他错了：安然丑闻不是一个谜团，而是一团迷雾。

3

2000 年 7 月底，《华尔街日报》驻得克萨斯州达拉斯记者乔纳森·韦尔（Jonathan Weil）接到他在投资管理业界一位熟人打来的电话。韦尔在《华尔街日报》有一个叫“得州见闻”的专栏，一直在密切观察休斯敦的大型能源公司，如美国电力公司 Dynegy 与埃尔帕索电力公司等公司的动态。那位熟人说：“你该好好调查安然与 Dynegy 的情况，看看这些公司的盈利到底从哪里来。”于是他照办了。

韦尔对安然采用的“按现实市场价格计算资产价值”的会计算法产生了兴趣，许多进行复杂金融交易的公司都会使用这套技巧。比如，你是一家能源公司的员工，与加州签了一项 1 亿美元的合约，要在 2016 年运送给对方 10 亿千瓦时的电力。这份合约值多少钱？只有到了 2016 年，你才知道自己签的这份合约是赚钱还是赔钱。然而，1 亿美元的合约承诺显然关系到公司能否有巨额盈利。如果电力价格在未来几年持续下跌，这份合约就会成为公司的一笔极有价值的资产。但如果在2016年迫近时，电力收费越来越高，公司就可能亏损上亿美元。以现市价格计算资产的会计算法是，在签约时，将合约会带来多少收入的估计数字记入账上，如果后来发现估计有变，再在收支盈亏上适当加以调整。

当某家这样做账的公司声称从1亿美元的营收中获利1 000万美元时，有两种可能：一种是，这家公司可能实际赚了1 000万美元，在付清账单后，的确有这么多钱可以留在其银行账户中；另一种可能是，公司只是猜想自己可以从一笔交易中赚得1 000万美元，但这笔利润在很多年内都不会入账。给韦尔传消息的人要他查的是，安然声称自己会赚得的钱究竟有多少是“实账”。

韦尔设法拿到安然的年度财务报表与季报，开始比较公司的收益表与现金流量表。韦尔说：“我花了好一阵子，大概一个月，才厘清我需要朝哪些地方下手。安然财务报表上的名堂很多，我必须锁定其中某个关键的项目，并排除不必要的干扰信息。”韦尔向密歇根州立大学的会计学教授托马斯·林思迈尔（Thomas Linsmeier）请教，他们谈到在20世纪90年代，若干金融机构对次级贷款采取按现市计价的会计算法，而在经济走下坡路时，它们的客户或还不起贷款或提前付清贷款，放贷一方才突然意识到它们的盈利估计过于乐观。

韦尔转而向美国财务会计准则委员会的专家请教，又向投资评级机构Moody’s的一名分析师打听，他先后问了十余人，再回头去看安然的财务报表。他的结论让人大吃一惊：在2000年第二季度，安然号称赚到的74 700万美元，也就是安然主管以为会在未来某个时间点上赚到的钱，实际上并未入账。如果把这笔子虚乌有的盈利从账本上刨除，安然在2000年第二季度其实存在重大亏损。这家在美国备受尊敬的公司之一、美国股市中的全美第七大公司其实根本没有现金进账。

韦尔的报道于2000年9月20日在《华尔街日报》刊出，几天后被华尔街的一名投资人詹姆斯·查诺斯（James Chanos）看到。查诺斯是专做空头基金的投资人，他说："我的耳朵当时就竖起来了。我在周末看了证交所的年报与季报（按联邦法律规定，这是公司必须公开的财务报表）。我先是快速地翻看了一遍，并标出有问题的地方。这是我第一次看那些报表。之后我又重点看了那些我看不懂的地方，反复看了两三遍。我记得自己花了好几个小时。"查诺斯看见的是，安然的利润率和股票收益直线下滑，而主导公司命脉的现金流量也缩减到如水滴一般——公司的资金回收率比资金成本少。这就好像你用9%的利率跟银行借钱，却把这些钱投资在利率仅7%的储蓄国债上一样。查诺斯的结论是："他们基本上是在套现。"

2000年11月，查诺斯开始对安然股票放空，在接下来的几个月，他不断放话说他认为安然危机重重，还给《财富》杂志记者贝萨妮·麦克莱恩（Bethany Mclean）通风报信，麦克莱恩后来读了查诺斯与韦尔两人看过的那些报表，也得出了同样的结论。她在2001年3月发表了一篇文章，标题赫然为："安然股价是否被高估了？"此后，越来越多的记者与分析师开始仔细检查安然的财务情况，而安然的股价也开始持续下跌。2001年8月，斯基林辞职，安然的信用评级被降级。安然极需交易周转资金，而银行却开始不愿把钱借给它。12月，安然不得不提出破产申请。

安然破产案可与20世纪70年代美国最大的丑闻“水门事件”相提并论，且两者可做一比较。记者鲍勃·伍德沃德（Bob Woodward）与卡尔·伯恩斯坦（Carl Bernstein）借着消息来源“深喉”揭发了白宫包庇的丑闻。“深喉”知道许多秘密，他的身份必须保密。若伍德沃德希望见“深喉”一面，他必须先将一个插着红旗的花盆移至公寓后面的阳台，当天傍晚他必须从家后面的楼梯离开，换好几趟出租车摆脱跟踪他的人，最后于凌晨两点在一处地下停车场，跟提供消息来源的人见面。以下是对《总统班底》(*All the President's Men*）一书高潮部分——伍德沃德与“深喉”会面的描述，这段文字记述了“深喉”大曝内幕的情形。

> “深喉”缓缓地说：“这件事情非常严重。我很确定约有50个人在为白宫及尼克松筹款委员会做事，他们当间谍，当打手，专门搜集情报或搞破坏，有些行动已经超过了一般人的想象，他们会竭尽所能地打击敌对势力。”
>
> 伍德沃德把他跟伯恩斯坦听过的，用来对付政治对手的招数，包括窃听、跟踪、散布假消息给媒体、伪造文件、取消竞选造势大会、调查助选员的私生活、安插卧底间谍、偷窃文件，以及在政治示威大会中安放伏兵等，一一念给“深喉”听，如果是真的，“深喉”便点头认可。
>
> “深喉”说：“这些数据全在档案里面，司法部与调查局都知情。”

伍德沃德大感吃惊，有50个人直接听命于白宫与尼克松筹款委员会，他们要摧毁异己，他们无法无天了吗？

“深喉”点点头。

“白宫希望搅乱——这个词用得准确吗——整个选举过程？白宫实际已经付诸行动了，是吗？”

“深喉”又点点头。这时他看起来有些不安。

“他们雇了50名特工去完成？”

“肯定超过50人了。”“深喉”说完，便往外面的坡道走去，那时已将近早晨6点。

“水门事件”是典型的谜团，伍德沃德与伯恩斯坦要把被掩盖的秘密挖出来，“深喉”则是他们的内线。

韦尔有内线吗？不见得。韦尔在投资管理圈有一个朋友，这个朋友对安然之类的能源公司起疑，但他不是内线。韦尔的线索也没把他带向秘密档案，从而得知安然的秘密活动。这个人不过是建议韦尔去看安然自行发布的系列公开文件。伍德沃德在黎明前的暗夜，在地下停车场与他的线人碰头；韦尔则是打电话给密歇根州立大学的一名会计学专家。

韦尔把报告整理完毕后曾经打电话给安然公司，征询他们的说法。他说：“他们派了会计主管和另外六七个人到达拉斯。”他们到《华尔街日报》的一间会议室与韦尔见面，安然主管坦承，他们所谓的利润是“希望”赚到的钱。双方谈到了安然是怎么确定未来会赚多少钱的。韦尔后来回忆说：“他们当时告诉我，运用数学模型进行估算的都是公司聘用的天才，他们都是麻省理工学院的博士。我问：‘那数学模型能测出加州今年的电力市场会大乱吗？不能？为什么不能？’他们说：‘这是难以预测的那一类型。’那时是 2000 年 9 月底，我又问：‘你们觉得谁会赢？布什还是戈尔？’他们说不知道。我接着问：‘是环保主义的民主党人当选总统，还是得州油商入主白宫——你们不觉得市场的反应会在这两种情况下有所不同吗？’当时的对话气氛非常和谐，我们没有对数字进行辩论，存在争议的是如何诠释那些数字。”

在安然事件细节逐渐浮出水面的整个过程中，当属这次会议最为诡异。安然一案的公诉检察官告诉陪审团，应该判斯基林有罪，送他去坐牢，因为安然隐瞒真相。检察官说：“你们有权知道公司的财务情况。”但是安然究竟隐瞒了什么真相？韦尔得知的和报道的每件事，安然自己也承认确有其事。韦尔想证实自己的数字无误，该公司要员还亲自坐飞机到达拉斯，在《华尔街日报》的会议室里与他开诚布公地进行谈话。

要知道尼克松可没有到《华盛顿邮报》去见伍德沃德与伯恩斯坦，他选择躲在白宫里。

4

安然会计算法当中的第二个问题——可能也是其惹祸上身的地方，是它极为依赖所谓的“特殊目的实体”（Special-purpose entities, SPE）。

比如，某公司在运营情况不佳时想向银行贷款1亿美元，银行即便愿意借，也会向其索取极高的利息。不过，这名老板手中有一堆石油租约，预期未来四五年内会赚进1亿美元，因此，老板把这些租约交给一家合伙公司，也就是SPE，并由它出面贷款。银行把1亿美元交给了这家合伙公司，合伙公司再把这笔钱交到真正要借钱的老板手中。这一点点额外的金融操作，其之用大矣。这种转手（当时）不需要在公司的收支账册上做记录，因此公司可以在不增加债务的情况下增加资金。由于银行相信石油租约会带来足够的盈利偿还贷款，因此也比较愿意以更低的利率为SPE提供这笔资金。在美国公司中，与SPE合作已是司空见惯之事。

安然将SPE游戏规则发挥得淋漓尽致。安然转给SPE的未必全是可以获利的石油合约等蓝筹股资产，有时押出去的甚至是赔钱的资产。安然也没有把资产卖给外人，因为外人会对这些资产价值提出各种疑问。安然会在与其合作的SPE中安插自己的主管经营这些公司。这样一来，它通过SPE出面贷款，贷款银行就范，轻松过关。如果担保品价值下跌，安然就会以自己的股票补上差额。换句话说，安然不是把自己的一部分卖给外部的公司实体，而是将自己“肢解”后卖给自己，这种策略不仅是在法律上走钢丝，风险也极高——安然与SPE财务上的纠缠不清最终使其垮台。

当起诉斯基林的控方指称安然误导投资人时，一部分是将罪名指向这些SPE：安然的管理层有义务公开，公司的财务命脉有多少押在这些铤而走险的交易上，以及到了什么程度。受托调查安然危机的鲍尔斯委员会指出，安然“未完成一项重大目标，即未充分交代交易的本质，以协助阅读财务报表的人了解公司情况”。换言之，它并未向社会提供充分且必要的信息。

这些结论再度暴露整个安然事件的教训，并不是用这样一句话就可以盖棺论定的。通过韦尔在《华尔街日报》的数名同事（主要是约翰·埃姆什威勒与丽贝卡·史密斯）在2001年夏末开始的报道，社会大众应该对SPE的性质略知一二。埃姆什威勒是怎样揭发安然的？其实跟韦尔与查诺斯一样，他看了安然自己公开的财务档案。库尔特·艾辛瓦尔德（Kurt Eichenwald）的著作《傻瓜的阴谋》（*Conspiracy of Fools*）一书就是安然崩溃的写照，他在书中描述了埃姆什威勒是怎样发现相关的安然文件的。

> 是第八项“相关方面移转”几个字，使埃姆什威勒的血液加速流动的。
>
> 埃姆什威勒的任务是追踪斯基林辞职后的动态。他提出采访要求，后来下载了一份安然最近向证交所提交的报表，以找寻新闻线索。
>
> 他发现的东西让他大感震惊。与安然合作的SPE是由一名姓名不详的“高级主管”负责的。这些也许是非常晦涩难解的东西，但上面的数字看起来非常惊人——安然在那年的前6个月里，跟这家SPE交易的营收超过2.4亿美元。

不管从什么标准来看，安然的SPE之所为都是目无法纪与经营不力的铁证。但你不能责备安然掩盖这些游走在法律边缘的交易，因为它没有——安然公开了这些交易行为。更准确的指控应该是，关于SPE，安然对投资人交代得不够。但多少才算“够”？安然有3 000家SPE，每家的书面文件可能超过1 000页。如果将300万页数据统统公开，投资人恐怕早就被淹没在字海中了，此举也无助于社会大众了解内情。那么，仅公布经过编辑的每笔交易资料如何？杜克大学法学院教授史蒂文·施瓦茨（Steven Schwarcz）近期在不同公司公开的20份SPE报告中做了一次抽样性检阅。这些摘要报告是为有兴趣的人士汇编的，他发现这些摘要写得密密麻麻，平均每份摘要长达40页。因此，安然的SPE摘要即使每页编排不空行，也要厚达12万页。可不可以就这些摘要再做成一份摘要？安然的破产清算人就这么做了，他整理出1 000页内容。那么，从摘要的摘要中再摘出摘要呢？鲍尔斯委员会也整理出了这样一份摘要，该委员会只看了“最重要交易中的实质内容”，而会计部分仍像一本厚达200页的天书。一如施瓦茨说的，这200页还是在“有后见之明的、美国最优秀的法律人才相助之下”才完成的。

像拼图一样的谜团，每多一项新信息，问题就应该更容易解决。如果有人告诉你本·拉登躲在巴基斯坦北部的白沙瓦，找到他的难度就会更小一些。如果再加上一点儿情报说，他藏在白沙瓦西北角一带，问题就更容易解决了。但是，安然事件的游戏规则似乎不同。根据鲍尔斯委员会的报告，安然董事会的许多董事“对该公司的SPE交易的经济原理、后果与风险，似乎无法理解”，而这些董事正是坐在董事会中详细讨论SPE交易的人！艾辛瓦尔德在《傻瓜的阴谋》中表示，安然首席财务官安德鲁·法斯托（Andrew Fastow）也不了解SPE

交易的财务后果，而这些交易却是他促成的。

就安然事件写过文章的维拉诺瓦大学商学院会计学教授安东尼·卡塔纳赫（Anthony Catanach）说："这些是非常精细复杂的交易，即使档案都放在眼前，也很难说安然的审计方安达信会计师事务所的人都看得懂。这牵涉高级管理，光看鲍尔斯委员会报告和画曲线图，我就弄了两个月。这些交易情况被严重扭曲了。"

值得一提的是，即使安然的 SPE 是常态问题，它也非常难懂。SPE 的本质本来就非常深奥，一家公司成立 SPE 是要在贷款时让银行放心。而要让银行放心，该公司便需向贷方与合伙公司，就若干特定部门的特殊业务提供详细信息。公司越是能向贷款机构担保（在交易合约中提供明确的保证、担保与说明），在外人眼里，这种交易就越难理解。施瓦茨说，安然对外公开的若干财报"必要却不完美"。一家公司可以简化财务交易，好让人看得懂，但这样一来就有淡化潜在风险的风险；你也可以试图公开每项潜在风险，但如此一来财报就会复杂到谁也看不懂了。对施瓦茨来说，安然事件说明，在一个财务操作越来越复杂的时代，"透明定律"（一家公司越公开透明，对社会来说就越有利）跟时代的现实状况脱节了。

5

1943 年夏，纳粹试图通过打心理战，广泛吹嘘德军已发展出一种"致命的超级武器"。同盟国情报单位立刻忙碌起来，间谍证实德军的确建了一座秘密武器工厂，而对法国北部的空中摄影照片显示，有一栋怪异的水泥设施正对准了英国。盟军为此忧心忡忡，他们下达了轰炸任务去干扰德军这项神秘行动，并草拟了若干计划，以应对英国未来可能遭到的致命空袭。虽然无人确定这样的武器属子虚乌有，也无人敢说里面在搞什么名堂，但工厂的存在似乎是真的——法国北部的确有发射台，尽管那也可能只是一个假基地，目的是要转移盟军视线，免得真的目标遭到轰炸。德军的秘密武器是个谜团，而盟军却没有足够的情报解开这个谜团。不过这个问题也可以换个角度来看，而且，最后也证明新角度远比旧角度有用：德国的秘密武器问题是一团迷雾。

揭开迷雾中的秘密的人是一小批分析专家，他们的工作是监听德国与日本的海外与国内心理战及宣传广播。英国分析小组在第一次世界大战爆发前不久成立，由英国广播电台负责管理。在美国，类似的单位叫“怪人军团”。史学家斯蒂芬·默卡多（Stephen Mercado）写道：在20世纪40年代初，美国的“怪人军团”位于华盛顿游说团体集中的K街一栋不起眼的办公大楼内。分析员监听的是一般无线电短波放送的演说，他们戴着耳机，不断听着纳粹的广播，然后针对纳粹的公开说法——例如德军将重新对苏联展开攻势——进行解读。当时，一名记者形容这些分析广播宣传的人是“集个人主义者、国际滚石音乐人与稍许疯癫的人才之大成”，他们对纳粹的秘密武器有特定的看法。

德国领导人先是在国内广播宣传中吹嘘已有秘密武器的，这一点非常重要。其宣传的目的是要提振士气，而纳粹领导人说的话如果不实或蓄意误导，其威信就会受损。例如，当1943年春德军潜艇面对盟军反击失利时，纳粹宣传部部长约瑟夫·戈培尔（Joseph Goebbels）承认战争失利，他将重点从吹嘘最近的胜利转移到预测未来终将胜利，并怪罪是坏天气导致潜艇出师不利。在此之前，戈培尔从未对自己人撒过谎，因此，如果他说德国有秘密武器，极可能就代表这是真的。

从那个假设开始，情报分析员在纳粹的公开广播与声明中仔细研究，寻找答案。他们下结论说，截至 1943 年 11 月，秘密武器的存在“超过合理的怀疑”，而且这种武器应该是一种全新的武器，很难对付，可能会造成惨重结果，德军一旦动用，所有同盟国的百姓都会闻风丧胆。到了 1943 年 5 月，秘密武器“非常可能已经过了实验阶段”，不过当年 8 月发生的一件大事严重推迟了秘密武器的部署。分析员推测的部分根据是，纳粹在 8 月间突然绝口不提秘密武器之事长达 10 天，当他们后来再次提及时，其威胁的语气不像以前那么肯定了。最后他们暂时推测，秘密武器可能在次年 1 月中旬至 4 月中旬实验完成，其间的误差为 1 个月。这项推论部分是根据纳粹 1943 年年底的宣传，因为其宣传语气突然变得非常严肃与特别。如果不能在几个月内推出秘密武器，戈培尔绝不会这样做来提升德国人的希望。秘密武器正是纳粹的 V-1 型导弹，分析员对宣传的每项推测结果都是正确的。

政治学家亚历山大·乔治（Alexander George）在他 1959 年出版的《宣传分析》（*Propaganda Analysis*）一书中记载着 V-1 型导弹的相关推论，读起来简直就像是当代发生的事。间谍打的是 20 世纪的仗，但分析员拥有的是当代的思维。分析员的胜利说明，当今世界丢给我们的是复杂与充满不确定性的问题，需要我们用剥茧抽丝、解决迷雾的态度去面对。

诊断前列腺癌曾经有如一个谜团，医生必须做直肠检查，并触摸病人的前列腺是否有突起的硬块。不过今日却不必等到病人有了这些症状才做检查，医生可以定期追踪中年男士的 PSA（前列腺特异抗原），如果结果看起来有问题，他们就会用超声波显影来进一步检查，接着也可做活体组织化验，在显微镜下检查抽出的组织或腺体切片。然而，各方涌来的信息都不足以让医生得出医学诊断，因为 PSA 升高并不代表患有癌症，PSA 正常也不代表健康无虞。就连什么才是正常的 PSA 数值范围，医学界也一直存在争议。活体组织化验结果也非百分之百的定论，因为病理学家找的是初期癌症的证据（在很多情况下，那只是日后有可能转化为癌细胞的东西）。两名资格相当的病理学家可能看的是同一个标本，却对检验对象体内是否有癌细胞意见相左。

即使他们对化验结果看法一致，由于大部分的前列腺癌发展缓慢，可能永远不会造成问题，因此医生们也可能对治疗的必要性看法不一。泌尿科专家现在必须从一堆不可依靠且互相冲突的说法中厘清“真相”。他们已经不用再证实病人是否有恶性肿瘤，而只是在预测而已；以前的医生笃定的事，现在只能用“高度可能的结果”或“暂时预估的结果”等字眼来取代。有如 H. 吉尔伯特 · 韦尔奇（H. Gilbert Welch）医生在他的《我应该做癌症检查吗？》（*Should I Be Tested for Cancer?*）一书中提出的问题，医学进步已经使对前列腺癌，或是对其他任何一种癌症的诊断，从比较单纯的谜团转为复杂的迷雾。

情报世界也发生了这样的转变。在冷战时期，美国与苏联的关系架构是稳定且可预测的，我们只是不知道细节罢了。一如美国国家情报委员会前副主席格雷戈里·特雷弗顿在其《重塑信息时代的国家情报》（*Reshaping National Intelligence for an Age of Information*）一书中所说：

> 当今情报界面对的迫切问题是各种谜团，按理说，只要能够获得相关情报，这些谜团应该就能迎刃而解。例如苏联的经济规模有多大？过去有多少导弹？是否发动过突袭？冷战时期，这些谜团就是情报人员日常要破解的工作内容。

华沙条约组织解散后，特雷弗顿等人认为情报界如今面对的局面已经彻底转变。全球大部分地区是开放的，因此情报人员不再依赖其他间谍的零星情报，转而面对的是海量信息。解决谜团仍然重要无比——我们仍需要知道本·拉登的下落，但是解决迷雾的重大责任逐渐走向舞台中央。现在情报分析员的工作是，协助决策高层在失序的世界中找出正确航向。

若干年前，美国海军上将博比·R. 英曼（Bobby R. Inman）曾应邀出席国会一委员会做证，对如何加强美国情报系统发表意见。英曼曾是美国国家安全局局长，也担任过中情局副局长，他个人即是冷战时期情报结构的具体象征。他的回答是：重振国务院。美国国务院是外交决策机构，外界并不认为它与情报相关，然而，英曼说："在后冷战时期，这个一切信息都可以公开获取的阶段，你需要的是具备外语能力、对观察对象的宗教文化有深入了解的观察员。"英曼认为，我们不需要那么多间谍，却需要许多情报解读人才。

6

安然事件显示，金融界也需要同样的转变。耶鲁大学法学教授乔纳森·梅西（Jonathan Macey）发表过一篇重要的文章，鼓励社会重新思考安然一案，他说："一个经济体制要包含一套特定的财务报表制度，光靠公司公开财务信息是不够的。我们需要有一批能够胜任接收、处理与诠释公司公布的金融信息的职责的金融中介。"解决谜团的人需要"依赖发送器"，从我们得知的情报中理出头绪；解决迷雾的人需要"依赖接收器"，启动聆听的技巧。梅西认为，在公司的行事作风越来越复杂、花样越来越多之际，华尔街有责任跟上步伐。

科罗拉多大学法学院教授维克托·弗莱舍（Victor Fleischer）指出，安然不轨的重要线索之一是它在过去 5 年中有 4 年没缴公司所得税。安然利用"按现实市场价格计算资产价值"与 SPE 的花招，来掩饰自己没有赚到预估会进账的钱的事实，但国税局并不接受"按现实市场价格计算资产价值"的会计算法，纳税人得依据实际收入报税。从国税局的观点来看，安然的 SPE，一如弗莱舍所形容的，是不存在的事件。除非合伙公司出售资产（或赚或赔），否则 SPE 只是会计上巧立的名目。安然没有缴税，因为在国税局眼中，它并没有赚钱。

从税法来看安然，与从传统的会计角度来看安然，得到的图像大不相同。但要看到那一点，就必须对税法有所研究，熟悉特别的法律条文与复杂的税务规定，也要知道该问什么问题。弗莱舍指出："安然会计收入与需缴税收入之间的差距很容易看出来。”但是差距的来源不是一般人所能洞见的，因此他说：“了解税法需要特殊的训练。”

伍德沃德与伯恩斯坦并没有受过特别的训练，“水门事件”发生时，他们才 20 来岁，甚至还在《总统班底》中自我调侃缺乏经验。伍德沃德的专业是搞办公室政治，伯恩斯坦是大学辍学生，但这都不碍事，因为谜团中的主要因素，如包藏的阴谋、通风报信者、秘密录音带，年轻人只要能够发挥自身的热情与毅力便能解决。如果说解决迷雾需要的是经验与洞见，那伍德沃德与伯恩斯坦大概是拿不到安然的独家新闻的。

梅西说：“公司史上有些丑闻是有人买空卖空，但安然并不是那种类型的犯罪公司。我认为安然大致上遵守了会计规则，只是走偏了。安然在财务上的做假之处在于，在分析师与做空的投资人该留意的地方夸张地扭曲了真相。真相并没有被隐藏起来，你得去看财务报表，问问自己‘这是怎么一回事’。这几乎就像安然的人在说：‘我们在第 42 条注解上玩弄文字，你如果想知道内情，就来问我们。’就是这么回事，但没有人去问。”

亚历山大·乔治长期在做宣传资料分析，并看过美国分析员对纳粹所做的数百项推论，他的结论是其正确率高达 81%。但乔治探讨他们成功与失败的篇幅一样多。举个例子，在对德军的 V-1 导弹问题研究方面，英军取得的成就最为突出：他们曾系统性地追踪纳粹威胁的“次数与程度”，据此正确判断出 V-1 导弹计划是如何于 1943 年 8 月在盟军轰炸下遭到重挫，以及 V-1 导弹准备何时发射。相较之下，K 街的分析工作失色很多。乔治说，美方并未发展出一套完善的分析与假设推理技巧，他们靠的是“印象派”分析。乔治自己就是K街“疯癫人才”之中的一员，他能够轻易找借口为以前的同僚开脱，说这些人从来没离开过办公桌，他们只是处理心理战宣传，重大消息来源是戈培尔，而这个人是一个骗子、小偷兼酒鬼。但这是“谜团思维”。解决谜团时，我们把犯案者关进监牢24年，便以为任务完成了。解决迷雾时，我们需要不断重看犯案的祸首名单，并且愿意扩大一些调查范围，因为若是找不到迷雾中的真相（即使是存在于宣传中的迷雾），并不只是宣传者的错，也是你的错。

1998年春，康奈尔大学商学院的6个学生决定以安然为主题，执行他们的学期研究计划。当中的一个学生杰伊·克鲁格（Jay Krueger）说：“这项研究计划是李勉群教授的财务报表分析课程的作业，他在金融界非常有名。”李勉群在上半学期带着学生做一系列的密集个案研究，教学生如何运用技巧与精密的工具，分析公司向证交所提交的财务年报与证交所档案，然后让学生自己挑选一家公司去研究。克鲁格说：“我们之中有位研二学生曾到安然争取实习机会，他对安然非常感兴趣，便建议我们去研究安然。这项计划持续了6周，即半个学期。我们会经常开小组会议，做比率分析。这是商学院学生常做的一种分析，我们取了50个不同的财务比率，再参照公司与其业务每项可取得的信息，并将它们跟对手的竞争表现进行比较。”

这群学生尽全力评估安然的会计算法，并且不断分析安然的每项业务，一页一页地阅读附注，利用贝内什模型（Beneish model）、盈利持续性分析与爱德华兹－贝尔－奥尔森财报分析法进行分析，希望通过这些统计工具找出安然财务表现的明显公式。克鲁格说：“我们的确对它的业务模式提出了好多问题。”这些学生得出的结论让人一目了然。安然采用的策略跟其竞争对手比起来，风险高得多，而且有非常清楚的迹象显示安然可能在盈利数字上玩弄花招。当时安然的股价创下每股 48 美元新高，而两年后，其股价更是翻了一番，但是这些学生质疑其股价被高估了。他们将其研究报告放在康奈尔大学商学院的网站上，任何人只要有兴趣，都可以上网阅读这份 23 页的分析报告。这些学生在报告第一页用粗体字写着：“卖掉！”[①]

2007 年 1 月 8 日

① 用今天的标准来看，安然案可能还达不到金融丑闻的门槛，安然事件涉及的金额比起后来几年发生的金融危机，简直是小巫见大巫。但本篇与几年前完成的、被收录在本书第三部分的“天才神话”其实讲的都是信息时代的“典型丑闻”。历史对此已经加以证明。如果我们能从安然案中吸取教训，2008 年的全球金融危机还会发生吗?

百万默里

游民问题也许很容易就能解决

1

默里·巴尔（Murray Barr）是美军陆战队前队员，身高足足有6英尺，体格粗壮得像头熊，他一旦摔倒（几乎天天都发生），要两三名壮汉才能把他扶起来。默里有着黑色的直发，皮肤呈橄榄色，街上的人都管他叫“老灰”。他缺了很多颗牙，但总是笑容可掬，人人都喜欢他。

他最喜欢喝的是伏特加，但对啤酒很不屑，觉得那喝起来像“马尿”。在他所住的内华达州里诺市街道上，花1.5美元就能买到250毫升廉价的伏特加。口袋里有钱的时候，他花钱也不手软，会买那种750毫升一瓶的伏特加；身无分文时，他就到赌场走一圈，将赌客剩下来的酒一饮而尽。

里诺市市区的自行车车队警察帕特里克·奥布赖恩（Patrick O'Bryan）说：“警察局管治无业游民时，我们一天会抓他好几次，这种事不断上演。默里被我们抓到之后，我们就会帮他醒酒，但几个小时后他又会回到街头，旧戏重演。很多游民酒喝多了就会动粗或破口大骂，默里也是这号人物，但他非常有幽默感，我们有时也就不怎么追究了。他口不择言时，我们就说‘默里，你知道你挺喜欢我们的’，而他也会说‘是呀，我知道’，然后还是继续对我们满嘴脏话。”

奥布赖恩的搭档史蒂夫·约翰斯（Steve Johns）说：“我当警察 15 年了，这 15 年里，我们对默里捉了又放，放了又捉。”

约翰斯与奥布赖恩都劝默里戒酒。多年前，默里接受了一项戒酒治疗，他的行动虽受到软禁般的限制，其间表现却无比良好，后来更是找到了一份工作，也工作得很卖力。但治疗结束后，默里又故态复萌。奥布赖恩说：“一旦默里结束治疗，就没人可以管束他了，而这正是他最需要的。我觉得这大概是因为他曾经是军人吧。他是一个手艺不错的厨师，有段时间存了 6 000 多美元的积蓄，准时上班，该干什么活儿就干什么活儿。他们恭喜他，让他重回社会，结果差不多一个星期过后，他就把钱花光了。”

默里通常会醉得不省人事，无法在监狱的酒鬼监禁室醒酒，警察必须先把他送到圣玛丽医院或马绍医疗中心去。圣玛丽医院急诊室的社工玛拉·约翰斯一周中总有好几天会看到他，她说：“救护车把他送来以后，我们就负责把他弄清醒，酒醒了才能把他送去坐牢。我们会打电话请警察来接他，其实我就是这样跟我丈夫结识的。”玛拉后来嫁给了史蒂夫·约翰斯。

她继续说：“默里就像变化环境中一个不变的常数，来时总是笑口常开，他会叫我‘我的天使’。我在急诊室走动时，他会说‘我的天使，真高兴见到你’。我们会不断地开玩笑，我求他不要再喝酒了，但他总是一笑置之。如果有一阵子没看到他，我就会担心，会打电话给验尸局。当默里不酗酒时，我们就知道他是在什么地方找到工作了，我和我丈夫就会去他工作的地方吃晚饭。我和我丈夫约会，后来打算结婚时，默里问：‘我能不能来参加婚礼？’我几乎觉得默里来好像是天经地义的事，我半开玩笑地说：‘那你得保持清醒才行，你在喜宴、酒吧买醉的账单，我可付不起。’我怀孕之后，他曾把手放在我的大肚子上，为孩子祝福。他心地真的非常善良。”

2003 年秋，里诺市警察局开始严格取缔游民在市中心讨钱的行为，报纸大肆报道，警方在当地的访谈性节目中饱受批评，批评者认为，扫荡乞讨行为如同人身骚扰，游民又不是要对里诺市怎么样，只是讨生活罢了。奥布赖恩说：“有天早上，我听到在电台的访谈节目中，人们简直是把警察批评得体无完肤，痛批取缔游民行动是多么不公平。我当时心想，这些人可没试过在寒冬的陋巷中，去寻找冻死的尸体。”他心中愤愤不平，在里诺市市区，游民其实不缺食物，因为福音厨房、天主教服务中心，甚至麦当劳快餐店，都会救济无食物可吃的饥民。游民乞讨其实是为了找酒喝，而酒却有百害而无一利。他和约翰斯至少有一半的执勤时间是在处理像默里这样的人，他们俩几乎成为处理“默里案”的专员了。发现有人在街头昏倒时，人们就会打电话给救护员说“又有一个倒下了”，赶来的救护车中有 4 个人，而病人往往要在医院住上几天，因为露宿街头又经常醉酒，意味着一定会生病。救护过程的每个环节都要花钱，而且绝不便宜。

奥布赖恩与约翰斯打电话给救护车服务单位，然后又打电话给当地的医院。奥布赖恩说：“我们列出 3 个有长期酗酒问题又最常被捕的人名，并从两家医院当中的一家追踪这 3 个人的下落。其中一人不久前还在坐牢，因此他流浪街头才 6 个月，但累积的医疗账单已高达十几万美元了，这还是只计算了规模较小的那家，因此另外一家大医院的账单金额应该更高。另外一个从俄勒冈州波特兰来的游民到里诺才 3 个月，却累积了 65 000 美元的医疗账单。还有一个人即使没有时时刻刻酒不离手，账单也达到了 50 000 美元。”

这三人中的一人便是默里，约翰斯与奥布赖恩都了解，如果把默里过去 10 年间住院的医疗账单都加起来，再加上滥用药物与酗酒的治疗费用等，他个人的医疗账单数额之高不会输给内华达州任何一个人。奥布赖恩说：“要是再不采取措施管管默里，要花的费用可能会高达 100 万美元。”

2

罗德尼 · 金事件[①]发生后，洛杉矶警察局深陷危机之中，各方都指责警方种族歧视、纪律松弛和充满暴力倾向，而且认为上梁不正下梁歪的现象遍布警局内各个阶层。在统计学的语言中，洛杉矶警察局的问题属于“正态分布型”，也就是说，如果你把问题依据统计数字制成图表，看起来会是一条“钟形曲线”，这条曲线两端的警察数目都不大，绝大多数警察的问题位于中间。这种“钟形曲线”思维几乎已

① 1991 年 3 月 3 日，非裔美国人罗德尼 · 金（Rodney King）因超速被洛杉矶警方追捕截停，他拒捕并袭警，遭到警方用警棍暴力制服，此事引发了 1992 年洛杉矶暴动。——编者注

在我们脑海中定型，使我们自动用它来组织经验。

不过当民权大律师沃伦·克里斯托弗（Warren Christopher）领导的一个特别委员会开始调查洛杉矶警察局时，却发现其中另有隐情。1986—1990 年，该局 8 500 名警察中有 1 800 人遭到“过度使用暴力”或“使用不当策略”的指控。显然，钟形曲线膨胀的中央地带的群体鲜少遭到控诉，而且只遭到一两次不满控诉的警察就超过了 1 400 名。要知道，这些都是未经证明的指控，而且警察被指滥用暴力是难以避免的现象（纽约警察局一年约有 3 000 个不满控诉案件）。有 183 名警察牵涉不少于4件的控诉案件，其中44名牵涉的控诉案件不少于6件，16 名不少于 8 件，还有 1 名警察所遭到的控诉高达 16 件。如果你把洛杉矶警察局遭到的控诉制成图表，得到的曲线不会像是一口钟，倒会像一根曲棍球杆，符合统计学的“幂律分布”，即所有的活动并不集中在中段，而是集中在某一端。

克里斯托弗委员会的报告不断提到，问题集中在少数警察身上。有一名警察遭人指控“滥用暴力”13 次、“使用暴力”28 次，另外还遭到 1 次“开枪”与 5 次其他名目的指控。另外一人则遭到 6 次“滥用暴力”、10 次“使用暴力”、3 次“开枪”与 19 次其他名目的指控。第三名警察有 27 次“使用暴力”记录，第四人有 35 次“使用暴力”的记录。还有一名警察的档案上写满了诸如“用枪托痛殴跪在地上、双手被铐嫌犯的颈项”“毒打 13 岁少年”“将嫌犯从椅子上推下”“嫌犯趴在地上双手被铐，他却对其背部与头侧拳打脚踢”的控诉。

这项报告让人不禁觉得：如果你解雇这 44 名有严重问题的警员，洛杉矶警察局不就会在转眼之间变成一个运作良好的警察单位了吗？

不过报告也暗示，问题表面上看起来不难解决，实际上却不然，因为即便这 44 名坏警察的行径是这样的恶劣，当局仍然睁一只眼闭一只眼，这表明警察单位的现行除恶机制已经休眠。如果你误以为洛杉矶警局的问题属“正态分布”的钟形曲线，你可能会提议，通过加强对中段警察的训练，或是较好的选才方式，来改善警察的表现，问题不就解决了吗？然而，对少数有问题的警察而言，用在中段的温和药方其实也起不了什么效用。

在 20 世纪 80 年代，当游民现象首度成为问题时，大家也都以为该问题属于钟形曲线：绝大多数的游民长期处在一种半永久的贫困状态。这种想法引发的结论是，如果有这么多游民、这么多问题，那到底该如何帮助那些游民呢？ 20 世纪 90 年代初，波士顿学院一个叫丹尼斯·卡尔亨（Dennis Culhane）的研究生在费城一个难民聚居的地方住了 7 周，搜集论文资料。几个月之后，他回到老地方，没想到几个月前与自己朝夕相处的游民全不见踪影了，他说：“我那时突然意识到，其实大多数游民都想好好活下去。”

卡尔亨建立了一个数据库，去追踪在游民收容系统中来来去去的都是哪些人，这也是美国首次出现这类数据库。他的发现彻底改变了我们对游民问题的认知：游民问题并非呈“正态分布”，而是呈“长尾分布”。他说：“我们发现 80% 的游民进出得非常快，多数只会在收容所待上一天，顶多两天，且出了游民收容所之后就再也不会回去了。若有人非得住进收容所，他们满脑子想的也都是死都不要再回到这个地方来。”

另有 10% 是卡尔亨所谓的“定期游民”，他们每次会定期来住 3

个星期，尤其是冬天，这群人多半很年轻，极为依赖毒品。最后那10%是卡尔亨最感兴趣的，也就是曲线最远一端的群体，他们是住在收容所中的长期游民，经常一住就是好几年。这群人年纪较大，许多有身心上的疾病，也是我们经常会想到的，睡在人行道上、到处行乞、醉倒在公共场所、在地下通道或在桥下栖息的那些人。卡尔亨的数据库显示，纽约市在20世纪90年代的前几年，大约有25万游民，这是一个惊人的数字，不过其中只有2 500人长期居无定所。

这一批人的医疗保险与社会为之付出的成本超出许多人的预期。卡尔亨估计，纽约市政府花在这2 500个游民身上的钱，每年至少为6 200万美元。卡尔亨说："收容所的每张安置床位，每年的花费为24 000美元，我们这里指的是那些几乎算得上床挨床的行军床床位。"波士顿地区一项照顾游民的"波士顿游民医疗计划"项目最近在追踪190个长期游民的医疗花费。在5年的时间里，有33人死亡，7人被送到疗养中心，但该组织发现，5年中仍有18 834次紧急送诊记录，每次急诊最少要花1 000美元。加州大学圣迭戈医学中心追踪15个酗酒游民后发现，在18个月内，这些人被送急诊的次数总计高达417次，平均每人的医疗费用达10万美元。圣迭戈有一个跟默里情况相似的人，他在18个月内被送急诊次数为87次。

圣迭戈市紧急医疗主任暨游民观察计划的执笔人詹姆斯·邓福德（James Dunford）说："如果是住院治疗，通常都是患吸入性肺炎的人。这些人喝醉后将呕吐物吸进肺中，演变成肺气肿。此外，他们还因为在雨中露宿，体温过低。这群人有的患有多重感染，常常需要住进重症监护病房，也有许多人是因被车撞倒被送进医院的。他们的神经脆弱，动不动就会跌倒，摔破头，造成内出血，如果不及时止血，便会送命。最后一种情况至少要耗去 50 000 美元的医疗费。他们在酒瘾发作时会感到极度不适，且通常患有严重的肝病，其抵抗感染的能力也因此大为降低。他们的问题没完没了。我们要为这群人做化验，花费极大。护士看着同样的病人不断上门，不堪折腾，嚷着要辞职。而我们能做的也只是把他们照料到能够站起来走一段路的程度。”

游民问题就像洛杉矶警察局的坏警察问题，症结只出在几个麻烦的个案上。这算是个好消息，因为当问题集中时，你就可以集中精力来思考如何处理；而坏消息是，这些麻烦的个案实在太麻烦了：他们是身上带着肝病、有精神疾病或有多重感染、随时随地会倒在街头的人，这群游民需要社会为他们投入时间和精力，更要花掉不少医药费，而政府与慈善机构已经为长期游民花费无数了。卡尔亨认为，正视与解决游民问题所花的钱远比漠视问题少。默里消耗的医疗费用绝不亚于内华达州的任何人，即使是聘请一位全职护士照顾他并分给他一间公寓，恐怕也要不了那么多钱。

美国前总统小布什在 2002 年任命菲利普·曼加诺（Philip Mangano）担任美国无家可归问题跨机构协调委员会执行长，监督全美国 20 个联邦计划。曼加诺身材瘦削，华发盖顶，所到之处均像磁石一般吸引着众人。他致力解决游民问题是从马萨诸塞州开始的，他不遗余力地提倡“幂律分布”。他穿梭于美国的各城镇之间，向各地的市长与市议会解释游民问题的真正成因，强调兴建施粥铺与收容所到头来只会使长期游民一辈子都是游民。如果你认为游民问题是一个呈“正态曲线”的问题，就会觉得只能用兴建施粥铺与收容所来了事，但是如果这是一个呈“长尾曲线”的问题，就能找到办法解决。截至目前，曼加诺已说服美国的 200 多个城市大规模重新评估现行的游民政策。

2005 年 6 月，曼加诺在前往爱达荷州首府博伊西市途中，曾在纽约停留，他说：“我最近到密苏里州圣路易斯市，跟当地从事游民方面工作的人交流意见。他们碰见一群非常难缠的游民，什么方法都不管用。我听了之后便建议说，何不拿些钱租几间公寓，带着钥匙去跟这些人说：‘这是公寓钥匙，如果你现在愿意跟我走，我就给你这把钥匙，你可以住进公寓里。’他们采纳了我的建议，后来愿意住进来的游民越来越多。我们的意图是，舍弃陈旧的观念，不要再给游民计划源源不断地提供经费，改而投资在可以实际消除游民现象的方法上。”

曼加诺是历史迷，他有时会听马尔克姆 · X[①] 的演讲，听着听着便睡着了。他在演讲中经常会提到跟民权运动、柏林墙有关的事，更是经常把美国的反抗黑奴制度史挂在嘴边。他说：“我主张废除奴隶制，我在波士顿的办公室就设立在波士顿公园第 54 军团纪念碑的对面，离威廉 · 劳埃德 · 加里森（William Lloyd Garrison）发表演说主张立即废除黑奴制度的帕克街教堂，以及弗雷德里克 · 道格拉斯（Frederick Douglass）发表著名演说的特雷蒙教堂都只有咫尺之遥。我深信对社会不公现象不能只是处理，而应予以终止。”

---

① 马尔克姆 · X（Malcolm X），原名马尔克姆 · 利托（Malcolm Litlle），美国民权运动中的重要人物。——编者注

3

科罗拉多州丹佛市中心的YMCA（青年会）位于城中商业区的第十六街东边，建筑主体是一栋美观的石材建筑，一共六层楼高，于1906年落成。与其相连的建筑物则是在20世纪50年代扩建的，一楼是健身房与运动场所，二楼及以上的楼层则是数百间单身公寓，每间都有微波炉、冰箱和中央空调。过去几年间，这些公寓由科罗拉多游民联盟持有与管理。

即使以大城市的标准来看，丹佛的游民问题也极为严重。丹佛的冬天比起其他地方来不算太冷，夏天远比邻近的新墨西哥州或犹他州凉爽，因此丹佛对穷人有着磁石般的吸引力。市政府的估计是，市中心约有1 000个长期游民，其中的300人沿第十六街中段的购物走廊乞讨，或在附近的公民中心公园栖身。城中许多商家担心，这些驱之不去的游民会吓走上门的顾客。此外，北边几条街外有一个外观普通的戒酒中心，每年收容的人数多达28 000人，其中许多是醉倒在街头的游民，有些因为喝一种被称为“提克医生”的漱口水而昏醉。丹佛市社会服务经理罗克珊·怀特（Roxane White）说：“你可以想象这会对人的肠胃造成什么样的伤害。”

18个月前，丹佛市也跟曼加诺签约，在联邦政府与地方政府的经费支持下，科罗拉多游民联盟推出的这项计划迄今已帮助了106人。这个计划是以默里那类人，也就是对丹佛财政系统最具危害性的游民为对象的。游民联盟寻找的是那些流浪街头时间最长、有犯罪记录，以及有滥用药物或精神病史的人。处理禁药问题的主任雷切尔·波斯特（Rachel Post）说（波斯特在描述的过程中调整了一些细节以保护游民的个人隐私）："我们收容了一个60岁出头、可是看起来好像80多岁的女性游民。她长期酗酒，每天早上起来的第一件事就是找酒喝，摔跤对她来说是家常便饭。另外还有一个我们第一周收容进来的人，他嗑止痛药就像吃饭一样，而且得一直接受心理治疗。这个人一共坐了11年牢，出狱后在街头流浪了3年。如果这听起来还不够惨，那我再告诉你一件事：他的心脏有一个破洞。"

丹佛市吸引游民上门的策略跟曼加诺在圣路易斯市推行的策略一样：你想不想免费住进一间公寓？登记的人将来不是住进YMCA的单人房，就是住进市政府在其他地点承租的建筑，条件是只要符合游民计划的规定即可。目前，在YMCA过去用来打壁球的地下室中，设立了一个指挥中心，负责游民个案的人员就在此办公。每周5天，每天早上8：30到10点，社工会跟参加计划的每个游民接触，细心评估他们的情况。会议桌的墙上挂着几面大白板，上面写满了医生的看诊时间、上法院的时间与服药时间。波斯特说："我们会探望这些游民，并评估他们住进来后的生活情况。有时，我们跟某些人每天都有接触，理想的状况是，我们希望每隔几天就与这些游民接触一次。现在，让我们特别为之操心的人有15个。"

这种服务的成本大约是每个游民每年10 000美元，丹佛的单人公寓每月平均要376美元，每年约4 500美元，这表示收容并长期照顾一个游民最多要花15 000美元，大约是其流浪街头会造成的政府负担的1/3。而这项计划的最终目标是，一旦此人安定下来并找到工作，他便更有能力自行负担房租，因此政府每年需要支付的金额可减至 6 000 美元。加入此计划的公寓户数越来越多，目前已有 75 户，政府希望未来 10 年可以再增加 800 户。

当然，现实中，解决问题并不是这样干脆利落的。这项计划的设立初衷是，让贫病交加的游民能够安定下来，最后能够就业，但这只是一个希望而已。对于那些棘手的游民来说，这一愿望很难实现。波斯特说："游民中有一个年轻人，才 20 多岁就患肝硬化。有一次，他血液里的酒精浓度高得离谱，酒精含量测试值为 0.49，对大多数人来说，这足以致命。他在我们安置给他的第一间公寓里大开派对，把公寓搞得一塌糊涂，还打破了窗户。当我们给他第二间公寓时，他又故态复萌。"

波斯特说，那个年轻人可以几个月滴酒不沾，但一旦破戒就会大肆破坏，把公寓搞得不成样子。社工们为了他伤透脑筋，不知下一步该怎么做。波斯特刚跟纽约市的同事通完电话，他们谈到一次又一次地给游民机会，等于变相鼓励这些人不负责任。对某些人来说的确如此，但还有其他选择吗？如果这些人重回街头，政府就要花更多的钱。

目前政策背后的思考逻辑是，政府的一切协助都是暂时的和有条件的，避免让受助游民对政策产生依赖。但对一个嗜酒如命、才 27 岁就有肝硬化问题的人来说，这样的协助能不能产生效果，以及能有什么样的效果，都令人存疑。波斯特说："最难搞的是那些老油条，他们觉得再次流浪街头也没有什么大不了的。夏天来临时，他们就会说：'我哪儿需要遵守那些规定啊！'"对付长期游民的对策必须与"正态分布"的社会政策相反，让适用的对象产生依赖感是最好不过的，因为你希望那些流浪在外的人进入系统，在 YMCA 地下室的社工人员的监督下重新开始生活。

“幂律分布”的游民政策令人焦虑的症结也在于此。从经济观点来看，这个办法非常有道理，但从道德角度来说，却有失公平。丹佛无疑有成千上万的人，每天都要兼职做两三份工作才能勉强度日，这些人才是需要帮助的群体，却没有人给他们一把公寓的新钥匙，得到救济钥匙的反而是那些饮“提克医生”漱口水与满口粗话的人。对于那些依赖救济金度日的单身母亲，在救济额度满了或经费不足的时候，我们会立即停发她的救济金；对破坏公寓的酒鬼游民，我们却屡屡给他机会。社会福利本应具有某种道德正当性，应受照顾的是寡妇、残障老兵与低收入或失业的单亲妈妈。让醉倒街头的游民有免费公寓可住，在道德上很难让人心服口服，它的出发点完全是着眼于效率。

我们也认为社会福利的分配方式不应该是随意的，我们不单是通过抽样去救济一些贫穷的家庭或残障居民，而是只要达到正式认定标准，或在道德上具备可信度的弱势族群，我们都应该一视同仁地给予协助。丹佛的游民计划也不是来者不拒的，目前等候住进公寓的游民多达 600 人，有些人恐怕要等上好多年才有屋可住，有些或许永远都住不上。问题在于经费不够充裕，无法人人都分得一杯羹。因此，与其将钱平均分给所有人，不如集中帮助几个人的成本—收益大。论公平，成立施粥铺或收容所最公平，但两者都不能解决游民问题。我们的道德本能对解决难缠的个案无济于事，“长尾分布”的问题迫使我们做出不那么令人愉快的选择。我们要么坚守既有方针，要么真正着眼于解决问题，这是无法两全的事。

4

在丹佛市中心的 YMCA 老楼西北方向几英里外，在 25 号州际公路出口匝道的斯皮尔街旁，有一个巨大的电子指示牌，它被连接到一台监测行经车辆废气排放量的仪器上。当废气污染控制良好的车辆经过时，电子指示牌会打出“良好”的记号；当超过标准量很多的车辆经过时，它则会打出“不良”的记号。站在斯皮尔街出口观看指示牌一段时间，你就会发现几乎每辆车的测量结果都是“良好”。一辆奥迪 A4 如此，一辆别克“世纪”也是如此，对行经的丰田卡罗拉、福特 Taurus 与萨博 9-5 等车的测量结果也都是“良好”。也许 20 分钟过后，一辆福特 Escort 老爷车或一辆保时捷改装车经过时，指示牌上会打出“不良”的字样。在斯皮尔街上观察空气污染问题，跟听 YMCA 里的社工讨论如何解决游民问题，得出的结论是一样的：我们花了许多力气想解决这些问题，而问题却集中在少数几个严重的案例上。

大多数汽车，尤其是新车，引擎都极为环保，一辆 2004 年的斯巴鲁如果性能良好，仅会排放 0.06% 的一氧化碳，几近于零。但在几乎所有的高速公路上，车龄长、保养不良或车主刻意改装等因素加起来，就能使少量汽车排放超过 10% 的一氧化碳，比标准量高了近 200 倍。在丹佛，正是这 5% 的汽车在道路上制造了 55% 的废气。

唐纳德·斯特德曼（Donald Stedman）说：“跟人一样，汽车的年龄越大，就越容易出问题。我们指的是各种机械故障，例如计算机系统有问题、喷油阀关不上，以及催化剂失效等，这造成了高排放量。”斯特德曼研究化学，是丹佛大学的汽车排放检测专家，他说：“在我们的数据库中，至少有一辆‘黑乌贼’，每行驶一英里要喷出 70 克的碳氢化合物，这些废气足以让你开一辆本田思域了。不只老车有问题，高里程的新车，例如出租车，一样是问题车。20 世纪 90 年代，洛杉矶的一名地方法院检察官发明了一套成功的监测与管控办法，但知道这套办法的人并不多。洛杉矶地检处发现，所有来自贝尔车行的出租车都是‘乌贼车’。其中一辆每年喷出的废气量甚至超过了该车的重量。”

在斯特德曼看来，现行的废气检测制度意义不大，丹佛有 100 万驾驶员每年须去验车，检查汽车排放量，而车主得从工作岗位请假，去排队等候，还须缴纳 15~20 美元的验车费，去做一个 90% 的车主都不需要的检验。斯特德曼说：“不是每个人都去做乳腺癌筛查，也不是每个人都做艾滋病的筛查。”定点的废气排放检验其实不太能测出问题，对解决少数车辆所造成的问题也无关痛痒。跑车迷开的高性能引擎跑车最容易造成污染，但他们往往会在验车当天换上一部干净的引擎。有人跑到没有正规检验设施的穷乡僻壤去验车；在高速公路风驰电掣后，引擎尚热时去验车，因为排放污染的引擎此时看起来仍是环保的；有人不应该通过检验却被放行，因为排污严重的引擎变化极大，有时可以短时间内干净燃烧。斯特德曼说：“丹佛那套新的检测办法对治理空气一点儿作用也没有。”

斯特德曼提议以机动检测取而代之。20 世纪 80 年代初，他发明了一台手提箱大小的仪器，在车辆行经高速公路时，利用红外线即时监测与分析车辆废气的排放情况——斯皮尔街的废气检测指示牌就安装了一台斯特德曼设计的仪器。他更表示，丹佛可把六七台侦测仪器安装在面包车上，让面包车停在高速公路的匝道上，并出动警车驻守，只要有车辆超出标准，交通警察便可当场将可疑车辆拦下。6 辆面包车每天可以监测 30 000 辆汽车。斯特德曼估计，丹佛当局目前要花 2 500 万美元对汽车驾驶人做实地检测，其效果乏善可陈，但这笔费用足以让市政府当局运用斯特德曼的仪器找出那 25 000 辆真正的祸首。不出几年，丹佛都会区的汽车废气排放量，就可减少 35%~40%，丹佛市政府当局不用再思考如何处理废气问题，而是可以真正地终结它。

那么，为什么没有人采用斯特德曼的方法呢？这又不涉及道德议题，我们对警察拦截违规车辆的做法早就习惯了，加一台污染防治仪器应不会招致反感。然而，我们出自本能的社会倾向却反对我们这样做，因为大家心里都认为，污染问题“人人有责”，这是大家共同造成的。我们早已研究出一些办法与制度，不会纵容或坐视问题恶化。美国国会通过了相关立法，环保署也出台了若干规定，汽车行业制造车辆的环保标准比以前更高，因此空气也改善了。但斯特德曼并不在乎华盛顿或生产汽车的底特律做了什么，要防治空气污染固然跟立法有关，但跟遵守法律的关系更大。这是一个政策执行与否的问题，而不是政策制定问题。

斯特德曼的提案最后还有一个问题，他希望用装有检验仪器的 6 辆面包车解决丹佛的空气污染问题。但这么大的问题能这样轻而易举地解决吗？

正因如此，克里斯托弗委员会的发现不能令人感到满意。我们每次遇到普通官僚机制不能解决的大问题时，便会成立特选的高级委员会，希望拟出全面的解决办法。但该委员会最深入的发现是什么？上司在评估一个有殴打、羁押犯罪嫌疑人习惯的警察时，只轻描淡写地评论道："该警察平时一直相当守法，公众亦对其有信心。"上司不阅读下属的实际档案，就会做出这种乌龙报告，克里斯托弗委员会的报告暗示，只要身为上司的警官仔细阅读下属警察的档案，洛杉矶警察滥用暴力的问题就能得到解决。因此，问题不在于制定政策，而在于执行政策。听起来，洛杉矶警局只需要遵守现有的法规就可以了，不过这却不是希望警方能有大幅度改革的社会大众所乐于听见的。解决"长尾分布"性质的问题，不但违背我们的道德本能，也与我们的政策本能相悖。因此我们很难不下这样的结论：长期以来，我们把游民看作没有希望的群体，原因不是我们不知如何是好，而是我们不想知道怎么做会更好。老方法的确简单多了。

"幂律分布"的解决方法对右派没有太大吸引力，因为它涉及要对不值得受到特别照顾的一群人给予照顾。它也对左派缺乏诱惑力，因为它强调效率多于公平，充满芝加哥学派冷冰冰的成本—收益观点，即便可以解决游民问题、减少空气污染或改良警察纪律，这些崇高的目的都不能完全让社会大众心动。丹佛那位大名如雷贯耳的约翰·希肯卢珀（John Hickenlooper）市长曾把解决游民问题视为政府第一要务，2005 年夏，他在丹佛年度的市政重大演说中，对游民问题的关注度超过对其他任何议题的关注。他选择在丹佛的公民中心公园发表演说，这也充满象征意义，因为这里是游民的群聚之地。他曾多次在当地的访谈性节目中谈到丹佛市是如何努力解决这个问题的，也曾委托专人研究游民群体是如何损耗丹佛的资源的，但是他也透露：“还是有人在我走进超市时，把我拦下，说‘我简直不敢相信，你会帮助这些游民与无赖’。”

5

几年前的一个清晨，玛拉·约翰斯接到她丈夫从办公室打来的一通电话。玛拉说：“他的电话把我吵醒了，而且他在电话中泣不成声，我以为是哪位同事出什么事了，想不到他告诉我‘默里昨晚死了’。”他死于胃出血。那天早上，警察局的一些警员为默里默哀以示悼念。

玛拉继续说：“我几乎每天都会想到他。以前每到圣诞节，我总是会替他购置一份圣诞礼物，确保他有手套可戴、有毯子可盖、有外套可穿，我们彼此关怀。有一次，某个醉酒的病人从病床上跳下来，向我冲过来，默里见状，立即从他的病床上跳下，挥拳对那人说：‘你别想动我的天使一根毫毛。’如果有人监督，他的表现真的好极了。他会有固定的地方住、有工作、每天定时上班、绝不喝酒，所有该做的他都照做。有一类人，如果有人监督他们，他们本可以成为社会良好的一分子。默里就需要有人看住他。”

然而，里诺市无法提供合乎默里需要的环境，一定是有人认为此举的成本太高了。玛拉说：“我告诉史蒂夫，如果没有人认领默里的遗体，我可以去领。我不会让他就这样被送到无名墓穴中的。”

2006年2月13日

图像问题

X 光造影检查、空军力量和视线的局限性

1

第一次海湾战争爆发之初，美国出动了两个中队的 F-15E 鹰式战斗机，目的是找出伊拉克对付以色列的“飞毛腿”导弹并加以摧毁。这些导弹多半在晚上从改装过的牵引发射台上发射，发射台则在位于伊拉克西部沙漠 400 平方英里[①]的一片被称作“飞毛腿盒子”的区域神秘移动。美军的计划是出动 F-15E 在“飞毛腿盒子”上方巡逻，当伊拉克发射“飞毛腿”导弹，夜空被其照亮时，F-15E 飞行员即能飞向发射点，找到目标。在这项任务中，美军用的是造价高达 460 万美元、最先进的导航与定位技术，它可以利用红外线摄影，在飞机上将方圆 4.5 英里的地带拍摄成高分辨率的画面。而要在一片空旷的沙漠中找寻笨重的牵引发射台能有多困难？

几乎是在瞬间，“飞毛腿”攻击报告就从战地被传回了，“沙漠风

① 1 平方英里 ≈ 2.59 平方千米。——编者注

暴”战队的指挥官士气大振。美国退役空军上校巴里·瓦茨（Barry Watts）后来说：“我记得战后到尼里斯空军基地参观。他们做了一个很大的静态展示，把所有在‘沙漠风暴’中出过任务的战机召集到一处，每架飞机前各放了一个牌子，上面说明它们分别立了什么战功。你若据此算一算共有多少‘飞毛腿’导弹台被摧毁，得到的总数大约是100。”就空军来说，他们不是“猜测”自己命中了多少发射台，而是真的“知道”。空军有造价400万美元的摄影仪器，能照出近乎完美无缺的照片，而照片当然不会有假。查尔斯·罗森（Charles Rosen）与亨利·泽纳（Henri Zerner）曾经写道：“照片无法说谎，也不会说谎，这是我们的信念。我们信任摄影机胜过信任我们的双眼。”因此，美军宣布搜索“飞毛腿”的行动大获全胜。然而，当战争结束后，美国空军开始委派一个小组检验“沙漠风暴”空战的成效时，该小组说确切摧毁“飞毛腿”的实际数量为零。

问题在于，飞行员是在夜间出勤，人眼的深度知觉会受到影响。夜间红外线导航与定位技术可以使人在夜间看清一切，但只在对准位置时才有用，而夜间的正确位置却不是那么明显。此外，飞行员只有5分钟的时间寻找猎物，因为导弹发射后，伊拉克的导弹发射台会立即遁入高速公路的无数地下排水道中，而飞行员借以扫描偌大沙漠仪器的屏幕却只有6平方英寸[①]大。在海湾战争中出过多次“飞毛腿”侦察任务的迈克·德奎尔（Mike DeCuir）回忆说：“这就像在州际公路上开车，却用吸管来观察前方的情况一样。”另外，“飞毛腿”发射

① 1平方英寸≈6.45平方厘米。——编者注

台在屏幕上到底是什么样子，空军也不清楚。

德奎尔说：“我们有一张发射车的地面情报照片，不过要想凭借那张照片推测它在两万英尺高空之上、五英里之外的黑白屏幕上是什么样子就太不容易了。在当时的分辨率下仍可看出发射台像大卡车，而且有轮子，其余的就很难说了。”战后的分析显示，若干飞行员击中的目标其实是伊拉克人用旧卡车与导弹零件制成的诱饵，也有一些是在通往约旦的高速公路上的油罐车：油罐车不就是牵引车拖着的又长又亮的圆形物体吗？飞行员在两万英尺高空以400英里的时速飞行，在6平方英寸大小的屏幕上，任何光亮的圆形物体都很像一枚导弹。海湾战争分析小组的成员瓦茨说：“这个问题一直困扰着我们。你在夜间出勤，觉得传感器好像侦测到了什么动静，于是你准备好武器，引爆炸弹，但是真的很难判断你到底做了什么。”

换句话说，制造一台可以在夜间摄影的高科技摄影机不难，但只有在对准了方向时，摄影机才能发挥作用，而即使是在这个时候，照出来的照片上的信息也不是一目了然的。图像需要解读，而解读的任务往往比拍摄时所需克服的技术障碍还大。这就是搜寻“飞毛腿”行动的教训：运用图像的目的本来是要澄清问题，却反而造成了混淆。

1963年的“泽普鲁德”影片①，非但不能解决肯尼迪遇刺案的疑团，反而加剧了争议。警察殴打非裔青年罗德尼·金的录像带公开后，舆论一片哗然，警察被指责滥用暴力，但陪审团后来裁定被控诉的警察无罪，根据的也是同样的录像。然而，关于图像的争议，所有

① “泽普鲁德”影片指肯尼迪遇刺案发生时，达拉斯市市民亚伯拉罕·泽普鲁德手持家用摄影机拍摄总统座驾所得的影片。——编者注

的领域可能都没有乳房 X 光检查来得大。放射学专家发明了最先进的 X 光影像设备，用来筛检妇女乳房的肿瘤，他们所持的理由是：如果能够有近乎理想的照片，便可及早发现肿瘤并将它切除。然而，关于 X 光摄影技术的评价可谓众说纷纭。我们是否太过信任这些图像技术了呢?

2

纽约市斯隆 – 凯特琳癌症纪念医学中心的乳房成像部门负责人是一位叫戴维 · 德肖（David Dershaw）的医师，他 50 多岁，长相跟影星凯文 · 史派西（Kevin Spacey）极为相像。不久前，他在斯隆—凯特琳办公室中解释如何解读乳房 X 光片。

他把一张 X 光片放在灯箱上说："癌细胞以两种形态显现：一种是肿瘤与肿块，另一种是钙化的情形。如果你发现了上述两类情形，你就要判断这种情形是良性的还是与癌有关。"他指着一张 X 光片说："这名女性患有乳腺癌，她的 X 光片上有一些微小的钙化斑点。你看到了吗？这些斑点其实很小。"他取出一个放大镜来观察：随着癌细胞的扩散，会产生钙沉积。他说："这就是我们要找的东西。"

德肖又把数张 X 光片放在灯箱上，一一解释不同的白点所代表的意义。有些钙化群呈透明的椭圆形，德肖说："这些叫作蛋壳状钙化，基本上是良性的。另外一种钙化情形像火车轨道般，在乳房两侧的血管中出现，这也是良性的。还有一种厚重的钙化点像爆米花一样，这些是死的组织，也是良性的。还有一种钙化点是浮动在囊肿液体里的钙，叫‘钙奶’。”他换上几张新的X光片说：“有些钙化点呈不规则状态，且密度、大小与形状都很不一样，这些通常属于良性的，但有时也可能是因癌症而出现的。记得刚刚看的直线轨道吗？这里也是出现在血管中的钙，但这些血管的外壁呈不规则状态了，这就是癌变的表现。”接着，德肖的解释开始令人糊涂：“有些良性的钙化现象永远是良性的，有些特定的表征却经常与癌有关，而大多数钙化现象则处于中间地带。要想分辨这些钙化现象是不是良性的，并没有一个明晰的规则。”

肿块的分析也是基于同样的道理，若干肿块只是正常的细胞堆积。医生判断肿块是良性的，是因为细胞团的细胞壁看起来圆而平滑。而扩散极快的癌细胞，其细胞壁往往非常突出且参差不齐，并会侵入邻近的组织。不过，有时良性肿块也会长得很像恶性肿瘤，而恶性肿瘤有时看起来也很像良性肿块。有时你会觉得某个细胞组织看起来很可疑，但这种组织在女性中却又是如此普遍，于是我们也只能推测：也许妇女的乳房组织看起来就是这个样子的。

德肖说：“如果做胸腔断层扫描，心脏看起来永远像个心脏，大动脉看起来永远是大动脉，如果中间出现了肿块，那显然是异常的。看乳房X光片，在视觉上跟看身体其他部位的图像不同。人体各个部分的解剖结构基本上是相同的，但乳房没有标准化的信息。我感觉医生面对病人要做的最难的判断是：这个人的情况是否正常？要知道，现代医学界并没有适用于所有人的判断标准，甚至对于同一个人的左右乳房，我们都没有一个适用的标准，而医生却要在这种情况下判断它们是正常的还是异常的。”

德肖的弦外之音是，乳房 X 光片并不能达到我们对图像的一般期望。举例来说，在摄影技术发明之前，绘画中的马在奔跑时都是前腿前伸过头，后腿直直向后伸，因为我们看不清马在奔跑时究竟是什么样子，因此在我们的印象中马就是这样奔跑的。直至 19 世纪 70 年代，埃德沃德·迈布里奇（Eadweard Muybridge）对外公开了名噪一时的骏马奔驰照片，世人才了解马狂奔起来是什么样子，这才扭转了人们以前的错误观念。图像的意义应该是：有了它，我们便可以捕捉现实。

乳房 X 光片则不同。我们一般谈到钙化与肿块时，意思清清楚楚，但对应在照片中的是一团模糊影像。华盛顿大学港景医学中心的医生兼流行病学家琼·埃尔莫尔（Joann Elmore）曾要求 10 名放射科专家看 150 张乳房 X 光片，其中 27 张后来发现有乳腺癌，123 张是健康的乳房。一名放射科专家第一次的癌症判断，正确率高达 85%；另一人的正确率只有 37%。对同一批片子，有一人在 78% 的病例中看见了可疑的细胞组织，另一名放射科医生在半数癌症病例中看到了“不对称肿瘤阴影”，还有一名医生什么症状也没看出来。有一张看上去特别令人迷惑的乳房 X 光片，有 3 名放射科医生认为它是正常的；2 名认为异常，但也不排除是良性肿瘤；4 人拿不定主意；1 人坚信是癌（结果没事）。这些判断上的差别，有些是技术问题，例如在严格训练与经验累积后，放射科医生判断乳房 X 光片的能力会日益精进。然而在 X 光片的分析上有太多灰色地带，有时如何解读甚至涉及个性问题。看见模棱两可的情形时，有些放射科医生会不假思索地说是正常的，有些则会立即提出疑问。

那么，这是不是表示放射科医生应该尽量保持怀疑态度呢？我们可能会这样想。然而有时审慎只是徒然制造出另一个问题。在埃尔莫尔的研究中，“发现”最多癌症病例的医生建议立即对 64% 的未患癌妇女做活体组织切片检验、超声波检查，并再次接受 X 光检查。在现实世界中，医生要求这样高比例的健康妇女进行如此耗资耗力的检查，其实是有违职业道德的。乳房 X 光检查不是一种治疗形式，如果是治疗形式，医生当然可以径直要病人长期接受这一治疗方式。乳房 X 光检查只是一种医疗上的筛检方法，目的是筛检出病人有问题的地方，让病人接受医学治疗。如果筛检不能达到效果，要它何用？

达特茅斯医学院教授吉尔伯特 · 韦尔奇（Gilbert Welch）指出，从目前的乳腺癌死亡率来看，未来 10 年内，每 1 000 名 60 岁的妇女中有 9 人会死于乳腺癌。如果这些妇女每人每年做一次乳房 X 光检查，该死亡数字会降到 6。换言之，检查这 1 000 名妇女的放射科医生在未来 10 年中为了要多救 3 条性命，必须看 10 000 张 X 光片——这还是最乐观且有效解读 X 光片的估计。放射科医生之所以推测，片子上大部分模棱两可的东西是正常的，是因为大部分结果确实如此。就这方面来说，放射学专家就像机场里的行李检查员，负责判断行李中一团团的黑色物品是否为炸弹，如果认定每件行李中都有可疑的东西，就没有人上得了飞机了。当然，这并不表示黑色的可疑物一定不是炸弹，你要判断的只是 X 光检测器屏幕上的东西看起来像什么，而它却很少提供足够的信息。

3

德肖拿起另一张X光片，这是一名48岁妇女的乳房X光片。乳房X光片能显示出乳房组织的密度：组织越密，越能吸收X光，图像上也会据此呈现不同程度的黑白色调。脂肪几乎不会吸收X光，因此会呈黑色；乳房组织，尤其是年轻女性的厚乳房组织，在X光照射下呈灰色或白色。这名48岁妇女的乳房组织后方多为脂肪，靠近前方则是密集的腺体组织，因此在X光照射下完全呈现黑色，乳头后面是一大片白色。在左边乳房的脂肪部分，可以清楚地看到一个白点。

德肖说："这一小块白点不平整、不规则，侵犯了周边的组织，看起来就像癌细胞，直径约有0.5厘米。"他仔细端详了X光片一会儿，这是效果最好的乳房X光片，图像清楚地显示出需要解决的问题。他随即取了一支笔，指着肿瘤右边厚厚的一团，它与肿瘤的颜色完全一样，他说："这块肿瘤之所以照得出来，是因为它位于乳房的脂肪部分。如果肿瘤所在位置是乳房组织密度高的地方，那你永远也看不到它，因为肿瘤组织所呈现的白色与正常组织呈现的白色是一样的。如果肿瘤藏在那里，即使它有现在的4倍大，我们还是看不见。"

糟糕的是，乳房X光片最易漏掉的往往正是那些最可能造成伤害的肿瘤。研究病理学家佩姬·波特（Peggy Porter）领导的一个小组分析了过去5年间在皮热·桑德合作卫生团体被确诊的429个乳腺癌病例。根据肿瘤原位扩散的情形判断，癌症可被分为四期，其中有279个病例属于第一期，大部分肿瘤都很小，不到两厘米。病理学家根据"核分裂率"对肿瘤的侵袭程度进行分级，发现在大约70%的病例中，肿瘤多被列为“低度威胁”，这些癌症也属于可能被治愈的类型。俄亥俄血液肿瘤专家莱斯莉·劳夫曼（Leslie Laufman）最近在参与美国国家卫生研究院乳腺癌咨询小组的研究时说：“大部分肿瘤的生长速度非常缓慢，也会出现钙化现象，乳房 X 光检查就是要找出那些钙化现象。乳房 X 光检查的功用可以说是要专门发现生长缓慢的肿瘤。”

然而，在波特研究的病例中，有 150 个病例未能通过乳房 X 光片检查出有癌症。有些情况是肿瘤藏在乳房厚密的组织后面，但大部分的情形是：在进行乳房 X 光检查时，肿瘤根本还不存在。这些患者都是定期做乳房 X 光检查的妇女，且医生也根据检查结果判断她们没有问题。她们得知罹患乳腺癌是在两次乳房 X 光检查之间，可能是医生用触诊方式发现病人的乳房有硬块，或是病人自我检查时发现的。而此时经触诊发现的肿瘤属第三期的可能性为之前的两倍，病人细胞核分裂率升高的可能性为 3 倍。28% 的病人的癌细胞已经扩散到淋巴，这个数字比乳房 X 光检查结果高 10%。这些癌细胞的攻击性极强，因此在两次乳房 X 光检查之间，情况已经恶化到能被检查出来了。

在两次乳房 X 光检查之间发现恶性肿瘤，此事暴露出为何绝大多数乳腺癌专家坚持认为，50~69 岁的妇女要定期做乳房 X 光检查。在波特的研究中，妇女做乳房 X 光检查的间隔时间为 3 年，在这长达 3 年的时间里，肿瘤随时有可能出现。因此，许多乳腺癌专家认为，除了乳房 X 光检查，妇女还应接受定期且“彻底的”临床检查（所谓“彻底的”检查，即以触诊的方式检查锁骨到胸腔底部，一次触诊的范围是一个硬币那么大，经过特殊训练的医生会从皮下、乳房中央一直检查到前胸壁，每一侧乳房检查的时间不得少于 5 分钟）。20 世纪

80 年代，一项在加拿大进行的乳房 X 光检查效益研究中，一组妇女定期接受彻底的乳房检查，但不做乳房 X 光检查；另一组除了接受彻底的乳房检查，还接受定期的乳房 X 光检查。结果发现，两组妇女的乳腺癌死亡率没有显著差别。加拿大的这项研究很有争议，若干乳腺癌专家也坚信乳房 X 光检查对乳腺癌筛查有好处，但我们不能否认这项实验的基本发现：一双有经验的手可以判断乳房的健康状态。这让我们明白，图像传达给我们的信息并不比触感传达的信息多。

感官心理学家马克·戈尔茨坦（Mark Goldstein）说："我们的手指表面，每平方厘米有数百个传感器，就手指能够感觉到的刺激范围而言，没有哪种科技手段的敏感度能与手指的敏感度相提并论。"戈尔茨坦是"关怀乳房公司"的创办人之一，专门负责训练医生与护士临床检查技巧，他说："手指是一个绝佳的工具，但我们对触觉的信任，却不及对视觉的信任。"

4

1943 年 8 月 17 日，200 架美国第八航空军的 B-17 轰炸机从英国出发，前往德国巴伐利亚州的施韦因富特市执行任务。两个月后，228 架 B-17 第二次轰炸施韦因富特市。美国空军在这两个夜晚发动了"二战"史上轰炸力度最猛的夜间攻击行动，而盟军在施韦因富特的经验再度凸显了图像的解读问题。

施韦因富特突袭是美军一心追求精准轰炸的一个例子。斯蒂芬·布迪安斯基（Stephen Budiansky）在其佳作《空中火力》（*Air*

Power）中记述道，从第一次世界大战的空中轰炸中所得的主要教训是，在 8 000 英尺或 10 000 英尺的高空进行轰炸，可能是一项极为艰难的任务。在战争激烈进行之际，轰炸机必须调整飞行速度，以适应高空的风速与风向，在准备投下炸弹的同时，更需兼顾瞄准器是否与地面保持平行，这需要复杂的三角计算，几乎是一项不可能完成的任务。基于包括技术挑战在内的种种原因，英军干脆放弃了追求精准的目标，在两次世界大战中，英军运用的是“士气—区域”轰炸策略，即不加选择地在城市一带投掷炸弹，目的在于摧毁与瓦解德国百姓的士气。

但美军认为，轰炸的命中率问题是可以解决的，他们依靠的是“诺顿瞄准器”。这项发明是卡尔·诺顿（Carl Norden）的精心杰作，他在纽约市的一家厂房中制造了一台 50 磅重的机械计算机“马克 XV”，这台计算机能用陀螺仪与齿轮估算风速、高度与侧风，进而判断出正确的投弹点。诺顿的业务伙伴夸口说，“马克 XV”能从两万英尺的高空把炸弹准确地投到酸黄瓜腌桶中。如同布迪安斯基指出的，美国政府花了 15 亿美元的研发经费，这笔钱比制造原子弹成本的一半还要多。他在书中写道：“诺顿瞄准器被锁在空军基地的地窖中，执行任务前，由武装警卫护送到飞机上，直到起飞前才把遮盖的帆布揭掉。”因此，现在美军对自己的轰炸机更有信心了，并借此发展出了一套策略，能识别、轰炸与选择性地摧毁目标，而此将事关“二战”的成败。

1943 年年初，美国陆军航空兵司令亨利·阿诺德（Henry Arnold）将军曾召集一群有名望的民间人士，请他们分析德国经济结构，并针对重要的轰炸目标提出建议。这个轰炸任务咨询委员会认为，美军应以德国的滚珠轴承工厂为目标，因为滚珠轴承跟飞机制造有关，而施韦因富特正是德国滚珠轴承工业的重地。盟军为两次突袭付出了惨重代价：36 架 B-17 轰炸机在 8 月的轰炸行动中被击落，在 10 月的突袭中折损了 62 架轰炸机，在两次任务间隙，另有 138 架轰炸机受到重创。然而，这些损失是值得的，因为战争均势维持住了。当战报出来时，阿诺德高兴地说："现在我们拿下施韦因富特了！"但他错了。

美军在"二战"中的轰炸任务跟海湾战争时追踪"飞毛腿"导弹的情形不一样。就后者来说，美军找不到轰炸目标，或者说误认了轰炸目标。B-17 轰炸机在"马克 XV"的帮助下，猛炸滚珠轴承厂，问题是，美国空军军官拿到的目标照片，并未给予他们真正需要知道的信息。德国有充足的滚珠轴承存货，也不愁从瑞典或瑞士增加进口。美军也不知道德国人只要稍微改良设计，便能减少飞机制造对滚珠轴承的依赖。更糟的是，虽然工厂被炸得七零八落，但里面的机器完好无损。生产滚珠轴承的机器极为坚固，纳粹生产部门首脑阿尔伯特·施佩尔（Albert Speer）在战后说："即使遭到重创，德国的坦克、飞机或其他武器都未因缺乏滚珠轴承而减产。"看见一个问题与了解问题的症结所在，是两码事。

近年来，远程精准武器的崛起使"施韦因富特问题"尖锐化。如果可以瞄准并击中屋后的厨房，就不必轰炸整栋房屋了，因此，使用的炸弹只要 200 磅就行，不必用到 1 000 磅。这更表明，一架飞机可在一次任务中装载比原来多 4 倍的炸弹，轰炸比原来多 4 倍的目标。这听起来很棒，可是这也表示，需要取得的目标情报必须比原来多 4

倍，且精确度是原来的 5 倍，因为目标若是在卧室，而不是在厨房，你就炸不到了。

这也是美军指挥部在伊拉克战争中面临的问题。在战争早期，军方对特殊目标，也就是萨达姆·侯赛因与执政的复兴党高官藏身的地方，发动一波波空袭。50 次代号为“斩首行动”的任务都利用了先进的“卫星导航”炸弹，可以在距离目标 13 米的范围内自歼击机投掷。这些轰炸行动的命中率惊人，其中一次行动把一家餐厅完全夷为平地，另一次炸弹射进了地下室。但终归说来，每次出击任务都失败了。对高科技武器的局限性着墨无数的瓦茨说：“问题在于跟轰炸目标有关的情报质量如何，因为我们需要的情报量，在过去 10 年间早已提高了不知多少倍。”

5

乳房 X 光检查也存在类似的“施韦因富特问题”，这种情况在被医生称为“乳腺导管内原位癌”（ductal carcinoma in situ，DCIS）的病灶上再明显不过了：癌细胞在负责输送母乳的乳腺里呈现出一丛丛的钙化点，这个肿瘤还未扩散到腺管外，癌细胞非常细小。若非经过乳房 X 光检查，罹患 DCIS 的女性不会知道自己已经得了癌症。在过去几十年间，定期接受乳房 X 光检查的女性越来越多，被诊断出 DCIS 的人数也在激增。在美国，每年大约会发现 50 000 个 DCIS 新病例，而对于乳房 X 光检查检测到的每个 DCIS 病例，医生都可以及时除去她们的病灶。但是及时发现 DCIS 与切除病灶给抗癌带来的意义是什么？我们会以为，如果每年能发现 50 000 个乳腺癌早期患者，晚期侵袭性癌症的病例应该相应减少才对。但我们并不清楚情况是否就是如此，因为在过去 20 年间，侵袭性乳腺癌的病例每年都稳定地呈小幅增长态势。

1987 年，丹麦的病理学家解剖了若干名 40 多岁的女性尸体，她们的死因都不是乳腺癌。这些病理学家看了约 275 个乳房组织标本，在约 40% 的死者身上发现了一些癌细胞（尤其是 DCIS）的证据。就统计学来看，由于乳腺癌在女性死因中所占的比例不到 4%，所以这些女性如能长寿，绝大多数应该都不会因乳腺癌而死。加州大学旧金山分校乳腺癌专家卡拉·克里科夫斯克（Karla Kerlikowske）说："对我而言，这表示此种基因变化发生的频率相当高，有时甚至不会对女性的健康造成影响。我们的身体有修复创伤的机制，也许这些肿瘤就因为这样而不见了。"医疗鉴定专家韦尔奇认为，我们忽略了癌细胞难以预期的生长特质，推测它的发展是一个不尽早干预就会致命的过程，他说："国际癌症研究机构的一名病理学家告诉我，我们犯的最大错误就是在'乳腺导管内原位癌'这一术语中加了一个'癌'字。自从加了一个'癌'字标签后，医生便纷纷建议治疗，因为大家都认为这个病灶会演变成侵袭性癌症，但我们知道并非所有的情形都是如此。"

当然，在一定比例的病例中，的确有部分 DCIS 会转成恶性重症。有些研究显示，这种现象的发生频率并不高；有的研究则认为其发生频率很高，十分值得关注。我们并没有确切的答案肯定哪种说法是正确的，而且仅看乳房 X 光片就判断这是否会成为日后恶性肿瘤的病灶，几乎是不可能的事。正因如此，若干医师认为，除了把每个DCIS病例皆视为等同威胁生命的重病，他们别无选择。这表示在这些病例中，有30%要做全乳房切除，35%要做部分切除与放射治疗。

照一张质量好一点儿的X光片是不是就可以解决问题了？不见得，因为我们不确定肉眼所见的到底是什么。而图像画质日趋完善时，我们又会陷入一种进退两难的境地：虽然看到的东西越来越多，但我们完全不知该如何诠释它们。在DCIS一事上，我们并不真正了解乳房X光检查提供给我们的信息。韦尔奇的新书《我应该做癌症检查吗？》（*Should I Be Tested for Cancer?*）提出了有力的数据，探讨癌症筛查技术与医疗问题上的不确定性。书中说："20世纪80年代初，约有50万名女性被诊断患有DCIS并接受治疗，而在此之前几乎没人听说过这种病。这种趋势带来的直接影响是引进更精密的乳房X光影像设备。如此说来，你就能明白，为什么有些女性宁愿不知道乳房X光检查的诊断结果了。"

6

我们对付DCIS的方法与教科书上的抗癌案例近似：利用精密的影像设备做乳房X光检查，尽早发现肿瘤，并立即进行精准的处理。主张定期接受乳房X光检查的医学界人士将"及早发现"的理论倡导得非常成功，因为我们在本能上觉得这种思维很有道理。肿瘤的威胁是在视觉上呈现出来的：大就是不好，小即比较好处理，因为此时癌细胞转移的可能性小。然而，面对难以捉摸的肿瘤，视觉本能在这里也行不通了。

M. D. 安德森癌症医学中心的生物统计暨应用数学系主任唐纳德·贝里（Donald Berry）表示，肿瘤的直径每增加一厘米，女性的死亡风险只会增加10%。他说："就算真的存在一个肿瘤大小的临界值，即超过那个临界值的肿瘤会致命，低于那个临界值则不然，问题是临界值的设置标准是不同的。当我们发现一个肿瘤时，我们不知道它是否已经移转，也不知道是肿瘤的大小驱动了转移过程，还是只要再长几百万个细胞，肿瘤就会影响身体的其他部位。我们的确知道肿瘤越大越不好，但它其实也并没有坏到哪里去，其间的关系不如我们以为的那么密切。"

科学家们最近对乳房恶性肿瘤进行了基因分析，他们选择了若干已经被追踪多年的乳腺癌患者，将她们分成两组：一组病人的癌细胞已经萎缩，另一组病人的癌细胞已经扩散到身体其他地方。然后，研究人员回到每个癌症病例被发现的最初时刻，对成千上万的基因组图进行分析，以判断是否可在那一刻预测谁能克服癌症、谁会败阵。有人说，要在早期做出这种预测是不可能的，因为肿瘤早在真正变得危险前被切除了。不过科学家们发现，肿瘤在一厘米的范围内（乳房X光检查可以检测出来的范围）时，其命运似乎就已注定。默克集团的基因表现分析专家斯蒂芬·弗兰德（Stephen Friend）说："我们发现，从切除的肿瘤中可以采集一些生物组织，这些组织能精准预测肿瘤会不会转移。我们总以为小肿瘤无用武之地，但事实是那一小团东西能告诉我们，肿瘤可能会朝良性还是恶性发展。"

这里的好消息是，也许有一天我们可以在基因的层次做乳腺癌筛检，即利用其他的检验方式，甚至是血液检查，寻找癌细胞的踪迹。这也有助于解决对乳腺癌过度治疗这一长期存在的问题。如果能将肿瘤可能转移的小部分女性区分出来，即可不必动辄就运用手术、电疗与化疗的治疗方式了。由于基因特征研究的进步，许多科学家对如何抗癌持乐观态度。这项进步跟乳房 X 光检查得到的图像或更好的摄影技术无关，与其有关的是图像之外的事。

在此情况下，我们不难明白为何乳房 X 光检查会引起这么多争议——因为图像显示的与实际传达的信息未必一致。即使历经 40 年的研究，50~69 岁的女性接受乳房 X 光检查的益处仍甚有争议，更遑论是否有充分的证据证明，50 岁以下和 70 岁以上的女性需要定期做乳房 X 光检查。我们有办法应对这些偏见与争议吗？贝里认为可能没有，因为只有进行临床实验之后才能确切回答乳房 X 光检查的明确益处，而这样的实验必须动员 50 万名女性，花费几十亿美元，这太不切实际了。

乳房 X 光检查结果难有精确的判断，这也使放射科医生成为误诊诉讼的主要对象之一。佛罗里达州律师 E. 克莱 · 帕克（E. Clay Parker）代表若干乳腺癌患者对奥兰多的一名放射科医生提出诉讼，结果胜诉，法官判决被告赔偿那些乳腺癌患者 510 万美元。帕克说："问题在于乳房 X 光检查的专家，也就是放射学专家，他们做了成千上万的这类乳房 X 光检查，让女性有'乳房 X 光检查有效'的错觉。如果发现有肿块且发现得早，他们就会对病人说其存活率很高。但当他们为自己辩护时，这群人会说，实际上，什么时候发现并没有多大的差别。你不禁要问：'那么，为什么要做乳房 X 光检查？'"

答案是，乳房 X 光检查并不是十全十美的救命之道，保守的估计是乳房 X 光检查会降低 10% 的乳腺癌死亡率。这对年龄在 50~60 岁的妇女来说意味着大约可以多 3 天的寿命。或者换个说法，这与戴安全帽骑 10 个小时的自行车的效果差不多。这一好处不算小，将它乘以全美数百万成年女性，相当于每年可拯救几千条性命。如果再加上电疗、手术与其他新的有效药物治疗，定会为乳腺癌女性的预后带来光明的前景。乳房 X 光检查的效果不如我们期望的那样好，但总比不用好。

德肖说："我们这些做乳房 X 光检查的人逐渐明白，我们在推广乳房 X 光检查时可能过度卖力了。虽然这不是我们刻意为之的，但可能会被认为是雷声大雨点小。"他边说边看着一批 X 光片，如果底片上的肿瘤再向右移几厘米，从底片上便完全看不出来了。看这样的 X 光片令他紧张吗？德肖摇摇头说："你必须明白科技有其局限性，我的工作不是要找出乳房 X 光片上没有显现的东西，而是要看我能在图像上找到什么。如果我没有办法接受这一点，就不该来分析乳房 X 光片了。"

7

2003 年 2 月，在伊拉克战争爆发之前，美国国务卿鲍威尔前往联合国进行演说，谴责伊拉克藐视国际法。他出示两名伊拉克军事高级官员的通话记录，里面谈到伊拉克企图隐瞒大规模杀伤性武器的事。他提到有目击者指称伊拉克有生化武器设施。最令人信服的是，他拿出一系列高分辨率卫星照片，上面还有密密麻麻的注记，他说这些就是伊拉克的化学武器设施，地点位于首都巴格达以北的塔吉。

鲍威尔说："在我向各位提供卫星图像前，请先容我说明一下。我要给各位看的照片，有时对常人，或对我来说都很难懂，有多年经验的专家甚至不知花了多少时间在底片灯箱上，才能真正看清与了解这些照片。但当我向各位出示这些卫星照片时，我会尽力解释清楚这些图像在专家眼中代表的是什么。"第一张照片的拍摄时间是 2002 年 11 月 10 日，时间点在美国发动伊拉克战争的 3 个月前，也是在伊拉克承诺应该销毁所有大规模杀伤性武器多年之后。在第一张放大了的照片中，我们看见了一栋长方形的建筑，旁边停放了一辆车。鲍威尔说："我们靠近一点儿看，请看左边的图像。左边的碉堡是 4 座碉堡之一的放大照，它是一间化学仓库，两个箭头标示这里存有化学武器，标有'安全'字样的箭头指向一处设施，它是这类碉堡的一个重要特征。设施内有特设的警卫与仪器，严防有东西外泄。"然后，鲍威尔又指出设施旁有一辆车，他说："这是专门消除化学污染的车辆，伊拉克人在碉堡中工作时，这辆车会按实际需要在 4 座碉堡外围移动。"

鲍威尔的分析是假定我们能够从照片上看出不断移动的车辆是哪一型号的卡车，但是高空摄影拍出来的卡车可能不如预期中那样清楚，毕竟有时油罐车与拖着"飞毛腿"发射台的卡车看起来是一模一样的。有图像是不错，但如果你要真正知道自己看的是什么，你需要的可能就不仅仅是图像数据而已了。我与担任中情局图像分析师多年的帕特里克 · 埃丁顿（Patrick Eddington）一起看一些照片，他仔细地观察在他手提电脑里出现的那张照片，并告诉我：“他们说这些是消毒车，但从目前的分辨率来看不是，而且我也看不出有哪辆车是我能辨认出来的消毒车。”他说，标准的消毒车是一种苏联制造的厢式车，而照片上的卡车车体太长了。埃丁顿推荐我去跟服务于中情局长达27年的雷·麦戈文（Ray McGovern）谈谈，他也是老布什总统担任副总统时的个人情报官。麦戈文说：“如果你是专家，你的确可以从这种照片中看出许多名堂。”他听过另一种解释，他说：“我认为，它是一辆消防车。”

2004年12月13日

借来的东西

对剽窃的指控会毁了你的生活吗？

1

2004年春的某一天，精神科医生多萝西·刘易斯（Dorothy Lewis）接到朋友贝蒂打来的电话。贝蒂在纽约工作，刚在百老汇看了一部戏剧——《冰冻》（*Frozen*），它的编剧是英籍剧作家布莱奥尼·莱弗里（Bryony Lavery）。贝蒂说："不知为什么，这部戏让我想到你。你真应该去看看。"刘易斯问贝蒂戏的内容是什么，贝蒂回答，剧中有一个角色是精神科医生，专门研究连环杀人犯。刘易斯说："我跟贝蒂说，让我看这部戏比登天还难。"

刘易斯研究连环杀人犯已经25年了，并与神经学专家乔纳森·平卡斯（Jonathan Pincus）合作发表过无数篇研究报告，指出连环杀人犯通常在心理、生理和神经方面有功能失常的问题。这些人在孩童时代几乎都受过凌辱，或者是性暴力的受害人，也几乎都有某种脑部受伤的情形或心理上的疾病。1998年，刘易斯出版了一本回忆录《心智丧失之罪》（*Guilty by Reason of Insanity*），将其一生的研究与工作详述于书中。连环杀人犯泰德·邦迪（Ted Bundy）坐电椅前，刘易斯是前去探视他的最后一个人。世上大概没有其他人会像刘易斯这样反复思考连环杀人犯的问题了，因此当贝蒂说她应该去看《冰冻》时，刘易斯觉得好像是要她在假日去上班一样。

但是，这样的电话不断打来，《冰冻》一剧已成为百老汇的热门话题，也获得“托尼奖”提名。认识刘易斯的人只要看过这部戏，就一定会告诉她她应该去看一看。6月，她接到一名女士打来的电话。“她听说我从事这个领域的研究，不知道我是否愿意在这部戏上演后做出评论。我以前做过类似的事，那是一次非常愉快的经历，于是我便一口答应了。我请她把剧本送来，因为我想看一下剧本。”

剧本寄来了，刘易斯坐下来准备一睹为快。剧本一开始就吸引了她的注意，当中有一句话——“那一天与以往没什么不同”，刘易斯在自己的书中用过这样的语句，不过她这时还认为这只是巧合而已。“接下来有一幕是描写一位女士坐在飞机上写信给她的朋友，那位女士的名字是艾格妮莎·戈特蒙兹多蒂尔。我读到她写信给她的同事，一位叫戴维·纳博科斯的神经学家时，我意识到事情并不单纯，也开始明白为什么有那么多人打电话给我，要我看这部戏。”

刘易斯开始在剧本上画线。她在纽约大学医学院工作，《冰冻》剧中的精神科医生也在纽约医学院工作；刘易斯与平卡斯对15个死刑犯的脑伤做过研究，戈特蒙兹多蒂尔与纳博科斯也对15个死刑犯的脑伤做过研究。有一次，刘易斯在诊查杀人犯约瑟夫·富兰克林（Joseph Franklin）时，富兰克林用一种近乎猥亵的神情嗅她；《冰冻》剧中的杀人犯拉尔夫也对戈特蒙兹多蒂尔一顿猛嗅。有一次，刘易斯在诊查杀人犯泰德·邦迪之际，亲了邦迪的脸颊；戈特蒙兹多蒂尔在《冰冻》剧中也亲了拉尔夫。刘易斯说：“我写过的东西全都出现在剧中，我坐在家里读剧本时恍然大悟——这写的就是我。我觉得自己受到了某种侵犯，有种被抢劫的感觉。我不相信灵魂，但如果真有灵魂，这就好像我的灵魂被人偷走了一样。”

刘易斯没有接受采访做剧评，而是聘请了一位律师。此外，她还从康涅狄格州纽黑文市跑到纽约去看《冰冻》一剧。她说：“在我的书里，我提到自己拿着黑色提包跑出家门，里面有两本袖珍书，而这部戏一开始便是戈特蒙兹多蒂尔提着一个大黑包和一个手提包，急急忙忙跑出家门去做演讲。”刘易斯透露过，自己小时候咬过妹妹的肚子，而在剧中，戈特蒙兹多蒂尔幻想自己攻击飞机上的一位空姐，并咬了她的脖子。等戏落幕后，全体演员上台接受观众提问，刘易斯说：“有一位观众问：‘莱弗里是从哪里得来的灵感，去塑造戏中的精神科医生这一角色的？’戏中担任男主角的演员说：‘噢，她说她是从一本英国医学杂志上看来的。’”

刘易斯身材娇小，有一双大大的、透着孩子气的眼睛，她回忆道：“我不介意戏里描述的是一位对额叶或大脑边缘系统有兴趣的精神科医生，市面上有一大堆这样的东西，电视节目上更是每个星期都有——《法律与秩序》《CSI 犯罪现场》都用过平卡斯和我写的材料。这没什么问题，我可以接受，但莱弗里不只是引用我们发表过的东西，她取用的东西跟我的人生有关，这就是我感到被侵犯的地方。”

在律师的要求下，刘易斯做了一份清单，一一记下她觉得剧本中有问题的部分。这份清单足足有 15 页，一部分是比较《冰冻》剧与

《心智丧失之罪》一书相似的地方，另一部分将一篇刘易斯的专访文章与《冰冻》剧中字句几乎一样的地方做对照——共有 12 个例子（约 675 个词）。那篇专访文章的题目是“受伤”，刊登在 1997 年 2 月 24 日那期《纽约客》杂志上，而该报道的执笔人是我。

2

文字的所有权属于作者，在社会把越来越多的关注与资源投注保护知识产权的创作上的当下，其中的道德含义再简单不过了。在过去 30 年里，版权法加强了，法庭也比以前更愿意做知识产权保护的判决。好莱坞与唱片行业在打击盗版方面不遗余力，而在学术界与出版界，抄袭行为也从单纯的没风度变成被看作一种犯罪行为。多丽丝·卡恩斯·古德温（Doris Kearns Goodwin）从其他史学家那里套用了几段话却没注明出处，当这事被发现之后，要求她辞去普利策奖评审委员会评审员一职的呼声不绝于耳。这样做是理所当然的，如果她去抢劫了一家银行，第二天想必马上就会被炒鱿鱼。

《受伤》一文是我在 1996 年秋所写的。写作过程中，我曾前往刘易斯在贝尔维尤医院的办公室拜访，观看她与连环杀人犯谈话的录像。有一次，我还前往密苏里州与她碰面。刘易斯在那里与民权领袖弗农·乔丹（Vernon Jordan）、摄影家拉里·弗林特（Larry Flynt）等人为富兰克林审判案做证——富兰克林当时已承认自己曾开枪杀人。在录像中，富兰克林接受了一家电视台的采访，记者问他是否有悔意。我在这篇报道中写道：

他说："我不能说我感到后悔。"他停了一下，然后接着说："我唯一感到遗憾的是这不合法。"

"什么不合法？"

他的态度就好像回答现在是几点似的："杀死犹太人。"

那次的对话也几乎一字不差地出现在《冰冻》中。我在那篇报道中提到，刘易斯并不觉得富兰克林必须为自己的行为负完全责任，她认为他精神失常，他孩提时曾遭到暴力侵犯，他自己也是受害人。我写道："邪恶犯罪与病态犯罪的区别在于，前者是罪恶，后者是症状。"这句话也出现在《冰冻》中，而且不止一次，是两次。于是我传真给莱弗里一封信：

我很高兴自己成为其他作家的灵感来源。如果你曾向我提出引用我所写的这些语句的请求，哪怕只是稍微表示一下，我都会乐意配合。可是未经同意便取用他人创作的材料，是一种盗窃行为。

几乎就在我把信送出之际，我有了不同的想法。其实，即使我嘴上说自己被抢劫了，但我的心中并无那样的感受，也没有感觉特别生气。在我得知自己的句子在《冰冻》中出现时，我的第一个反应是：只有在这种情形下我才愿意动身到百老汇去，而这句话也是我半开玩笑地说的。在某种程度上，我感觉莱弗里借用我的话是出于一种恭维。若她聪明些或世故些，她完全可以将所有提到刘易斯的地方进行大改，让人完全看不出来出处。但是，如果莱弗里如此这般掩饰了灵感来源，我是不是就会感觉好些呢？

至于刘易斯的不满，我完全可以理解。她考虑采取法律手段，而为了胜诉，她要求我将《受伤》一文的版权转让给她。我起初同意了，但后来我又改变了心意。刘易斯说“她要挽回自己的人生”，可是她要这么做却要先从我这里拿到授权，这听起来似乎有些怪异。

后来，我拿到一份《冰冻》的剧本，读来真是扣人心弦，我不仅没有我的字句被人拿去利用的感觉，反而感觉到它们成了一个艺术品的一环。当年 9 月底，英国的《泰晤士报》《观察家报》以及美国联合通讯社相继爆料，指称莱弗里剽窃他人作品并披露事件的来龙去脉，全球媒体随即纷纷转载。莱弗里看过我的一篇报道，她对其中的某些内容有所回应，并将其建构到自己的艺术作品中。而现在，她的名声因此摇摇欲坠，这中间似乎有什么不合情理的地方。

3

1992 年，“野兽男孩”（Beastie Boys）发行了一首歌曲——《把麦克风传给我》（*Pass the Mic*），曲子一开始的 6 秒旋律取自爵士长笛乐手詹姆斯·牛顿（James Newton）于 1976 年创作的《合唱团》（*Choir*）一曲。这一段旋律是所谓的“多重唱”：在《合唱团》一曲中，牛顿先在长笛上吹一个 C 音，然后唱出 C、降 D 与 C 音，高调吹出的 C 音变声后与歌声融合在一起，制造出“绕梁三日”的层次丰富的音感。野兽男孩在《把麦克风传给我》中重复使用牛顿这一旋律超过40次，效果惊人。

在音乐的世界中，版权可分成两个领域：表演（录制唱片），以及幕后的作曲。例如你要写一首说唱歌曲，想拿比利·乔尔（Billy Joel）《钢琴师》（*Piano Man*）中的一段录音当副歌，首先你必须取得唱片公司的授权，其次需要征求比利·乔尔或歌曲版权所有者的同意。《把麦克风传给我》仅取得了第一类授权，没有得到作曲家的首肯。当时牛顿提起诉讼，却没有打赢官司，他败诉的原因正可让我们重新思考知识产权的问题。

官司的核心不在于牛顿表演的特殊性：大家都同意，在野兽男孩付了唱片使用费，也就是付了演唱者的表演版税后，就已取得了照搬牛顿表演的许可。毫无疑问，他们在照搬牛顿的表演时也照搬了那段表演的背景音色。现在的问题在于，野兽男孩是否必须提出第二项授权要求？牛顿曲子中的6秒旋律，其独特性与原创性是否到了牛顿可以宣称他拥有这段旋律版权的程度？法庭判决说，没有。

“野兽男孩侵权案”的主要专家证人是纽约大学的音乐系教授劳伦斯·费拉拉（Lawrence Ferrara），当我请他解释法庭的判决时，他走到放在办公室角落的钢琴前，弹了三个音：C、降D与C。他大声说：“仅此而已，没别的了！这段6秒的旋律只用了这些音符。你知道这是什么吗？不过就是华丽的装饰音与转音而已，已经有人尝试过千百次了，没有人可以宣称拥有这些音符的知识产权。”

费拉拉接着又弹了古典音乐中最有名的连续四音，即贝多芬《第五交响曲》的G、G、G与降E。这显然属于贝多芬的作品没错，但这是否为贝多芬的知识产权？费拉拉说：“这就很难说了。事实上，其他作曲家也写过这些音符，贝多芬自己也在一首钢琴奏鸣曲中用过，在贝多芬之前的作曲家也写过。用 *da-da-da dummmm, da-da-da-dummm* 来哼这四个音，而且重复这么多次，这首曲子是贝多芬创作的没错，但光凭 G、G、G 与降 E 四音，谁也不能说这四个音是他首创的。”

费拉拉有一次为安德鲁·劳埃德·韦伯（Andrew Lloyd Webber）做证，韦伯被一名天主教民谣作曲家雷伊·莱普（Ray Repp）起诉。莱普说，韦伯 1984 年的作品《歌剧魅影》中的《幽灵歌》（*Phantom Song*）最开始的几小节跟自己 6 年前（也就是 1978 年）的作品《直到你来》（*Till You*）的音律极为相似。费拉拉坐在钢琴前，把两首曲子的开场部分反复弹奏了好几遍，它们果然像极了！他边弹边说明哪首曲子是谁创作的：“这是韦伯，这是莱普；同样的音符序列，唯一的差别是韦伯写了完美的第 4 小节，莱普写了第 6 小节。”

不过费拉拉还没说完：“让我们看看韦伯在 1978 年之前的作品——《万世巨星》《约瑟》《贝隆夫人》。”他在找曲谱，终于在韦伯的《约瑟与神奇彩衣》（*Joseph and the Amazing Technicolor Dreamcoat*）音乐剧中找到了他要的东西——《本杰明舞曲》（*Benjamin Calypso*）。他开始弹奏，我一听就听出了雷同之处。费拉拉说：“这是《幽灵歌》的头一节，里头甚至用了同样的音符。这是他 1969 年在《约瑟》中演唱的《关上每一扇门》（*Close Every Door*）。”费拉拉穿着考究，蓄着修剪整齐的胡须，他的表情生动，一谈到韦伯案件便非常激动。当《幽灵歌》的第二句从费拉拉的指间滑出时，他说：“《幽灵歌》的前半段在《本杰明舞曲》中出现，后半段在《关上每一扇门》里有迹可循——两者完全一样。《本杰明舞曲》跟《幽灵歌》在若干主旋律上的近似程度超过了与莱普的曲子的近似程度，因此，莱普的指控可以说无法成立。韦伯 1984 年的创作其实沿用的是自己过去的作品。”

就《合唱团》一案而言，野兽男孩的模仿并不构成剽窃罪，因为那 6 秒的旋律实在是太微不足道了；就《歌剧魅影》一案来说，韦伯并不构成剽窃罪，因为争议中的材料不属于莱普的原创。根据版权法，重要的不是你抄袭了别人的作品，而是抄袭了什么，以及抄袭了多少。尊重知识产权法并非严格等同于道德原则“不可偷窃”，在有些情况下，你可以大大方方地“偷”。举例来说，版权的保护有时间限制，一旦作品进入公版领域，任何人就都可以使用了。又比如说，你在地下实验室中发明了乳腺癌疗法，受到知识产权保护的期限是 20 年，但 20 年后，谁都可以利用你的这项发明。

在专利发明的阶段给予保护的用意是，鼓励大众创作发明，并为之提供经济动力，但在特定的时间过后，每个人都能“偷用”你的乳腺癌疗法，因为此时充分模仿他人的发明是合乎社会利益的。只有在这个前提下，他人才能从你的发明中学习并继续改进，然后创造出更先进与更廉价的替代办法。保护与限制知识产权之间的平衡，其实在美国宪法之中已有明确的体现：“国会有权在一定的时限内保护作家或科学家的创作或发明，以促进科学与艺术的发展。”请注意，这里有“时限”二字。

4

这么说来，如果若干财产属于创造者，文字便属于写这些文字的人？答案是否定的。斯坦福大学法学教授劳伦斯·莱斯格（Lawrence Lessig）在他的著作《免费文化》（*Free Culture*）中说：

> 在日常语言中，将版权称为“财产权”会造成某种误导，因为版权这种财产相当特殊。当我从你家后院搬走野餐桌时，我知道自己取走了一件东西，因为我拿走了，你就没有了。但如果我拿走的是你把野餐桌放在后院的这个点子——比如我也去商店买一张野餐桌摆在我的后院，那我拿走的是什么？
>
> 虽然“东西”与“点子”两者之间确实有显著的不同，但重点不止于此。重中之重在于，几乎对所有的案件而言，诞生于这个世界上的想法一律都是免费的，只有极少数的情形例外。当我模仿你的穿着时，我并没有从你那里拿走什么。当然，如果我天天这么做，的确可能有点儿奇怪。如同美国第三任总统杰斐逊所说：“他从我这里领受若干想法、接受若干启示，我并没有因而损失什么；他向我借光点亮蜡烛，我的世界也并没有因此而变得暗淡无光。”这番话放到我模仿他人穿衣服一事上，尤其真确。

莱斯格认为，近年来，在版权上划分私有领域与公有领域，法院与国会都太过于偏袒私有领域了。例如若干发展中国家会以平行输出的方式，从其他获得授权的发展中国家那里，取得比较廉价的发达国家专利药品。这种做法可以拯救发展中国家公民的无数性命，但这遭到美国的极力反对，理由不是西方制药公司的利润会因此受损，而是此举侵犯了“神圣不可侵犯”的知识产权。莱斯格写道：“我们的文化在这方面已经失衡了，一群私有财产的原教旨主义者现在在这个文化体系中称王称霸。”

不过，即使是被莱斯格谴责的极端派，也认识到知识产权是有期限的。美国并没有说发展中国家永远不能取得廉价版的美国药品，仅说要等到这些药品的专利过期。莱斯格与知识产权死硬派争论不下的在于，模仿权与保护模仿权之间的界线应该在“何处”或“何时”，而不是应不应该画分界线。

然而，文字剽窃却不同，这也正是奇怪的地方。在规范作家能否抄袭他人作品一事上，文学界所定的道德标准最高，立场也比任何过度保护知识产权的人更为极端——抄袭行为绝对不能被接受。不久前，哈佛大学法学教授劳伦斯·特莱伯（Laurence Tribe）被指其1985年的著作《上帝拯救这个高级法庭》（*God Save This Honorable Court*）擅自取用历史学家亨利·亚伯拉罕（Henry Abraham）所写的文字。这个指控有多严重？在保守派刊物《标准周刊》（*The Weekly Standard*）的一篇揭发文章中，约瑟夫·博顿罗（Joseph Bottum）列出若干非常接近原文却又重新组合过的语句，但他最有力的证据是特莱伯所用的这个句子：“塔夫脱公开宣称，皮特尼是高等法院中‘软弱的一员’，他无法把案子交给皮特尼。”就是这个句子，一共32个字。

在我得知戏剧《冰冻》之事后不久，我到纽约上东区去见一位在音乐界工作的朋友。我们坐着闲聊，他边说话边在成堆的CD（光盘）中翻找。他先播放了雷鬼[①]歌手夏奇演唱的《天使》（*Angel*），再

① 雷鬼（reggae），一种牙买加流行音乐形态，结合了传统非洲音乐、美国蓝调以及原始牙买加民俗音乐的特点。——编者注

播放知名摇滚乐队史蒂夫·米勒乐团的曲子《小丑》(*The Joker*)，他要我仔细听两者贝斯低音相似的部分。接着他又播放了莱德·策佩林（Led Zeppelin）的《全部的爱》(*Whole Lotta Love*) 和蓝调高手穆迪·沃特斯（Muddy Waters）的《你需要爱》(*You Need Love*)，让我了解莱德·策佩林如何在蓝调音乐中寻找灵感。他又播放了沙巴·兰克斯（Shabba Ranks）与韩国歌手郑秀晶的《比我年长一倍》(*Twice My Age*）和 20 世纪 70 年代温情流行歌曲《阳光季节》(*Seasons in the Sun*)，一直到我可以在第一首歌里听见第二首的回声。他播放了威猛乐队（Wham！）的《去年圣诞》(*Last Christmas*）与流行歌手巴瑞·曼尼洛（Barry Manilow）的《没有你无法微笑》(*Can't Smile Without You*)，向我解释说曼尼洛首次听到《去年圣诞》时大概会吓一跳。接着他又播放了黑人乐团"库尔伙伴"的《乔安娜》(*Joanna*）一曲,《去年圣诞》简直是在向库尔伙伴乐团表示敬意。

我的朋友还说道："你听到涅槃乐队（Nirvana）那种一开始和缓，后来逐渐大声到快要爆炸的唱法，其实很多是学另类乐队'小妖精'(Pixies)。而涅槃乐队的主唱库尔特·科班（Kurt Cobain）才华过人，他有本事把这种调调变成自己的独门唱法。"他指的是该乐队最出名的歌曲《少年心气》(*Smells Like Teen Spirit*)。我的朋友随后哼起波士顿乐团的热门曲目《不只是一种感觉》(*More Than a Feeling*）的和弦重复部分，他说："我第一次听到涅槃乐队的《少年心气》时，我对自己说'那段吉他的即兴演奏是从《不只是一种感觉》中出来的，但表现方式非常不同，带有一种全新而迫切的感受，非常精彩'。"

他播放了另外一张 CD，是罗德·斯图尔特（Rod Stewart）的《你觉得我性感吗？》（*Do Ya Think I'm Sexy*）。这是 20 世纪 70 年代红极一时的歌曲，副歌非常特别，乐声起伏转折的部分让人朗朗上口，在唱片发行那年，那是许多美国人会在淋浴时哼上一段的调子。然后，他又播放了巴西艺人豪尔赫·本·约尔（Jorge Ben Jor）演唱的《泰姬玛哈》（*Taj Mahal*）给我听。后者问世的时间比罗德·斯图尔特的那首歌曲早几年。我朋友 20 多岁时，在纽约许多地方当过舞厅司仪，有一阵子对全球的音乐趋势产生了浓厚的兴趣。他脸上闪过一丝狡猾的微笑，说："那时我就发现有古怪了。"《泰姬玛哈》开头的几个音节极具南美风情，跟我们刚刚听的截然不同，可是我马上就听出来了，这真的太明显了，我当时就笑了出来。几乎每个音都是《你觉得我性感吗？》里的转折音符。当然，斯图尔特也有可能是自己想出这段重复和弦的，因为两者相似并不能证明他就是受到约尔的启发，也有可能他去过巴西，听到了当地的曲子，而且十分欣赏。

我朋友能举出好几百个这种例子，我们可以坐在他家的客厅里大谈音乐谱系，一谈就是几个小时。这些例子让他生气吗？当然不会，因为他太懂音乐了，知道抄、改、变是创作过程中难免发生的事。没错，有些人抄袭得太过分了，只知复制他人的作品，若对这种现象听之任之，则是扼杀了真正的创作。不过，如果我们对创作实施的监督吹毛求疵，也一样有危险：试想，如果莱德·策佩林不能尽情在蓝调音乐中搜寻灵感，我们就没有《全部的爱》可听；如果科班未曾听过《不只是一种感觉》，并挑出心仪的部分加以改编，我们也就无缘听到《少年心气》这首歌了，而在摇滚乐的进化史中，《少年心气》实在是比《不只是一种感觉》往前跨了一大步。

成功的乐手必须了解，能够脱胎换骨地“借用”与一成不变地“套用”，两者之间有天壤之别，而我这时也明白，在莱弗里抄袭的话题上，到底是什么事逃过了我们的法眼。是的，她抄了我们的作品，但无人问她为何抄，也没人问她抄了什么，或是她此举是否有某种远大的目标。

5

莱弗里在10月初的某天来到我的公寓。那是一个周六的下午，天气宜人。她有一双淡蓝色的眼睛，金色的短发略显零乱，身上穿的是牛仔裤与绿衬衫，脚上是一双荷兰木鞋款式的鞋子，她给我一种饱经风霜的感觉。在前一天的《泰晤士报》上，艺术评论家本·布兰特利（Ben Brantley）对她的新作《去年的复活节》（*Last Easter*）做了评论，笔下毫不留情。这原本应是她庆祝胜利的时刻——《冰冻》已经被提名“托尼奖”、《去年的复活节》也在外百老汇上演，然而此刻她却满腹心事地坐在我的餐桌旁。她说：“我的内心真是五味杂陈。”说话之际，她不断搓弄着双手，好像需要一根烟似的。莱弗里说：“我觉得人在工作时，是在有绝对的信心与毫无信心之间摇摆的，我两种情形都有。写《冰冻》时，我十分有把握自己可以写得很好，现在却又跌入毫无信心的深渊。”她看着我说：“我真是抱歉之至。”

莱弗里开始解释：“我创作时会在好几件事情之间游走。我会从报纸上剪下我感兴趣或感觉可在舞台上使用的部分，然后就像煮浓汤一样，随着时间的推移，汤汁开始凝固成形，故事情节和架构渐渐显现出来。我看过类似《沉默的羔羊》的惊悚读物，读过一些聪明绝顶的杀人魔的故事。我也在看约克郡的凶杀案纪录片，人称‘沼泽杀人狂’的迈拉·欣德利（Myra Hindley）与伊恩·布雷迪（Ian Brady），他们杀害了好几个儿童。我认为杀人并不是什么聪明绝顶的犯罪，而是集陈腐、愚蠢与破坏之大成。在对幸存者的电视访谈节目中，那些幸存者看起来就像是被冻结在时间里了，其中一人说：‘我愿意原谅他人，但如果现在有人把杀人犯放出来，我无法饶恕他，我会杀了他。’那一段也出现在《冰冻》里面。我当时正在构思酝酿那部剧，就在那个当口，我母亲住院开刀，那本来是一个简单的手术，可是医生刺穿她的子宫与肠道，她因此得了腹膜炎，结果去世了。”

当莱弗里谈到母亲时，她还得强打起精神：“我母亲当年74岁，我现在感觉自己已经完全原谅了那名医生。母亲遭遇了这样的事，我感到很难过，但我知道那是无心之过。”可是，莱弗里的情绪把她自己搞糊涂了，因为她可从极小之事联想到自己人生中埋怨多年的人。她说：“从许多方面来看，创作《冰冻》是希望能剖析‘宽恕’的本质。”

莱弗里最后决定让剧本中出现三个主要人物：第一个人物是连环杀人魔拉尔夫，他在绑架一个女童后将其杀害；第二个人物是女童的母亲南希；第三个人物是纽约精神科医师戈特蒙兹多蒂尔，她飞到英格兰去与拉尔夫面谈。随着剧情的发展，这三个剧中人物逐渐交会，逐渐改变；在饶恕他人的同时，他们也逐渐“解冻”。关于拉尔夫这个人物，莱弗里说自己是从一本跟连环杀人犯有关的著作《谋杀童年》（*The Murder of Childhood*）中取材的，该书的作者是雷·韦尔

（Ray Wyre）与蒂姆·泰特（Tim Tate）。关于南希这个人物，她依据的是《卫报》（*Guardian*）中的一篇文章，该文的执笔人是玛丽安·帕廷顿（Marian Partington），她的妹妹被连环杀人犯弗雷德里克·韦斯特和罗斯玛丽·韦斯特夫妇（Frederick and Rosemary West）杀害。至于戈特蒙兹多蒂尔这一人物，莱弗里依据的是她在一份英国刊物上看到的文章创作出来的，该篇文章恰好是对我的报道的转载。她说："我要的是一位科学家角色，她了解也知道如何向受害人家属证明，那些杀人犯是可以被宽恕的，并知道如何说明连环杀人不是一种邪恶的罪行，而是一种病态的罪行。我力求整个阐述过程的精准性。"

那么，莱弗里为什么不说明引用的是我的文章与刘易斯的著作呢？她怎能如此在剧情细节上要求正确，却忽略了引用出处上的正确做法呢？莱弗里不知该如何回答这些问题，她尴尬地耸耸肩说："我以为可以使用，从未想到要问你，我以为那是新闻素材。"

她知道自己无法自圆其说。她又说到她把我的报道放在写作剧本时一个专用的大档案夹里，而在《冰冻》首次在伯明翰上演时，这个专门收集《冰冻》材料的档案夹被弄丢了。她的这个说法也一样苍白无力。

接下来，莱弗里谈到对她有同样启发的帕廷顿，此时她的说法变得更加复杂。在创作《冰冻》的那段时间，她曾写信给帕廷顿，告诉她自己如何借鉴了对方的文章。当《冰冻》在伦敦上演时，她还跟帕廷顿碰了面。我在遍览英国媒体对莱弗里的报道后发现，《卫报》在两年前，也就是剽窃风波还未浮现之前，登过这样一篇文章：

莱弗里深知自己因帕廷顿的文章受惠甚多，也非常乐于承认这一点。她说：“我总是会提到这段往事，因为帕廷顿的慷慨，我的确获益良多。写这方面的题材千万要谨慎，因为这会碰触他人破碎的人生，我不希望他们是在无意中得知他们的故事被引用了。”

由此可见，莱弗里绝非对其他人的知识产权漠不关心，只是对我的知识产权漠不关心，而那是因为在她眼里，用她自己的话来说，她用的是“新闻”。莱弗里抄用了我对刘易斯同事平卡斯进行神经系统诊查的描写，抄用了我关于长期高压下神经会受到何种干扰的描述，抄用了我誊写的富兰克林接受电视采访时的文字记录。她复制了我对受虐儿童研究的一句引文，也抄了刘易斯的一句关于邪恶性质的名言。她没有抄袭我的思想、结论或结构，却摘用了我的一些有关大脑额叶结构与功能的描写。这些句子的著作权，我不敢妄自居功，我似乎也是根据教科书上的描述改写出来的。将自己的妹妹遭连环杀人犯杀害的始末写成文章，这样的文章对当事人而言是带有真情实感的，莱弗里认为在引用这样的文章时有必要交代出处，就像莱弗里自己说的，这会碰触一个人破碎的人生。那有关心理机能的生物学描述是否也属于同一范畴呢？

莱弗里如何选用我的文字也大有关系。如果是在一部非独创性的作品中借用别人的作品，便逾越了界限，就像古德温在撰写肯尼迪家族传记时，借用了其他人写的肯尼迪传记中的文字，却没有交代出处，这种做法会遭声讨。不过，莱弗里不是在撰写刘易斯的人物特写，她是在写一个以全新面貌出现的剧本，有关如果一个母亲遇见杀死自己女儿的凶手，她会如何反应的故事。她沿用了我对刘易斯其人其事的描述，作为她剧本的构成要素，目的是为凶手与那位母亲两人之间的冲突情节做铺垫。创意不就是在这种情况下产生的吗？有问题的不是旧文字为新构想服务，用新文字去服务旧构想才是扼杀创意。

这也是“抄袭”让我们思考的第二个问题，这个问题过于极端，也跟“究竟是什么扼杀了创意”的大问题无关。作家有权加工其他作家用过的点子，这一点我们都能接受——只需要想想有多少连环杀人魔小说是根据《沉默的羔羊》复制而成的，就不难理解了。然而，当前卫女作家凯西·阿克（Kathy Acker）将哈罗德·罗宾斯（Harold Robbins）创作的一部小说中的性交场景逐字逐句地搬到自己的一本讽刺小说中时，她就被批成了剽窃者，并面临吃官司的威胁。我在报社工作时，经常奉命“跟进”《泰晤士报》的报道——将别人的点子写成新的版本，而我们的文字一旦与《泰晤士报》报道所用的任何措辞“吻合”，即使是最平凡的遣词造句，也可能会犯大忌。这时，不可剽窃的道德戒律就变成要在极小的文字差别上吹毛求疵。因为新闻的高度重复性质，新闻报道不能说自己拥有新闻的版权，而必须在每句文字上具备原创性。

刘易斯说，让她感到受伤的事情之一是在《冰冻》一剧中，戈特蒙兹多蒂尔与她的伙伴纳博科斯有染，刘易斯担心这会引来别人的误会。刘易斯对我说：“那种文字有诽谤性质，我马上就被我身边的人认出来了。很多人打电话对我说‘刘易斯，这写的是你’。如果剧中的其他描述都是真的，他们就会认为剧中两人之间的性关系也在现实中存在，这也是我觉得受到侵犯的另一个原因。如果你要取用他人的人生故事做素材，而且你的描述还让别人一眼就看出来你的角色的原型是谁，那你就不应该制造一段绯闻，更不应该用它作为剧本的高潮。”

我们不难想见，刘易斯坐在观众席上看见“自己”行为失检时会有多惊愕。但实情是，莱弗里有权为剧中人制造一段风流韵事，因为戈特蒙兹多蒂尔不是刘易斯，而是一个虚构的人物，她只是以刘易斯的人生为蓝本，但添加了许多纯属想象的情境与行动。在现实生活中，刘易斯亲吻了邦迪的脸颊，而在《冰冻》中，戈特蒙兹多蒂尔亲了拉尔夫。刘易斯亲吻邦迪，完全是因为邦迪先亲了她，而主动亲吻杀人犯与只是回吻，两者间有极大的差别。当我们初次看见戈特蒙兹多蒂尔时，她匆匆跑出屋外，并在飞机上思索杀人的念头，而刘易斯也是想着跟杀人有关的事匆匆跑出屋外的。但是，《冰冻》中的那一场景是要我们认为，在那一刻，戈特蒙兹多蒂尔疯了。我们绝对不会认为刘易斯疯了，她只是去帮助别人重新思考犯罪的立场，因为她对自己与工作都很有把握。

刘易斯感到生气，不仅是因为莱弗里将她的人生故事翻版搬上了舞台，更因为莱弗里改写了她的人生故事。刘易斯不仅对这种剽窃感到震怒，也对利用旧文字服务新观点的艺术感到怒不可遏。她的怒气是完全可以被理解的，因为这种为艺术创作而进行的修改行为，其产生的伤害可能不亚于剽窃作品这种偷盗行为，只不过，艺术本身又何罪之有呢？

当我阅读《冰冻》的剧评时，我不止一次注意到，剧评家引用

“邪恶犯罪与病态犯罪的区别在于，前者是罪恶，后者是症状”时，也并未注明出处。当然，那是我的句了，莱弗里从我这里抄去了，现在剧评家也从她那里抄走了。抄袭他人的人现在也在被抄袭。就这个句子来说，其中不涉及艺术创作上的辩护：在被抄与转抄的过程中，原文始终一成不变，而且这也不是“新闻”素材。但是，“罪恶”与“症状”二词是我拥有的吗？其实，甘地也有一句名言用了同样的两个词。我相信，如果在英国文学宝库中进行梳理，我也会发现一堆用到“邪恶犯罪”与“病态犯罪”的语例。

让我们再回到《幽灵歌》的例子，这里的关键是，如果莱普借用了韦伯的旋律，他肯定是不知情的，而韦伯也不知道他借用了自己的心血。莱斯格提醒我们，知识产权有许多条生命：当报纸被送到家门口时，新闻内容就会变成我们知识中的一部分，接着报纸就被拿去包鱼了。当新闻被重塑成第三或第四种意义时，我们已经忘了当初新闻是从哪里来的，也无法掌控它要往哪里去。反对抄袭的原教旨主义者最后一项不诚实的地方是，它鼓励我们相信这些影响与进化的进程并不存在，每位作家的文字都是血缘单纯的“处女受胎生子”，而且永世存续。我可以对自己的文字被人抄袭大发雷霆，但我也可以简单地表示，那句话我用了好久，可以放它走了。

莱弗里说：“发生这些事真是要命，因为我的自我人格认知也受到了攻击。”她坐在厨房餐桌旁，她带来的一束花摆在她身后的厨房台面上。“我感觉糟透了，因为自己的粗心，我现在必须自食苦果。我愿意补救，可是不知从何处着手，我真是不知道自己做了错事。接着，《纽约时报》开始刊登报道，全球各地也跟着刊登报道。”她沉默了好一会儿，她的心碎了，但她更多感到的是困惑，她不明白为何675个寻常无奇的词能把一切都毁了。莱弗里开始啜泣：“我到现在都还没从这件事里反应过来。他们那样攻击我，一定是有什么目的的，至于是什么目的，我现在还不知道。”

2004年11月22日

连点成线

情报分析改革的悖论

1

1973 年秋，叙利亚军队开始在叙利亚与以色列交界处大批集结坦克、大炮与步兵。同时在南边，埃及部队已取消一切休假，召集数千名后备役军人，举行大规模军事演习。此外，他们还修筑了道路，准备沿苏伊士运河建立防空与大炮阵地。到了 10 月 4 日，以色列一次高空侦察任务显示，埃及已将大炮移至进攻阵地。

当天晚上，以色列军事情报署得知，部分驻守在萨伊德港与亚力山大港的苏联舰队已经准备起航，苏联政府也开始将顾问与其家属撤离开罗与大马士革。接着，在 10 月 6 日凌晨 4 点，以色列军情署从该国最信任的情报消息来源处接到一通紧急电话，并得到消息：埃及与叙利亚是日稍晚将发动攻击。以色列高层立即召开会议，战争是否一触即发？军情署署长埃利·泽拉（Eli Zeira）看了所有的证据，判断不会有战事。然而，他错了。

当天下午，叙利亚由东部发起攻击，以色列在戈兰高地的薄弱防线不堪一击；埃及自南部发起攻击，轰炸以色列的据点，还派遣了步兵渡过苏伊士运河。尽管在前几周，警告接二连三地传来，以色列当局还是被打了个措手不及。他们为什么没能化零为整，将呈点状分布的情报连成一条线呢？[①]

如果我们从 10 月 6 日下午往前推，源源不绝的线索十分明确地告诉我们 10 月 6 日将爆发战争。我们不免要问，以色列的情报机构是不是出了什么问题？但从另外的角度来看，我们若从赎罪日战争往前推几年，将以色列情报人员所掌握的情报与顺序加以重建，我们就会得到一幅完全不同的图景。1973 年秋，埃及与以色列看起来已是交战在即，但在当时的中东，每个国家都看起来好像随时随地要开战似的。例如，在 1971 年秋，埃及总统与国防部部长公开宣布开战时间迫近；埃及三军总动员，坦克与架桥装备均已被送到苏伊士运河，攻击据点也做好了全面的准备，但接下来什么事也没发生。1972 年 12 月，埃及再度动员，军队沿运河大兴防御工事。以色列的可靠消息来源指出，埃及攻击在即，但结果还是什么事也没发生。

1973 年春，埃及总统接受《新闻周刊》采访时说："埃及此刻正在积极动员，准备重启战争。"埃及三军朝苏伊士运河逼近，运河沿岸的防御工事在不断加强；政府积极动员公民献血，民防人员也收

---

① 发生于 1973 年 10 月 6 日的"赎罪日战争"，又称第四次中东战争，起于埃及和叙利亚分别从南北方向对以色列发动攻击。那一天，空袭警报在以色列上空响起，原本沉寂的广播电台当天也恢复播音，向民众广播战争突然爆发的消息。在那场战争中，埃、叙等阿拉伯国家伤亡超过 27 000 人，以色列也付出了近万人死伤的沉重代价。38 年后，埃及与以色列的关系早已正常化，而以叙之间也揭开了间接和谈的序幕。——译者注

到了动员召集令，那段时间，埃及全国上下动辄便会实施停电措施。1973年1~10月，埃及三军动员了19次，却没有开战。以色列是一个全民皆兵的小国，将全国动员起来是一件劳民伤财的事，以色列政府自身也明白，如果贸然动员，则埃及与叙利亚即使不是真心要打仗，以色列本身的动员也可能被视为挑衅，并因而引发一场战争。

从其他迹象来看，这一次也没什么特别，苏联把驻外人员家属送回国内，可能只是因为与阿拉伯诸国失和。没错，是有可靠消息称傍晚会有攻击，但是同一消息来源的前两次攻击警告都没有成真。还有就是，这个消息来源称，攻击将在傍晚发动，而在这么晚的时刻发动攻击是没有道理的——这样一来他们就没有多少时间进行空袭了。换句话说，在1973年10月6日下午之前，以色列情报人员并未从种种情报或蛛丝马迹中发现阿拉伯国家以往的攻击模式。这就好像在看罗夏墨迹测验——人们大多只是做事后诸葛亮般的评述，事前完全未曾看见。在检讨“9 · 11”事件并追究究竟是谁的责任时，我们必须时刻提醒自己不要抱有“事后诸葛亮”的心态。

2

“9 · 11”事件之后的许多分析材料中，一本叫作《基层细胞：“9 · 11”阴谋，FBI与中情局为何不能防患于未然》（*The Cell: Inside the 9/11 Plot, and Why the F.B.I. and C.I.A. Failed to Stop It*）（以下简称《基层细胞》）的著作颇受关注，作者约翰 · 米勒（John Miller）、迈克尔 · 斯通（Michael Stone）和克里斯 · 米切尔（Chris Mitchell）在书的

开头便提到一名叫埃尔·塞伊德·诺塞尔（El Sayyid Nosair）的凶手。诺塞尔在纽约曼哈顿中城的万豪酒店射杀了“犹太防卫联盟”的创始人拉比梅厄·卡赫纳（Meir Kahane）。事后，警方在诺塞尔位于新泽西的公寓中搜出16箱档案，里头有军事特种作战学校的手册、中途拦截的致美国参谋长联席会议的电报副本、炸弹制造手册，以及一幅美国地图，其上诸如自由女神像、洛克菲勒中心与世贸中心等地标被用阿拉伯文一一标示了出来。根据《基层细胞》一书，诺塞尔跟纽约布鲁克林区的军火走私犯以及伊斯兰激进分子过从甚密，而这些激进分子都跟两年后发生的世贸中心爆炸案有关联。

美国世贸中心爆炸案的主谋是拉姆齐·优素福（Ramzi Yousef），1994年，他曾现身马尼拉，显然是要设法行刺当时访问该地的教皇。此外，他还谋划以飞机袭击五角大楼或中情局，同时计划在多达12条越洋飞行航线上安置炸弹。谁又是优素福在菲律宾的联系人呢？穆罕默德·哈利法（Mohammed Khalifa）、瓦利·汗·阿明–沙阿（Wali Khan Amin-Shah）与易卜拉欣·穆尼尔（Ibrahim Munir），这些与优素福关系密切的人全都效忠于沙特阿拉伯百万富翁乌萨马·本·拉登。

米勒在过去10年里，大部分时间都在为电视新闻网工作，他是一名顶尖的记者。《基层细胞》一书中最精彩的部分便是记述他揭露恐怖分子的独特经验。1993年2月，世贸中心第一次遭到攻击后，他在自己私家车的仪表盘上放了一盏警示灯，然后紧紧跟随大批紧急救援车辆进城了（在爆炸现场，又有一大批记者尾随他，其中也包括我在内。我们不约而同地认为，取得消息的最好方式便是听他跟人交谈）。米勒后来与联邦调查局纽约反恐办事处特工成了好友，尤其是与两名负责人尼尔·赫尔曼（Neil Herman）与约翰·奥尼尔（John O'Neil）相交甚深。

他对“基地”组织的一切动向都穷追不舍，在“基地”组织攻击美军军舰“柯尔号”时，他曾随联邦调查局的人前往也门采访。1998年，他与摄影记者在伊斯兰堡的万豪酒店，与一个他们只知叫阿赫塔尔的人碰头，阿赫塔尔将他们送过边界，去阿富汗的山陵之间采访本·拉登。在《基层细胞》一书里，米勒翔实的记述让我们仿佛亲眼看到，“基地”组织从1990年到“9·11”事件发生时的演变。《基层细胞》一开始便问：“为什么这会发生在我们身上？”该书的三位作者认为，从卡赫纳的遇害到“9·11”事件，可以理出一条轨迹。他们指出，在过去10年发生的恐怖事件中，沿着这条轨迹，可以看见一个清楚的、不断重演的模式，并能从中找到答案。

《基层细胞》的三位作者与参议院情报委员会副主席理查德·谢尔比（Richard Shelby）英雄所见略同，谢尔比的“9·11”事件调查报告可以说是掷地有声。他在报告中不厌其烦地指出，所有漏掉的线索或误解的信号都在告诉人们“基地”组织会有更大规模的恐怖袭击行动。在当时，中情局早就知道，“基地”组织的两名恐怖分子哈立德·米达尔（Khalid al-Mihdhar）与纳瓦夫·哈兹米（Nawaf al-Hzami）已经进入美国，但未将这项情报提供给联邦调查局或美国国家安全委员会。联邦调查局在亚利桑那州凤凰城的一名特工曾经将一份备忘录送回总部，谢尔比第一句话就写道：“这次通信的目的是知会纽约分局，本·拉登派遣学生进入美国，到民营的航空大学或飞行技术学院求学，可能是在统筹一项行动。”但联邦调查局并未针对这项情报有所行动，也未联想到恐怖分子会有意利用飞机当武器。

联邦调查局根据恐怖分子嫌疑人扎卡里亚斯·穆萨维（Zacarias Moussaoui）在飞行学校的可疑行为，将其收押，却无法由这个案子推理出恐怖分子的下一步行动。谢尔比在报告中指出："情报界的最大问题是，在恐怖分子有意攻击美国的象征性地标一事上，没有能力将得到的'点'连成'线'。""连点成线"一说不断在报告与报道中出现，几乎成了一种有口无心的咒念。我们事后回想时会恍然大悟，彼时显然就有线索可寻，但高高在上的美国情报圈看不见。

不过，事后这些检讨并不能解答因赎罪日战争而浮现的问题：线索在攻击前明显吗？无论我们会不会在事过境迁之后修正对事情的判断，这个问题都是心理学者十分感兴趣的议题。例如，在尼克松总统前往中国进行历史性访问前夕，心理学家巴鲁赫·菲施霍夫（Baruch Fischhoff）询问过若干人，要他们预测尼克松此行会有哪些成果，诸如，此行促成中美永久建交的可能性大不大？尼克松此次能够见到中国领导人毛泽东吗？尼克松可以宣称此行成功吗？结果，这次访问被公认是一次外交上的大胜，菲施霍夫事后再去采访同一批人，要他们回忆自己当初是如何预估的。他发现，大多数受访者"此时此刻"都"记得"他们对尼克松的这次访问非常乐观，即便是那些第一次接受调查时不是如此认为的人也是这样回忆的。

即使受访者原本并不认为尼克松有机会见到毛泽东，但事后当报纸上全是尼克松与毛泽东两人会面的报道时，受访者也口口声声说"记得"自己当初便判断两人能见面的机会很大。菲施霍夫称此现象为"潜入性决定论"：事后回想起来，已经发生的事好像"一定"会发生，而且这种感觉会随着事情的发生而被放大。一言以蔽之，这种

“潜入性决定论”的主要效果是，期待之外的事情会变成期待之中的事。他写道：“一件事情在事过境迁之后，要是有人回想起来并加以重建，则它发生的概率会增大，人们吃惊的程度会降低。”

当你阅读谢尔比的报告，或者是《基层细胞》中关于诺塞尔与本·拉登等人的描述时，你的感觉一定是：如果中情局或联邦调查局能够连点成线，“9·11”事件就不会那么令人猝不及防了。然而，这是公允的批评，还是“潜入性决定论”？

3

1998年8月7日，两名“基地”组织恐怖分子在肯尼亚首都内罗毕的美国大使馆外引爆了一卡车的炸药，导致213人丧生，4 000多人受伤。米勒、斯通与米切尔三人认为，肯尼亚的美国大使馆爆炸案就是典型的情报分析失败案例。他们说，中情局在爆炸案发生前就已掌握一名潜伏在肯尼亚的“基地”分子的姓名与行踪，另外几名“基地”组织成员也在该局的密切监视之下。中情局握有一封长达8页的信，该信是一名“基地”分子所写的，里头提到即将有“工程师”（制造炸弹者的代号）来到内罗毕。美国驻肯尼亚大使普鲁登丝·布什内尔（Prudence Bushnell）也曾写信至华盛顿，苦求加强安全措施。

肯尼亚一名议员兼律师说，在8月7日攻击发生前好几个月，肯尼亚就将这项攻击阴谋知会美国情报单位了；1997年11月，一个在本·拉登的一家公司工作，名叫穆斯塔法·马哈茂德·赛义德·艾哈迈德（Mustafa Mahmoud Said Ahmed）的男子走进内罗毕的美国大使馆，告诉美国情报人员，一项炸毁大使馆的计划正在酝酿中。美国官员有何反应？他们遣返了潜伏在肯尼亚的“基层细胞”首脑（一名美国公民），然后突然中断了对“基地”组织成员的监视，也不管那 8 页信的意义何在。据说，他们把肯尼亚的警告情报递给了以色列驻外情报单位“摩萨德”，但以方却不认为真有威胁，因为在侦讯艾哈迈德之后，他们觉得此人的可信度不够高。爆炸案发生后，《基层细胞》一书的作者说，国务院一名高级官员曾打电话质问布什内尔：“这种事怎么会发生？”

米勒等人写道：“布什内尔的恐惧首次转为愤怒，千言万语不知从何说起，她火冒三丈地答道：‘我写了一封信给你！’”

一切不都迹象确凿、历历在目吗？不过，这是否也陷入了“潜入性决定论”的陷阱？因为我们得到的都是事后经过剪辑的说法，我们没听到其他被美国监视的人怎么说，也不知道情报单位收到过多少类似的警告。有多少情报一开始好像很可靠，后来却一点儿用处都没有？情报搜集的重大挑战，永远都是“杂音”问题：无用的情报总是比有用的多。谢尔比的报告提到，联邦调查局的反恐单位从 1995 年起共接到 68 000 条不明线索，其中真正有用的仅有几百条。

简而言之，情报分析专家必须慎选线索。因此，由这个标准来看，情报单位在肯尼亚做的决定似乎并非不合理。结束对“基地”组织成员的跟踪监视，这听起来不可思议，然而“基地”组织潜伏的首脑也的确在当时离开了肯尼亚。没错，布什内尔警告了华盛顿，不过一如《基层细胞》作者所承认的，炸弹威胁在非洲天天上演。以色列情报单位的官员分析肯尼亚情报可疑，也非无的放矢。艾哈迈德是为本·拉登工作没错，但他未通过谎言测试；以色列情报单位也得知，艾哈迈德也曾向其他几国驻非洲大使馆发出类似的警告，但后来都证实其警告的事情是子虚乌有的。当有人走进你的办公室，他没能通过谎言测试，又被发现到处兜售同样的不实消息时，能怪你把他打发走吗？

米勒等人在书中以一段电话通话记录举证，也犯了同样的错误。这段话是意大利情报单位在 2001 年 8 月录制的，内容是“基地”组织成员阿卜杜勒·卡迪尔·埃斯·赛义德（Abdel Kader Es Sayed）与一个被称为希拉勒的人的谈话。米勒等三人认为，这似乎是另外一则预示“9 · 11”事件发生的情报。

> 希拉勒对赛义德说：“我正在研究飞机。如果是安拉的旨意，我希望下次见到你时，可以带一片飞机窗户的玻璃碎片给你。”
>
> 赛义德问：“有‘圣战’计划吗？”
>
> 希拉勒回答：“未来有，你留心听新闻，记住‘上面’这两个字眼。”赛义德以为希拉勒说的行动将发生在他的家乡也门，但希拉勒纠正他说：“突袭会在另外一国发动，是那种你永远也忘不了的攻击。”
>
> 过了一会儿，希拉勒谈到攻击计划：“可怕的景象从南到北、从东到西到处都是，策划这项计划的人是个疯子，但也是个天才，他会把他们吓傻的。”

这是段引人联想的对话，现在看起来似乎指的是“9 · 11”事件，但这又算是哪门子的“预测”呢？这里既未提到地点，也未提到目标与方法，只暗示了有一些恐怖分子谈到要用飞机来干一件大事。但我们要记住的是，这两名恐怖分子与过去30年里的其他恐怖分子并无太大区别。

在现实世界，情报千篇一律，都非常含糊，跟敌人意图有关的情报都很简短，没有细节——没有细节就很难判断意图。例如，1941年4月，盟军得知德国大军移至苏联前线，这项情报没有争议余地，因为那些军队不但被看见了，连军人数目都被清点过了。但这项举动的真正用意何在？丘吉尔的结论是，希特勒要进攻苏联；斯大林则认为，希特勒是有意要进攻，但是只是在德国下了最后通牒而苏联未能满足其条件的情况下才会出兵；英国外交部部长安东尼·艾登（Anthony Eden）认为，希特勒是虚张声势，以迫使苏联再一次让步；英国情报单位判断（至少开始时如此），希特勒只是要强化东线的防御，以防苏联进攻。

唯一能确认这项情报的方法是，如果盟军能够取得第二项情报，便能证实德军的真正目的，就好比希拉勒与赛义德之间的通话记录。同样地，倘若我们能够取得类似德军动向的详细情报，就能确定希拉勒与赛义德之间通话记录的真正意义了。但是情报单位很少能够这么幸运——同时取得两种情报，他们的情报分析员也不会什么读心术——只有那些“事后诸葛亮”才真的会所谓的“读心术”。

《基层细胞》指出，在“9·11”事件发生前的几个月，华盛顿方面其实一直惶恐不安：

2001年夏初，“基地”组织可疑分子之间的通话次数显然增加了，一名原本在押的“基地”组织成员开始跟政府合作，这也让调查人员相信，本·拉登正在策划一项大行动。一条被拦截到的“基地”组织信息提到一个“广岛型”事件，而且这一事件将很快展开行动。那年夏天，中情局一再警告白宫，攻击行动一触即发。

事实是，这些担忧都未能保护我们，这证明受限的不是情报网，而是情报分析员。

4

20 世纪 70 年代初，斯坦福大学心理系教授戴维·L. 罗森汉（David L. Rosenhan）邀集 1 名画家、1 名研究所学生、1 名儿科医生、1 名精神科医生、1 名家庭主妇与 3 名心理咨询专家，要他们持假姓名到不同的精神病院就医，说自己听到陌生的声音在他们耳边说“空虚”“碰撞”“空洞”等字眼。除此之外，这些假病人在就医期间要转而如实作答，举止要恢复正常，并要利用每个机会告诉医院里的人，现在声音已经消失了，自己已经没有什么别的症状。这 8 名假病人平均住院 19 天，其中 1 人甚至住了两个月。罗森汉想知道，医院的医护人员能否看穿一切，结果是他们始终没有识破。

罗森汉的实验从某一方面来看是典型的情报问题。一个信号（正常的人）埋藏在堆积如山的、复杂又混乱的杂音（精神医院）中，情报分析员（医生）有义务将点连成线，但他们搞砸了。在住院期间，8 名假病人一共收到 2 100 颗药物，并接受心理咨询。医生将他们的精神状况写成病历，也做了病理分析摘要。假病人应罗森汉的要求将治疗过程记录下来，这一记录过程不久后也成为他们病理记录的一部分。一名护士在其记录中浑然不觉地写道："病人有书写行为。"这些人是因"病"住院，也因此始终摆脱不了这项诊断。一名护士有一天询问某位在医院走廊上踱步的病人说："你觉得紧张吗？"他纠正她说："不，我只是无聊。"但这始终改变不了护士的想法。

解决这个问题的办法似乎很明显，即医生与护士必须警觉：有时心智正常的人也会住进精神病院。罗森汉因此前往一家教学研究医院，并告诉医疗人员，未来3个月内，他会再送来一个或几个假病人。结果在之后的3个月，该院收治了193个病人，其中41人被一位以上的医疗人员诊断为正常。但这次他们又错了，其实罗森汉一个假病人都没送来。为了解决一类情报问题（过度诊断），该精神病院制造出了另外一类问题（轻度诊断）。这可能是第二类，也是比较严重的，由"潜入性决定论"导致的后果：我们对过去认为是问题的问题矫枉过正，以致为未来制造出新的问题。

以"珍珠港事件"为例，这被公认是组织之间协调上的失败案例。美国掌握了各种关于日本会进行偷袭的证据，但情报信号四散在各个不同的情报单位，而陆军不愿跟海军对话，双方处于一种相互猜忌竞争的关系中。中情局之所以在1947年成立，部分原因也在于希望成立后可以确保情报得到统筹处理。

"珍珠港事件"过后20年，美国情报分析机构又在"猪湾事件"上惨遭挫败：肯尼迪政府低估了古巴的作战能力，以及古巴人对卡斯特罗的支持。不过这次的结论完全不同，欧文·L.贾尼斯（Irving L.

Janis）有关“团体思维”的著名研究指出，“猪湾事件”的误判主要源于该行动听命于一个关系紧密的小团体，而这个小团体的团结一致恰恰抑制了“辩论”与“竞争”这两个元素所能带来的好处。而如今，由中央统筹管理也成了问题。战后甚有影响力的组织社会学学者哈罗德·威伦斯基（Harold Wilensky）盛赞罗斯福总统主政时期凝聚的“建设性对立”，他认为这种建设性竞争使罗斯福能够搜集重大情报，进而能对“经济大萧条”时期的各种问题对症下药。他在其1976年出版的著作《组织之间的情报》（*Organizational Intelligence*）中指出：

> 罗斯福会利用一位匿名网民的情报，挑战或质疑另一项情报，让双方都不敢掉以轻心。他招揽各方人马，而这些人的工作环境与性质大多会与其他单位起冲突……在外交事务上，他委派给莫利与韦尔斯的工作与国务卿赫尔的工作有所重叠；在许多公共工程计划上，伊克斯与华莱士的任务几乎雷同；在福利事项上，他把两个功能与缩写名称都极易混淆的组织PWA与WPA分别委派给伊克斯与霍普金斯指挥；在政治上，法利发现自己不时需要与其他政治顾问争宠。结果是，在可供选择的方案浮出水面之际，或在罗斯福与专家们需要做出重大选择时，各方的意见与不同的争议也适时受到媒体的报道。

“9·11”事件发生前的情报圈，所持的正是这种心态。联邦调查局与中情局一如伊克斯与华莱士一样，是死对头。可是这时社会已经改变看法，不赞成这种态度。一如谢尔比所指责的，中情局与联邦调查局这时互相较劲。他的报告指出："'9 · 11'事件是客观的重大教训，它让我们明白：不能有效地在组织之间及时分享情报，会如何危害国家和社会。"谢尔比希望重新建立情报的统筹运用机制，更强调合作。他希望有一个"由中央统筹，积累全国性情报的实体，能够超越各组织，摆脱官僚单位竞争，并独立作业"。他认为情报组织应该由一个极小而高度紧密联系的团体运作，因此，他建议完全解除联邦调查局的反恐业务。他说：

> 联邦调查局充满个人主义的心态，该局对关于被告不法行为的文字证据的重视，超过对从不完全或零星信息得来的可能推论的重视，且以此作为其决策根据。执法单位无论是处理情报、得出结论的方式，还是思考方式，都有别于情报组织。显然，情报分析专家不会是一个称职的好警察，警察显然也不会是一个好的情报分析师。

在2003年的国情咨文中，布什总统按照谢尔比所希望的，成立了"恐怖主义威胁综合中心"，将联邦调查局与中情局的反恐活动纳于一个特别的单位。情报业务在文化与组织上的多样性以前备受赞赏，如今人们却对此不屑一顾。

事实上，在检讨"9 · 11"事件之后，我们发现旧制度仍有优点。联邦调查局的想法跟中情局的不同不是有其好处吗？毕竟是联邦调查局掌握了两个最精确的情报分析板块：申请秘密调查恐怖分子穆萨维的私人物品，以及著名的"凤凰城备忘录"。这两件事都说明了，联邦调查局的分析之所以可贵，正是因为它不同于情报分析师的“大图画”与或然性推论。联邦调查局特工专注调查一个案件，穷究不舍，拿到的正是证明被告及“基地”组织与不法行为有关的文字证据。

中情局与联邦调查局之间一时的较劲也非全然不对。《基层细胞》描述菲律宾警方搜寻优素福与同党阿卜杜勒·哈基姆·穆拉德（Abdul Hakim Murad）的公寓后，联邦调查局的反恐探员立即飞到马尼拉，“跟中情局各干各的”。这完全就是联邦调查局与中情局的一贯作风：前者要将穆拉德关押起来，后者希望用他来放长线钓大鱼。两个单位最后还是通力合作，但合作完全是不得已而为之的。双方的确“因对立和猜忌”而失和，但这样的竞争对立有何不可？

一如米勒、斯通和米切尔所说：“联邦调查局美国反恐单位前负责人尼尔·赫尔曼（Neil Herman）反对与中情局一起工作，这跟程序无关，而是他根本就不认为中情局对擒拿优素福有帮助。赫尔曼说：‘那时，我认为中情局无法在一间浴室中找到人，我甚至不认为他们找得到那间浴室。’”改革情报组织的人认为，联邦调查局与中情局的竞争对立基本上像夫妻失和，应该可以一起共事的人就是不能一起共事。但是也不妨将这种情形看作市场竞争，这可以促使“企业”更努力，制造出更好的产品。

世间没有所谓完美的情报体系，而每种立意良好的改进都要在权衡轻重后拿捏得恰到好处才有效果。例如，一个因伪造文书罪而被美国警方通缉、被加拿大警方羁押的犯罪嫌疑人，向警方供出 5 名阿拉伯移民的姓名与照片，指称这 5 人已经越界进入美国。联邦调查局于是在当年的 12 月 29 日发出警告通报，把 5 人的姓名与照片公布在该局的“打击恐怖主义”网页上，连布什总统也针对此事发表谈话说：“我们要知道这些人为何偷渡到美国，他们在美国做些什么事。”而结果证明，这完全是该犯罪嫌疑人捏造的故事。事后，联邦调查局一名官员说，该局是为了“谨慎起见”才让这些照片流传出去的。如今，我们的情报单位都非常敏感，但是这样的敏感是要付出代价的。

一如政治学者理查德·K. 贝茨（Richard K. Betts）的论文《解析、战争与决定：为何情报分析失败难以避免》中的分析所说：“让警告系统更加敏感，可以降低遭受突袭的风险，但因为假警报一而再再而三地出现，反而会使敏感度降低。”如果我们不断买胶带来密封窗户以防止被攻击，结果什么动静都没有；如果政府的橙色警告指示灯连亮数周，结果什么事也没发生，我们不免会怀疑，我们接到的每项警告是否确有其事。珍珠港的太平洋舰队为何对日本的偷袭信号如此麻木？因为，在 1941 年 12 月 7 日前数周，他们已经调查过 7 份关于日本潜水艇在珍珠港海域活动的报告，结果 7 份情报都不是事实。罗森汉的研究中的精神科医生起先是忽略“病人”心智正常的诊断，但在知道可能有人乔装病人后，就开始觉得所有的病人大概都正常——这是一种改变，但未必是进步。

5

在赎罪日战争爆发后，以色列政府成立了一个特别调查委员会，被传唤的证人之一就是泽拉将军。他们问泽拉为何坚持认为战争不会马上开始，他的回答如此简单：

参谋长必须做决定，他的决定必须清楚，军情署能为参谋长做的是为他提供清楚明确的预估，而且这种预估要客观。我知道，预估越清楚，出错的概率也就越大，但这原本就是军情署署长职业上的困扰。

历史学者埃利奥特·A.科恩（Eliot A. Cohen）与约翰·古奇（John Gooch）在其著作《军事不幸》（*Military Misfortunes*）中指出："泽拉的笃定结果成了致命的错误，军情署领导人在1973年9月与10月所犯的错误不在于他们相信埃及不会进攻，而在于他们有着无比的信心。这种无比的自信反而让决策者犯迷糊。他们未向总理、参谋长、国防部部长提出模棱两可的情势分析，并且直到最后一天都坚持认为不会发生战争。"

当然，泽拉提供了一个不含糊的答复，那是因为这是政府与社会大众对他的要求。没有人喜欢含糊不清或模棱两可。如今，联邦调查局给我们提供的是依照颜色来划分等级的警告信号，并经常谈到恐怖分子频频联系之事。这一切信息都令我们感到无奈又生气，因为它们是那么含糊。频频联系是什么意思？我们要的是一种预测，希望敌人的意图就像一幅拼图，情报人员可以通过破碎的图片把整幅图画拼出来，让我们知道全部的内情。然而，故事的内情很少让人搞清楚过，至少在事情发生前不会。有时要一直到若干有魄力的记者或调查委员会决定要查个水落石出时，我们才会真正清楚事情的真相。

2003年3月10日

失败的艺术

为什么有些人惊慌失措，而有些人却紧张失常？

1

那是 1993 年英国的“温布尔登网球锦标赛”（简称“温网”）决赛中决定性的一盘，比赛进行到第 3 盘重要的一刻，捷克选手亚娜·诺沃特纳（Jana Novotna）似乎所向无敌。她目前以 4∶1 领先，第 6 局是她的发球局，她与对手本局的得分是 40∶30，也就是说她只要再拿下一球，就会赢得此局；再拿下一局（即连赢 4 球），这场比赛就大势已定，人人称羡的冠军奖杯即可到手。她刚刚向对手施特菲·格拉芙（Steffi Graf）击出一记反拍，球从球网边缘掠过，出其不意地落在球场边，格拉芙扑救不及，只能干瞪眼。

球场的看台上坐满了人，肯特公爵与夫人依照惯例坐在他们的皇家包厢。诺沃特纳身穿白色球衣，金色的头发用发带拢在脑后，她顾盼自若，信心十足。可是这时局面突然起了变化，她的发球触了网。她稳下步伐，把球高高抛起，身体像弓一样后弯，准备再发第二球，可是这次更糟：她的挥拍似乎不够用心，好像只有手在使劲，身体和双脚都没有配合用力，造成了双误。接下来她对格拉芙的杀球攻势也显得反应迟钝，连格拉芙的正手抽球也接不到了。

在第6局的关键得分上，她的扣杀球没过网；她非但没能实现5∶1，反而让比分转成了4∶2。轮到格拉芙发球，她轻松得分，将4∶2追成4∶3。轮到诺沃特纳的发球局，球却抛得不够高。她的头垂了下来，动作也明显变得迟钝了。一次双误、两次双误后，又出现了三次发球双误。格拉芙的正拍抽球，把诺沃特纳的防线拉得大开。诺沃特纳非但没有运用正拍交叉出球让格拉芙疲于奔命，让自己有时间回到防守位置，反而不自觉地击出一个又低又直的球，让格拉芙迎个正着，发球局被破，得分顿时变成4∶4。诺沃特纳是否突然意识到自己原本已胜利在望？她是否还记得自己从未赢过重要的大赛？她是否因看到球场上另一端的格拉芙——她这个时代最伟大的网球明星而心生胆怯？

诺沃特纳在底线等待格拉芙发球：她变得急躁，不断地晃动身体，跑前跑后。诺沃特纳自言自语，目光扫视全场。她在本局并未得分，格拉芙以5∶4后来居上。诺沃特纳用毛巾擦拭脸庞与球拍，然后又一根一根地擦拭手指。又轮到她发球，她没接到对方的抽球，连边都没碰到。她摇摇头，又喃喃自语起来。她第一次发球没有成功，接着发第二次。在接下来的你来我往中，她迎击一个反拍球时，挥拍不当，球变成高飞球。诺沃特纳此时变得不像一个一流的网球选手，反倒像一个刚出道的新人。她在压力下体力快要不支了。

到底是什么原因令她招架不住？观众席上一片不解之声。压力不是会激发我们展现最佳实力吗？我们会更努力、更专注，我们的肾上腺素会上升，促使我们超常发挥，但此时的诺沃特纳到底是怎么了？

到了赛点，诺沃特纳击出一记小心翼翼、无甚力道的高吊球，格拉芙无情地以一记难以招架的高球扣杀结束了球赛。诺沃特纳目瞪口呆，她走向球网，格拉芙亲吻了她的双颊。在颁奖典礼上，公爵夫人把银质亚军奖杯颁给诺沃特纳，并凑在她耳边悄声说了几句话。这时，在球场上刚刚发生过的一切终于击垮了诺沃特纳。她满身大汗、筋疲力尽地面对着优雅的公爵夫人，公爵夫人把她搂过来。诺沃特纳趴在她肩上，啜泣起来。

2

人有时会在压力下全面溃败：飞行员会坠机，潜水员也会溺毙。在激烈的竞争与众目睽睽之下，篮球选手有时会找不到篮筐，高尔夫球选手有时也会看不见标号旗杆。遇见这种情况，我们有时会说他们“惊慌失措”，有时会说他们“紧张失常”，后者是运动比赛中常听见的用语。但是这些字眼到底是什么意思？它们有何不同？不管是“惊慌失措”还是“紧张失常”，两者都不是恭维之词，几乎跟“放弃”一样糟糕。然而，形形色色的失败都一样吗？从失败的形式，如何看出一个人的性格与思维？我们生存在一个迷恋“成功”的时代，身边充斥着有才之士如何克服障碍、挑战成功的文字记录。然而从这些文字记录中，我们同样可以学习到很多东西。

“紧张失常”听起来像一个含糊而笼统的说法，但它描述的其实是一种非常特殊的失败。举例来说，心理学家经常使用一个非常原始的录像游戏来测试人的运动技能，他们叫你坐在计算机屏幕前，屏幕上有四个方块，键盘上则有四个相对应的按键。字母X会轮流出现在屏幕上的方块中，而你获得的指令是，每次X出现时，要按下相对应的按键。弗吉尼亚大学心理学家丹尼尔·威林厄姆（Daniel Willingham）认为，如果你事前得知X出现的模式，你在按键时的反应速度会大幅提升。你会小心翼翼地先试上几回，等到熟悉顺序后，速度就会加快。威林厄姆称此为“显性学习”。如果事前不知道X出现的顺序，即使玩上几回，你也不知道其中有模式可寻，但你后来的反应速度也会变快：你是不自觉地在学习X出现的顺序。威林厄姆称此为“隐性学习”。

这两种不同的学习方式是分开的，学习的基础位于大脑的不同部位。威林厄姆说，一个人第一次学习什么事情，例如反拍击球或杀球，会以一种非常仔细且机械的方式思考与学习，等技巧越来越纯熟后，“隐性学习”就会接手，学的人可以不加思考，优美地击出反拍击球。“隐性学习”部分由基底核控制，而基底核则跟我们学习的强度和时间有关，一旦隐性学习法生效，人的反应就会越来越快，无论是打球网前的低球，或是发出时速100英里的凌厉快球，都易如反掌。威林厄姆说：“这种能力是逐渐积累的。你打过几千个正拍球，有时打过一阵子可能仍需集中注意力，但已经无须多费力气，到了最后则犹如条件反射的动作，你根本不需要注意手在做什么了。”

可是在压力下，有时“显性学习”会接手，这便出现了“紧张失常”的状况。诺沃特纳在温网决赛中节节败退，就是因为她再度开始思考自己的击球。她的流畅度与个人特色完全不见了，她发球出现双误，对于需要在力道与时机上做出高度敏锐反应的杀球，却挥拍失准。她好像成了另外一个人——击球时缓慢而谨慎，好像又成了一个初学者；发球、迎截杀球或高吊球的方式，回到她孩提时代初学网球时的练习招数。此时她依赖的是“显性学习”。同样的事也曾发生在纽约扬基队二垒手查克·纳布劳克（Chack Knoblauch）身上，不知为什么，他好像就是无法把球投回一垒。在扬基球场 4 万球迷面前，面对压力，纳布劳克发现自己进入了显性学习模式，投球表现有如少年棒球运动员。

“惊慌失措”完全是另外一回事。美国航空航天局（NASA）探讨人体因素的专家艾菲米娅·莫菲（Ephimia Morphew）对我讲述了她在深海潜水时的一次意外事故，她说：“大约 10 年前，我们到蒙特雷海湾上潜水课程。我那年 19 岁，有两周的潜水经验。这是我第一次在没有教练陪同的情况下下海，只有我跟朋友两个人，我们必须潜到 40 英尺深的海底练习。我们的任务是在海底把嘴里的呼吸调节器取出来，从潜水背心中拿出备用的一副，练习使用备用调节器。我的同伴完成了练习，接着轮到我。我取出嘴里的呼吸调节器，取出第二副，放进口中。先吐气，再吸气。可是出乎我意料的是，我吸入的是海水。紧接着，连接咬嘴与氧气箱的管子松了，从管子里出来的空气打到我脸上。”

她说：“我立刻伸手去抓取同伴的呼吸调节器，好像要把它扯开一样。我根本未经思考，完全是生理上的反应。我眼见我的手在做一些不负责任的事，我跟自己交战，告诉自己不要那么做。然后我尽力回想还可以做些什么，但是脑子里一片空白。我只记得一件事：如果你不能照顾自己，就让你的同伴来照顾你。我把手缩回来，就站在那里。”

这是一个典型的惊慌失措的例子。莫菲在那一刻的思考停止了，她忘了自己还有另外一个氧气来源，那个才刚从她嘴巴里取出的呼吸调节器。她也忘了同伴亦有氧气瓶可用，而且两个人可以共享。她忘了一件事——抓同伴的呼吸调节器可能危及两人的性命，她那时只剩下最原始的本能：取得氧气！压力将她的短期记忆扫得一干二净。经验丰富的人不会惊慌失措，因为尽管短期记忆在遇到压力时会被压抑，他们还有其他的经验可以利用。但像莫菲这样的新手有什么可以依靠的？她说：“我拼命想还可以做什么，但脑子一片空白。”

“惊慌失措”一旦出现，心理学家所说的“理解范围缩小”的状况就会接踵而来。在 20 世纪 70 年代早期的一项研究中，主持人要求一组参与实验的人做一项视力敏锐度的测验。受测对象会感觉到自己在压力舱中下坠 60 英尺，主持人要他们在下坠之际利用眼角余光做视力测验，在看到一闪一闪的光点时，就按下按钮。结果发现，在压力舱中的受测对象的心跳率比对照组高很多，这显示他们承受了压力。压力并未妨碍他们的视觉敏锐度，但他们眼角余光所见只有对照组的一半。莫菲说：“我们都倾向于只关注一件事。还有一个典型的例子是，当机场跑道的灯关掉时，飞行员一般都会忽视起落架的状况。正副驾驶都聚焦于跑道灯光，没有人注意到自动驾驶仪已经关掉，结果飞机便坠落了。”莫菲伸手去抓同伴的呼吸调节器，是因为她只能看到那么一个呼吸调节器。

从这个例子来看，“惊慌失措”与“紧张失常”刚好相反。“紧张失常”是因为想太多，“惊慌失措”是因为未经思考；“紧张失常”跟失去本能有关，“惊慌失措”则会促使人回归本能。两者可能看似相同，实则有天壤之别。

3

在有些情况下，惊慌失措与紧张失常的区别的确不太要紧。如果你在一场与对手实力相当的网球比赛中输了球，可能是因为惊慌失措，也可能是因为紧张失常，但不管是哪种情形，你都输了。但也有一些明显的例子告诉我们，对于我们了解为什么会失败来说，怎么失败的至关重要。

就拿小肯尼迪 1999 年夏飞机失事一例来说吧。7 月的一个周五傍晚，他带着妻子与小姨子前往马莎葡萄园。那天是阴霾天气，小肯尼迪沿着康涅狄格州的海岸线飞行，他利用飞机下方的灯光作为指引。到了罗得岛的韦斯特利镇时，他驶离了海岸线，笔直地向罗得岛湾飞去。此刻，黑暗与阴霾显然使他失去了方向感，他采取了一连串奇怪的行动：飞机开始向右倾斜，他向海洋深处飞去，然后又向左；飞机爬高又俯冲，加速又减速。在距目的地只有几英里的地方，小肯尼迪失去了对飞机的掌控力，他的私人飞机最后坠落到海里。

用技术名词来说，小肯尼迪错在没有保持机翼平衡。这是致命的一点，因为飞机一旦向一侧倾斜，便开始旋转，机翼会失去垂直升高的能力，如果不能及时修正，这个过程就会加速。倾斜的角度越大，弯度就越大，这时飞机就会像螺丝起子般不断旋转，并开始向地面下坠，绕的圈也越来越小。飞行员管它叫“死亡盘旋”。小肯尼迪为何不停止做这种俯冲动作？因为在能见度低与高压力的时刻，要保持机翼呈水平状态，甚至察觉出自己处在“死亡盘旋”状态，可能都十分困难。小肯尼迪被压力击垮了。

倘若小肯尼迪飞行时是白天或是明月当空的夜晚，他可能不会出事。坐在驾驶舱中的飞行员，从舱中往前看，前方的地平线可以使他明显地看出机翼的倾斜角度。但如果这时外面是一片漆黑，地平线消失了，飞机倾斜程度便无从测量。平常在地面上，即使是在黑暗之中，我们也知道自己是否处于水平状态，因为我们内耳中有感知平衡的机制。然而，在螺旋下坠的情况下，由于飞机对人的内耳产生重力效应，即使飞机失去平衡，飞行员也完全没有感觉。同样，我们搭乘的民航客机如果起飞后呈30度倾斜，你旁边的乘客摆在大腿上的书也不会滑到你的大腿上，机舱地板上的笔也不会滑向另一边。因为飞行物理学的缘故，飞机在转弯时，客舱里的乘客仍感觉自己处于水平状态。

这是一个相当难懂的观点，为了便于理解，我特别与《天空之内》（*Inside the Sky*）一书的作者威廉·朗格维舍（William Langewiesche）一同飞行。我们在圣何塞机场碰面，里面有个喷气式飞机中心，停满了硅谷大亨的私人飞机。四十几岁的朗格维舍有着棕色皮肤，相貌与电影《太空英雄》（*The Right Stuff*）中的几位明星飞行员不相上下。我们在黄昏时出发，向南边的蒙特雷海湾飞去。海岸上的灯光渐渐离我们远去，夜色笼罩在地平线上，朗格维舍让飞机稍稍往左倾斜，手离开了操纵杆。我从天色中看不出什么异样，便把注意力集中在仪表板上。陀螺仪提示我们正在倾斜，起先是 15 度，后来是 30 度，再后来是 45 度。

朗格维舍冷静地说："我们在螺旋俯冲。"我们的空速在稳定增加当中，从 180、190 到 200 节[1]。高度表的指针在往下掉，飞机像石子一样，以每分钟 3 000 英里的速度往下掉。我可以听见引擎的声音稍稍提高了一点儿，在速度不断加快时，风声也比之前大了。但如果朗格维舍一直与我交谈，我根本不会听出这些来。如果舱内失压，尤其是在飞机急剧下坠的那一段，我的耳内可能会噼啪作响，但是除此之外，我什么异样也不会感觉到。螺旋下降时，惯性力完全正常，用朗格维舍的话说，飞机"喜欢"螺旋下坠。我们从开始下坠到现在只不过六七秒。突然，朗格维舍摆平机翼，把操纵杆向后拉回，让机头提高，结束了往下掉的趋势，到此时我才感觉到惯性力的全面力量，它把我推回到椅背上。朗格维舍说："飞机倾斜时，你不会感觉到惯性力，对新手来说，这一点最令他们困惑。"

我问朗格维舍，我们可以再往下掉多久，他回答："5 秒之内便会超过飞机的极限。"那时，再想要拉回飞机的话，那股力量就会撕裂飞机。我转头再看仪表板，要求朗格维舍再做一次螺旋俯冲，但不要告诉我。我坐好等待，正要告诉他随时可以开始时，我突然被抛回椅背上，他说："我们刚才掉了 1 000 英尺。"

在经验上无法感知，即不知道自己开的飞机处于什么状态，正是夜间飞行让人感到压力巨大的原因。小肯尼迪离开康涅狄格州海岸

① 节，专用于航海的速率单位，后延伸至航空方面，相当于船只或飞机每小时所航行的海里数。——编者注

线的导航灯光，在韦斯特利镇上空转向大海飞去时，必定就有这种感受。当天晚上他飞到楠塔基特岛，在马莎葡萄园上空下降时对美国国家运输安全委员会说，他往下看，结果什么都看不见。“没有地平线、没有灯光，我以为岛上停电了。”小肯尼迪这时等于是个盲人，他必定知道自己身处怎样的险境。他靠仪表飞行的经验相当少，以往他飞往马莎葡萄园时，地平线或灯光都清楚可见。小肯尼迪最后一连串奇怪的操作，是他拼命想要在阴霾中寻找亮光的过程。他想找到马莎葡萄园的灯光，找到失去的地平线。在国家运输安全委员会的失事报告中，你几乎可以感受到他当时的绝望：

> 约在21：38，目标（小肯尼迪的飞机）开始右转向南飞。大约30秒后，目标在2 200英尺高空停止下降，开始向上爬，持续大约30秒。在这段时间内，目标停止转弯，空速减到每小时153海里。大约在21：39，目标保持在2 500英尺高度，向东南方向飞行。大约50秒后，目标左转，向上爬到2 600英尺。目标继续左转，开始以每分钟900英尺的速度俯冲。

事件中，他是“惊慌失措”还是“紧张失常”？在这里，两者具有关键性的区别。如果他是“紧张失常”，他就会设法回到“显性学习”模式：在驾驶舱的操作动作会显著放缓，也不那么流畅，他会回到从前初学飞行时的情形，并对教练教的那一套以机械式的、自觉的方式运用。这样可能反倒好，因为此时小肯尼迪需要思考，把注意力集中在仪表上，地平线依稀可见时的本能飞行模式，这时已经用不上了。

可是从所有迹象表明，他陷于“惊慌失措”状态。在他需要想起飞行步骤时，他的脑子可能就像莫菲在海底时一样，是一片空白的。他不但未检查仪表，而且似乎把注意力集中在一个问题上：马莎葡萄园的灯光在何处？莫菲在海底眼角余光扫不到救生设备；同样，小肯尼迪在高空之中也对陀螺仪与其他仪表视而不见。他依靠的是本能，而在暗夜里，本能什么也不能告诉你。国家运输安全委员会的报告说，小飞机机翼仍保持水平，是在21：40后的7秒内。飞机坠海的时间是21：41，这要命的关键时刻距保持水平状态还不到60秒。

21：40过后的25秒内，飞机倾斜的角度大于45度，驾驶舱中一切也许感觉正常，但小肯尼迪必定听见了机外渐强的风声，或是引擎在飞机加速下坠之际传出的吼声。可能这时他再度依赖本能，把操纵杆向后拉，以拉抬机头，但是在机翼不平衡的状态下拉操纵杆只会使旋转加剧。也有可能小肯尼迪什么都没做，他可能只是僵在仪表盘前，直到最后一刻仍在狂寻马莎葡萄园的灯光。有时，在飞机螺旋下坠时，飞行员会干脆什么都不做，朗格维舍称此为“一泻千里的引力”。

4

小肯尼迪那晚的遭遇说明了“惊慌失措”与“紧张失常”之间的重大区别。“惊慌失措”导致常态性的失败，对这种失败，我们都有所体会。小肯尼迪惊慌失措，是因为他对仪器导航的自动飞行了解不够，如果他的飞行经验能够再多一年，他可能就不会慌张了：人们都相信，表现会随着经验的增加而改善，勤快能够克服压力带来的障碍。

反观“紧张失常”时，经验与训练的帮助可能都有限，心理素质可能反而会成为成败关键。诺沃特纳的失败绝不是因为她不够勤快，她受的网球训练与她本身的体能状况跟她在国际大赛中交锋的对手旗鼓相当。经验又帮了她什么忙？在1995年的法国公开赛第三场，她“紧张失常”的状况甚至比对格拉芙之役更为严重，她在第三盘时还以5∶0领先，最后却输给钱达·鲁宾（Chanda Rubin）。无论是与鲁宾还是格拉芙交手，诺沃特纳的表现之所以会先强后弱，至少有部分原因是如出一辙的：连番失手让她觉得，自己即使在第三盘中以5∶0领先，还是有可能输掉比赛。如果“惊慌失措”是常态的失败，“紧张失常”便是一种反常的失败。

斯坦福大学心理学家克劳德·斯蒂尔（Claude Steele）与相关人员近年做过数项实验，以了解若干团体在压力之下如何表现，他们的发现或可帮助我们加深对“紧张失常”的了解。斯蒂尔与其同事乔舒亚·阿伦森（Joshua Aronson）在对斯坦福大学学生做实验时发现，如果他们事先告诉学生这是一项智力测验，白人学生的表现会远超黑人学生。但当同一项实验以“抽象的实验室工作”呈现在学生面前，对智力只字不提时，白人学生与黑人学生的成绩就会完全一样。斯蒂尔与阿伦森将此种差异归因于“成见威胁”。当黑人学生被带进其他人对他们有成见的情况下时，他们的智力表现在压力下就会不尽如人意。

斯蒂尔等人发现，只要有团体被贴上负面标签，这种“成见威胁”在任何情况下都会发酵。如果让一批女性进行数学测验，并表明要测试她们的计算能力，女性的表现会比男性逊色；而如果说这只是一项研究，那么她们的成绩绝对不亚于男性。我们再看看斯蒂尔的学生朱利奥·加西亚（Julio Garcia）的一项研究：他在自己所执教的塔夫茨大学召集了一批白人学生运动员，由一名白人教练带着他们进行一连串的体能测验：跳高、跳远与 20 秒俯卧撑。然后，教练要他们再做一次同样的测验。不错，你猜对了，加西亚的实验发现，学生们的第二次测验中每项的表现都比第一次稍好。

加西亚实验的第二步是，召集一批不同的学生进行同样的体能测验，只是这一轮实验中，第一次负责担任教练的是白人，第二次则由一名非裔的教练接手。白人学生在第二次测验的跳高项目上的表现没有进步。加西亚实验的第三步是用一个比第二次测验的黑人教练更高、更壮的黑人教练执行测验，结果白人学生的跳高成绩比第一次要差，不过做俯卧撑的成绩两次都一样——没有任何成见认为白人做俯卧撑不如黑人，唯一受影响的是跳高，这是因为西方文化认为白人不擅长跳跃。

黑人学生的考试成绩没有白人学生好，白人学生没有黑人学生那么擅长跳跃，这些发现不是新闻，问题是，我们总认为这种压力下的表现不理想是惊慌失措造成的。我们对表现欠佳的学生和运动员说的话，跟我们对潜水新手或飞行新手说的一样，我们会勉励他们：加倍努力，全力以赴，更加慎重地对待能力测验。然而，斯蒂尔告诉我们，我们会看到女学生或黑人学生在“成见威胁”下表现失常，但我们不会看到一个惊慌失措的学生面对考试时乱猜一通。他解释说：

“你看到的反而是谨慎过度的猜题行为。在他们接受面谈时，你会感觉，如果这些人是处于‘成见威胁’的情况下，他们就会对自己说‘我在这里千万要小心，不要在这里搞砸了’。他们会平静下来，做完测验。但是要在一种标准化测验中考出好成绩，这样做并不是正确的办法，因为你越这样，就离快速处理的本能越远。他们以为自己做得很好，也在尽力做好，结果却不然。”这就是“紧张失常”，不是“惊慌失措”。

加西亚实验中的学生运动员与斯蒂尔实验中的学生就像诺沃特纳，不像小肯尼迪。他们失败是因为擅长于自己所做的事，只不过那些在意自己表现的人始终都能感受到“成见威胁”。在这种情形中，我们平常用来克服失败的方法（例如加倍努力、重视考试），都只会使问题恶化。

这是一个很难领会的课题，但更难领会的是，“紧张失常”时，我们需要学着不那么在意别人的目光。诺沃特纳面对格拉芙转败为胜，自己却一筹莫展，她唯一能做的事是，在关键性的第三盘不去在乎转播的摄像镜头，告诉自己：公爵与夫人已经回家了，而且观众都离席到场外去等候结果了。然而在现实比赛中，这一点却很难做到。运动比赛中，选手“紧张失常”是比赛中重要的戏剧成分，虽然众目逼视，选手却能够克服观众带来的压力，这是夺得冠军重要的一部分。不过，我们一生中不是时时刻刻都要这么处变不惊，我们必须学着了解，有时表现不好并不反映一个人的内在能力，而是压力使然；有时不尽理想的测验成绩并不表示接受测验的人是差生，相反地，这可能恰恰说明他是好学生。

5

在 1996 年美国高尔夫大师赛的前三回合里，格雷格 · 诺曼（Greg Norman）领先的程度似乎已无人能够超越了，他的绰号叫“大白鲨”，是全球公认最佳的高尔夫球选手。他在球场上昂首阔步，不在球道上流连，球童在后面跟着有些吃力。到了比赛的最后一天，打到第 9 洞时，诺曼跟杆数紧追其后的英国选手尼克 · 法尔多（Nick Faldo）对决。两个人前几杆都打得不错，现在他们面对果岭，在标号旗杆前有一个陡坡，如果球击得不够远，便会滚下来。法尔多先挥杆，球的落点非常安全，过了球洞。

接着轮到诺曼，他摆好姿势。转播员说“现在要小心不要击出短球”，并说明其中原因。诺曼挥杆，球飞到了半空中——不幸被言中了，果然是短球。诺曼铁青着脸，看着球滚下坡来。犯了这个错误，他的心态好像瞬间崩溃了。

在第 10 洞，诺曼把球勾到左边，打出第 3 个超过球洞的短球，原本不难做到的推杆，他也没打好。到了第 11 洞，诺曼需要打出一杆距离球洞 3.5 英尺的推杆，以保平标准杆数，这对他而言应该是小菜一碟。他在抓杆前抖抖手和腿，希望放松一下，但球没进洞，这是他连续第 3 次打出超过标准杆的一杆。在第 12 洞，诺曼把球打到了水里。第 13 洞，他将球打到了松树枝上。第 16 洞，他的动作变得僵硬而且十分机械，他摆动身体时，转臂的弧度太大，球直飞到另一个水池里。这时，他沮丧地拿着球杆，对着草皮做了一个挥刀割草的动作。一再出现的失准动作已经注定了结局：一生的良机就此溜走。

法尔多当天开始比赛时落后诺曼 6 杆，但在他们于众目睽睽下缓缓走向第 18 洞时，他已领先诺曼 4 杆了。最后的几杆，他不慌不忙，始终低着头，只偶尔轻轻地点下头。他了解当天在球道与果岭上发生了什么事，他没有得意忘形，因为他知道两人之间的差距并不大。

比赛结束时，法尔多用手搂住诺曼，轻声说："我不知道该说什么，只想给你一个拥抱。"然后他说了一句用来安慰紧张失常者的话："刚才发生的事真是糟透了，真是遗憾。"说完，两个大男人都哭了。

2000 年 8 月 21 日、28 日

航天飞机爆炸的省思

谁应为“挑战者号”航天飞机爆炸那样的灾难负责？

谁也不能。我们最好习惯这种情形

1

在科技时代，每每在灾难发生后，我们总会祭出一套仪式：每块扭曲的金属或水泥碎块，被发现后都像神主牌似的被供着。我们找到每项实体证据，都会为其标上标签，进行检验分析，然后把分析结果呈交调查委员会。委员会在进一步深究并约谈相关人员后严肃地得出结论。我们做这种检讨仪式的目的是要重新取得掌控权，希望能从意外中获得经验，从总结出的原则中吸取教训，将潜在事故防患于未然。三英里岛核事故发生后，美国没有关闭核电站，也没在每次发生飞机坠毁事件后便放弃飞行，我们知道这种灾难后的检讨仪式是有其效力的。在众多灾难的检讨仪式中，最彻底的一次是关于1986年1月28日在佛罗里达州南部发生的“挑战者号”航天飞机灾难。

在“挑战者号”爆炸发生55分钟后，在其最后一块碎片掉入大海的同时，搜救与打捞的船纷纷驶往现场，并在该区域停留了3个月。这项史上规模最大的打捞任务，在方圆十几万平方海里的海域范围内展开，若干搜救人员在海上打捞漂浮的碎片，数艘潜水艇则在航天飞机沉没的海床附近搜寻。1986年4月中旬，打捞小组找到几块被烧毁的航天器上的金属碎片，证实了专家先前所怀疑的失事原因：爆炸的原因是航天飞机火箭推进器外的一个密封装置失灵，导致火焰钻入外挂燃料箱。

获得这项证据后，美国总统下令成立的特别调查委员会，在当年6月得出的结论是，密封装置出了问题，这足以证明NASA与主要承包商莫顿聚硫橡胶公司（Morton Thiokol）工程上的粗糙与管理上的松懈。受到责难后，NASA重新回到设计桌前，在努力了32个月之后，根据先前的教训，推出一架全新的航天飞机“发现号”（Discovery）。这是美国于“挑战者号”出事后首次执行的航天飞机任务，美国公众均屏息观看“发现号”升空。“发现号”的全体人员更为此举行了一个简短的纪念仪式，机长弗雷德里克·H. 豪克（Frederick H. Hauck）对7位遇难的“挑战者号”同僚说：“亲爱的朋友，你们的牺牲让我们能够再度找回信心，并重新开始。”灾难后的检讨仪式至此画上句号，NASA再度扬眉吐气。

然而，灾难过后的种种检讨与发现万一不对又怎么办？假设这无助于我们避免未来的灾难，我们又该怎么办？过去数年，部分学者及专家对灾后检讨仪式的看法是，这固然是重新出发的机会，但也是一次又一次地自欺欺人之举。对这些人来说，人类所创造的复杂科技内部环环相扣，每个环节都有内在问题，一旦这些高科技的东西出了意外，究竟什么是罪魁祸首可能很难考究。

这股修正论风潮亦吹到“挑战者号”的灾后检讨上。社会学者黛安娜·沃恩（Diane Vaughan）所著的《“挑战者号”发射决定》（*The Challenger Launch Decision*）一书，率先对“挑战者号”出事前的各种事件做出真正深入的剖析。一般的看法是，“挑战者号”出事是因为出现“异常”状况，NASA 的人该做的没做，但沃恩的结论恰好相反，她说航天飞机出事正是因为 NASA 的人做了该做的事。她在书上说：“NASA 的人并没有做出怀有恶意的重大决定，相反，他们所做的是一连串看似无害的决定，只不过这些无害的决定却一点儿一点儿地把‘挑战者号’推向灾难性结局。”

沃恩的分析当然引起了激烈的辩论，不过，即使只有部分正确，她的论点也具有相当的影响力。处在现今这样一个时代，我们周遭有发电厂、核武器系统，以及每小时协调几百架飞机起降的机场。我们所了解的是：这些设施与系统都有风险，不过它们都是可以处理的风险。然而，正常运作的复杂系统中若有免除不了的潜在灾难，这种理解便是错误的。风险不是那么容易处理的，意外也不是那么容易预防的，灾后的检讨仪式并没有什么意义。第一次听到“挑战者号”的故事，我们会觉得它是那么悲情，但十年之后重新叙述，听起来就只是陈腐的调子了。

2

也许要了解有关“挑战者号”的各方争论，最好的方式是从之前的一场重大灾难谈起——三英里岛核事故。三英里岛核电站在 1979 年 3 月出事，总统任命的特别调查委员会的结论是：这是人为错误，核电站的操作人员难辞其咎。但修正论者认为，实情远比委员会所做的结论复杂，而他们的说法值得我们详细审视。

三英里岛核事故的肇因是，该核电站巨大的过滤性给水泵因堵塞而停转。这种问题在三英里岛核电站动辄就会出现，不算太过严重。然而这一次，堵塞使蒸汽渗入核电站的冷却系统，两个阀门开合失灵，冷却水因而无法进入蒸汽发生器。

三英里岛核电站有一套备用的冷却系统，专供这种情况下使用。然而就在冷却系统那一天发生问题之际，说也奇怪，备用系统的阀门没有开启；阀门没打开，控制室显示阀门没开的仪器也恰巧被一个挂在上方的待修标签遮住了。这时，反应器只能依靠另一个备用系统，也就是靠另一个释压阀运作。可是巧合的是，这天释压阀也不灵了，原本应该处于关闭状态，这时却打开了。更糟的是，控制室的操作人员原本可以从一个测量表得知释压阀出了问题，偏偏那个测量表这时也失灵了。等三英里岛核电站的工程师意识到发生了什么事时，反应器已经快熔化了。

换句话说，这场大灾难是因五个不同的事件一起发生而酿成的，而控制室中的工程师对其中任何一件都浑然不觉。他们没有做出什么严重的错误决定，这使原本就严重的问题一发不可收拾。所有的故障：给水泵堵塞、阀门关闭、指示仪器被挡住、释压阀故障与测量表失灵其实都是小问题。分开来看，这些故障只是小麻烦，不会造成大问题，可是出人意料的是，当这几个小问题凑在一块儿时，大问题就发生了。

这种灾难是耶鲁大学社会学者查尔斯·佩罗（Charles Perrow）所称的“正常意外”。佩罗所谓的“正常”并非表示经常发生，他的意思是，我们可以预期在复杂科技的正常运作中会发生这类意外。他认为，现代化系统是由上千个零组件组成的，彼此之间的运作关系复杂到难以预测，由其复杂性看来，几个小错酿成的大灾难几乎是躲都躲不掉的。他在1984年发表了一篇以意外事故为主题的论文，检视著名的空难、石油外溢、化工厂爆炸以及核武器工厂发生意外的实例，告诉我们其中有多少是所谓的“正常意外”。如果看过卖座电影《阿波罗13号》（*Apollo* 13），你就会明白什么叫作“正常意外”：“阿波罗13号”无法完成任务，是因为宇宙飞船的氧气箱与氢气箱无法交互作用，氧气箱爆炸后导致舱内氧气不足，另外，一个指示灯也分散了航天员本应对真正问题所在处的注意力。

如果“阿波罗13号”是“真正”的意外，执行整个任务出事是因为发生重大错误或人谋不臧而误了大事，那么根据它拍成的电影也不会这样轰动一时。在真正的意外中，当事人会被大声责骂并被追究责任——就像好莱坞惊悚片中常见的模式。但《阿波罗13号》之所以如此扣人心弦，是因为里面的主要情绪不是愤怒，而是欲哭无泪、欲诉无言——因微不足道的原因而出了这么大的错，让人惊讶得说不出话来。整件事没有人可以被追责，没有什么见不得人的秘密可挖，除了在不知为何失败的情况下重建整个系统，没有其他地方可以求助。到头来，“正常”的事故更令人感到害怕。

3

“挑战者号”是那种“正常”的意外吗？从严格的角度来看，答案是否定的。不像三英里岛核事故，“挑战者号”的爆炸是由单一的灾难性故障所引起的，即防止热气从火箭推进器外泄的橡胶密封圈没有发挥作用。不过沃恩认为，橡胶密封圈的问题其实是一个象征，NASA 的文化才是事故的真正原因。那种文化促使 NASA 对“挑战者号”做出各种决定，而决策过程跟正常灾难发生的路径完全一致。

问题的核心在于，NASA 如何评估火箭推进器的橡胶圈问题。火箭推进器共有四节，每一节都靠薄薄的橡胶圈密封套牢。但早在 1981 年之前，“挑战者号”经过多次飞行之后，橡胶圈越来越频繁地出问题，有几次橡胶圈甚至出现严重腐蚀。橡胶若被腐蚀，就表示热气会外泄。此外，工程师早就怀疑，橡胶圈在低温下会因硬化而影响其密封程度。在 1986 年 1 月 28 日早上，航天飞机发射台其实处于冰封状态，升空时气温只比冰点稍高。莫顿聚硫橡胶公司的工程师事前预计会有低温，建议延后发射，不过 NASA 没采纳这项建议。就是因为这项决定，后来特别委员会与若干批评者都指责 NASA 做了误判，罪无可逭。

沃恩并不怀疑 NASA 的决定确有致命的瑕疵，但在阅读数千页通话记录与 NASA 内部文件后，她找不到任何玩忽职守的证据，更未发现有人因为政治因素或追求功绩而牺牲了安全方面的考虑。她认为，NASA 是在正常作业程序中犯了错误。举例来说，指明气温过低会影响橡胶密封圈的性能，现在看来，这显然是“事后诸葛亮”之见，因为当时这种关联性并不是那么明显。“挑战者号”在执行前一次飞行任务时，温度只有华氏 75 度（约 24 摄氏度），当时橡胶圈也有问题；NASA 之前也曾数度想要提议避免在华氏 41 度（5 摄氏度）的低温情况下发射“挑战者号”，但这项提议后来因为其他原因并未被提出，“挑战者号”照样在天寒地冻的情况下升空。在 NASA 考虑安全措施之际，对于寒冷天气可能对橡皮圈造成的影响及其潜在危险，莫顿聚硫橡胶公司没有提过一个字，因此对 NASA 来说，反对“挑战者号”这次按时发射似乎并不合理，反而是武断的看法。

沃恩证实，在发射前夕，主管人员与工程师曾经有不同意见，但她也指出，这种争执在 NASA 是家常便饭。在内部讨论火箭推进器接合的文件中，特别调查委员会看到“可接受的风险”与“可接受的腐蚀”等字眼多次出现时，虽然感到大为震惊，但沃恩表示，在“可接受的风险”下执行飞行任务是 NASA 常态文化的一部分。事实上，在失事的那次任务中，详列的“可接受的风险”项目厚达六大册。沃恩说：“虽然橡胶密封圈腐蚀问题本身并没有被预测出来，但问题的出现跟我们对大规模科技系统类工程的预期吻合。在 NASA，有问题是常态，‘异常’这个词每天都被挂在嘴边。‘偏离正常’可以控制，但无法消除，整个航天飞机系统都是在这个前提下运作的。”

NASA 打造出的是一种封闭的文化，在这种文化中，“常态化的异常”对外界来说虽然具有争议，但对他们自己人来说却是审慎而合理的。沃恩对 NASA 的内部描写，令人读了之后感到非常不安。她一一举出“挑战者号”发射前的决定与决策程序，每项决定其实都微不足道，就好像造成三英里岛核事故的一连串小问题一样，很难说在发射升空的过程中到底是在什么时刻出现了问题，或者什么问题可以在下次得到改进。沃恩的结论是："我们可以说'挑战者号'的升空决定完全是照规矩来的，但是文化背景、规则、程序与过去一直都有用的行为模式，这次全都失灵了。对于这次悲剧，我们不能归罪于居心叵测的主管人员违反规则。如果真要归咎，那就是墨守成规的心态。"

4

我们还可以从另一个角度来看这个问题，也就是人类处理危机的观点。灾难检讨仪式背后的一项假设是，如果可以找出并消除风险，运作的体系就会更安全。举例来说，航天飞机推进器的接合装置若能得到大幅改善，类似"挑战者号"的太空灾难的发生率就会降低，其中的道理显而易见，好像大可不必质疑。然而，学术界对"风险平衡"理论能不能、该不该运用，以及其适用的程度，进行了相当激烈的辩论。加拿大心理学家杰拉尔德·怀尔德（Gerald Wilde）在其《目标风险》（*Target Risk*）一书中，对此有深入浅出的解说：在特定情况下，看起来会让系统或组织更安全的变动，其实未必可以使之更安全，因为人类似乎有一种基本倾向，为了在一个地方把风险降低，而甘愿冒另一种更高的风险。

我们再来看前些年在德国进行的一项著名实验，有人利用 ABS（防抱死刹车系统）进行测试——ABS 可以大幅改善刹车性能，尤其是在湿滑的路面上。在实验中，一组慕尼黑的出租车安装了这种新的技术，另外一组未装，两组出租车车队在3年的时间内受到密切观察。你可能会以为安装了ABS的车辆的安全驾驶情况会比较好，但事实完全不然。有些司机在车上装上ABS后，并未改善自身的肇事率，反而变得不再小心驾驶了：他们开始开快车，急转弯，换车道时也更加不守规矩；他们踩刹车比较猛，车距也比较近，险些剐蹭的情形也较多。换句话说，出租车司机没用ABS来减少事故，而是把这当作额外的安全装置——有了ABS，他们就可以放心飙车了。如同经济学者所形容的，他们“消耗”了风险降低率，而不是确保它的实现。

“风险平衡”理论不是时时刻刻都在发挥作用，补偿行为只部分抵消了安全措施所降低的风险，安全带就是一个例子。然而风险发生的次数如果太过频繁，我们就必须加以正视。为什么行人在画线的人行横道上被撞死的概率超过未画线的区域？因为在有标志的区域，我们对驶来的车辆就不那么注意提防了，这是我们对“安全”环境产生的“补偿”心理。根据一项研究，美国人开始使用儿童无法打开的药瓶后，儿童因致命性药物中毒的事件发生率反而大幅上升，因为成人对不让孩子拿到药瓶这件事变得不太注意了。

“风险平衡”理论在相反的角度也适用。20世纪60年代末，瑞典下令将靠左边驾驶改为靠右边驾驶——我们大概会以为这下交通事故一定会大增，但事实上，车祸不但未增加，反而减少了。驾驶人为了适应新的交通规则，以更加小心驾驶的心理来补偿。在新规定实施后的一年里，车祸死亡事件减少了17%，之后才慢慢回到先前的水平。怀尔德半开玩笑地说，真有兴趣加强道路安全的国家可能应该考虑定期改变靠左或靠右行驶的规定。

如此说来，“风险平衡”理论会如何适用到NASA与“挑战者号”之上，我们不需要多费脑筋就能想象出来。特别调查委员会成员、诺贝尔物理学奖得主理查德·费曼（Richard Feynman）的名言是：“NASA的决策过程是一种俄罗斯轮盘式的赌博。”费曼说，当橡胶密封圈开始出问题，但什么意外也没发生时，NASA开始相信“未来几次飞行任务的风险也不会太高，我们可以把安全水平降低一些，因为上次就全身而退了”。另外，解决了橡胶密封圈问题，并不表示风险就烟消云散了，因为有类似问题的航天飞机零件用文字列出来足足有六大册呢。修理好橡皮圈之后，NASA只是会更有信心在其他问题上放手一搏而已。

这种结论令人感到沮丧，但并不令人感到意外。实情是，我们屡次对安全所做的承诺，或是对灾难过后所做的检讨，都有一定的伪善含义：我们并不真正坚持一切都要尽量安全。全美国曾实施将汽车时速限定在55英里以下的措施，这项措施所挽回的生命可能比政府过去的任何单一交通措施都多，但国会几乎没有经过讨论就撤销了这项限速措施。这证实了，我们宁可“用”类似安全带和安全气囊等安全措施，而不愿意将它们“省”下来。近年来，无论是飞机的设计还是飞行的导航技术，都有很大改良，可以想象，我们以为这些发明可使空难发生率降到最低，但消费者真正希望的是，有便宜的机票可买，有更可靠与更便捷的飞机可坐，因此交通安全进步的好处至少有部分被飞机在繁忙与恶劣天气中的起降消耗了。

类似“挑战者号”这样的灾难带给我们的教训是，我们建构了一个世界，在这个世界中，高科技的潜在灾难深深镶嵌在我们的日常生活中。在未来某一刻，因为某一极其平常的原因，在最好的用意下，NASA 的航天飞机可能还是会爆炸，我们至少应诚实地承认这一点。如果我们做不到，如果这种可能性叫人无法承受，那么我们唯一的选择是：诸如航天飞机的一切，我们应全面弃而不用。

1996 年 1 月 22 日

3

“他会穿双排扣西装，而且扣子全都扣好了。”——这就是他了。

美丽人生：个性、性格和智慧

大器晚成

我们为什么认为天才一定早慧？

1

本 · 方丹（Ben Fountain）是美国艾金 · 岗波律师事务所房地产业务板块的合伙人。他心生写作念头时，才刚出法学院校门没几年，在这之前，他唯一发表过的文章还是跟法律有关的。他受过的写作训练很少，只在大学时修读过写作课程。他曾经尝试下班回家后在夜间写作，但往往都因为太累而作罢。后来他决定辞职，以专心写作。

方丹回忆道："我内心极为害怕，觉得自己好似已经义无反顾地跳下了悬崖，却又不知降落伞会不会打开。没有人希望浪费生命，我原本可以好好开创一番事业，却放弃了前景大好的法律工作。我父母原本以我为荣，父亲尤其为我感到骄傲，但我所做的一切都太疯狂了。"

方丹在 2 月某个周一的上午开始了新生活。每天早上 7：30，他便坐在厨房餐桌前。他制订了一个计划，每天从早上开始一直写到中午，然后躺在地板上 20 分钟，让脑子休息一下，再回去工作。他当过律师，受过严谨的训练，他说："我很早就知道若不尽情抒发，我就会满心不舒服，因此我总是努力地写，把它看作一份正当工作，不会拖拖拉拉的。"他的第一个故事是关于一个股票交易员的：这位股票交易员利用内线交易，做出了逾越道德底线的事情。全文共60页，方丹写了3个月。完工后，他着手写另外一篇，然后又写了新的一篇。

在写作生涯的第一年，方丹共卖出两篇文章，他越写越有信心，完成了一部长篇小说，但他觉得写得不理想，便把它锁在抽屉里。接下来，他便进入了他自己所谓的"黑暗时期"。他调整了自己的期望，重新出发。他的一篇文章上了《哈泼斯》（*Harper's*）杂志，纽约的一名版权代理人看到这篇文章后，立刻与方丹签约，他把数篇短篇小说结集成册，取名为《邂逅切·格瓦拉》（*Brief Encounters with Che Guevara*），由哈珀·柯林斯旗下的埃科公司出版。书出版后，好评如潮：《时报书评》（*Times Book Review*）称"读之令人心碎鼻酸"，此书赢得海明威基金会的"金笔奖"（Hemingway Foundation/Pen），也登上"书卷奖"（Book Sense Pick）冠军宝座。《邂逅切·格瓦拉》登上了地方报刊的最佳畅销书排行榜，《旧金山纪事报》（*San Francisco Chronicle*）、《芝加哥论坛报》（*Chicago Tribune*）与《柯克斯评论》（*Kirkus Reviews*）均将其评选为年度最佳图书之一，并将方丹与格雷厄姆·格林（Graham Greene）、伊夫林·沃（Evelyn Waugh）、罗伯特·斯通（Robert Stone）及约翰·勒卡雷（John le Carré）等名家相提并论。

方丹的经历听起来像个熟悉的故事：一个乡下出身的年轻人，突然在文坛上名声大噪。事实上，方丹的成功绝非侥幸：他在1988年辞去了美国艾金·岗波律师事务所的工作，早年每有一篇文章发表就意味着30次碰壁，他搁在抽屉里的小说花了4年才完成，20世纪90年代后5年对他而言全是黑暗时期。他在2006年因《邂逅切·格瓦拉》一书而转运时，距他决定坐在厨房餐桌旁开启写作生涯的一刻已经相隔18年，这名来自乡间的“年轻作家”扬名文坛时已经48岁。

2

一般人总认为天才与早慧密不可分——我们总觉得，真正的创意必须基于年轻人的清新与奔放。奥逊·威尔斯（Orson Welles）的杰作《公民凯恩》（*Citizen Kane*）问世时，他才25岁；赫尔曼·梅尔维尔（Herman Melville）32岁完成的巨著《白鲸》（*Moby-Dick*）是他20多岁时开始写的；莫扎特21岁便完成了他划时代的《降E大调第九钢琴协奏曲》。若干创作形态，例如抒情诗，必须是“英才早发”之作，这似乎已成铁律。T. S. 艾略特（T. S. Eliot）完成《普鲁弗洛克的情歌》时多大？［就是不停地重复“我老了”（I grow old）的那首诗。］他当时只有23岁。研究创意的学者詹姆斯·考夫曼（James Kaufman）认为“诗人年轻时即才华毕露”。《心流》（*Flow*）一书的作者米哈里·契克森米哈赖（Mihály Csíkszentmihályi）对此附和说：“最抒情的诗句是年轻人写的。”研究个人天赋的心理学家霍华德·加德纳（Howard Gardner）说：“在抒情诗这一领域，天才均被发现得很早，他们燃烧得很亮，然后就像一缕轻烟般消失了。”

几年前，芝加哥大学经济学家戴维·加伦森（David Galenson）决定探究世人对创意天赋的种种想法是否正确。他阅遍自20世纪80年代以来出版的47本重要诗选，统计哪些诗最常出现。当然，这种对文学作品加以量化研究的做法是有争议的，但加伦森只是想统计文学界学者眼中的重要美国诗作是哪些。结果他发现前11名依次是：T. S. 艾略特的《普鲁弗洛克的情歌》、罗伯特·洛威尔（Robert Lowell）的《臭鼬时刻》（*Skunk Hour*）、罗伯特·弗罗斯特（Robert Frost）的《雪夜林间暂驻》（*Stopping by Woods on a Snowy Evening*）、威廉·卡洛斯·威廉姆斯（William Carlos Williams）的《红色手推车》（*Red Wheelbarrow*）、伊丽莎白·毕肖普（Elizabeth Bishop）的《鱼》（*The Fish*）、埃兹拉·庞德（Ezra Pound）的《河商之妻》（*The River Merchant's Wife*）[①]、西尔维娅·普拉斯（Sylvia Plath）的《父亲》（*Daddy*）、庞德的《在地铁站内》（*In a Station of the Metro*）、弗罗斯特的《补墙》（*Mending Wall*）、华莱士·史蒂文斯（Wallace Stevens）的《雪人》（*The Snow Man*），以及威廉姆斯的《舞》（*The Dance*）。

这11部作品分别是诗人们在23岁、41岁、48岁、40岁、29岁、30岁、30岁、28岁、38岁、42岁与59岁时完成的。加伦森的结论是，说抒情诗作是年轻人的天下，一点儿根据也没有。有些诗人在事业萌芽期即产出了其最好的作品，有些人是在创作几十年之后才有佳作诞生。《弗罗斯特诗选》中的诗作，有42%是在其50岁之后才写就的；威廉姆斯是44%；史蒂文斯为49%。

加伦森在其名为“老耄大师与年轻天才：艺术创作的两种人生

---

① 该诗为庞德对李白的《长干行》的译作。——编者注

循环”的研究中指出，在电影领域也是如此。不错，确实也有像奥逊·韦尔斯那样的奇才，25 岁就在导演艺术上登峰造极，但是也有像阿尔弗雷德·希区柯克那样的导演，留在影坛上几部不朽的作品，如《电话谋杀案》、《后窗》、《捉贼记》、《怪尸案》、《迷魂记》、《西北偏北》与《惊魂记》等，都是他在 54~61 岁完成的。马克·吐温的《哈克贝利·费恩历险记》是在其 49 岁时出版的，而《鲁宾逊漂流记》是丹尼尔·笛福在 58 岁那年写成的。

然而，加伦森脑海中最挥之不去的两个例子是毕加索与塞尚[①]。加伦森深爱艺术，艺术家的故事他耳熟能详。毕加索是光芒四射的天才，他在 20 岁时就画出了成名作《招魂》（*Evocation: The Burial of Casagemas*），而且之后不久他艺术生涯中许多伟大的作品纷纷面世，包括《亚维农的少女》（*Les Demoiselles d'Avignon*）（26 岁时画成），他可以说是一般人心目中不折不扣的天才的写照。

塞尚则不然。如果你前往巴黎奥赛美术馆，遍览塞尚毕生呕心沥血之作，你就会发现这些作品全是完成于他艺术生涯的晚年。加伦森做了一个简单的经济分析，计算毕加索与塞尚画作拍卖的行情与其完成画作的时间，他发现毕加索 20 多岁完成的作品的价格是其 60 多岁完成的作品的 4 倍。塞尚却恰好相反，他 60 多岁创作的绘画作品的价格是其年轻时创作的作品的 15 倍。年轻人的清新、活力与冲劲没给塞尚带来什么好处，他属于大器晚成型天才。在评估天才与创意时，不知为什么，我们忽略了塞尚的一生所带给我们的启示。

---

① 保罗·塞尚（Paul Cézanne），法国著名画家，后期印象派主将。——编者注

3

方丹第一天在厨房餐桌前写作，一切都很顺利，他明白股票交易员的故事应该如何展开，但第二天就完全乱了章法，他无法将故事诉诸语言，觉得自己仿佛又回到了一年级，没有只字可以落纸，他说："我必须在脑海中想象一栋建筑、一间房间、一面墙，以及发型或衣服，那些最基本的东西。我发觉自己没有将这些事情转化为文字的能力，于是我出去购买视觉词典、建筑词典，去上跟这方面有关的课程。"

方丹开始搜集与自己的兴趣有关的文章，不久他就发现自己迷上了海地。方丹说："我所搜集的海地的档案越来越多，我想'好，这就是我要写的小说'。有一两个月的时间，我对自己说，我不需要去那里，我什么都可以想象。但一两个月之后，我觉得自己一定得亲自去一趟，因此在 1991 年 4 月还是 5 月，我去了海地。"

方丹的法语不怎么样，更别说是海地的克里奥尔语了。他从来没出过国，在海地也不认识任何人，他回忆道："我去了一家旅馆，走上楼梯，有一个人站在楼梯顶端，他说'我叫皮埃尔，你需要一个导游'，我说'的确，你说的没错'。他很快就搞清楚我不想找女人，也不想找毒品，我对那一切都没兴趣。皮埃尔当即告诉我：'我可以带你去一些地方，可以带你去见某些人。'"

方丹对海地深为着迷，他说："海地简直就像个实验室，过去 500 年里发生的事——殖民主义、种族问题、强权、政治、生态灾难，一切都以浓缩的方式在那里呈现，而我在那里如鱼得水。"他之后又屡次前往海地，有时去上一周，有时是两周，他在那里结交了一些朋友，他还邀请海地人到他在得克萨斯州达拉斯的家中做客。（“你的家里要是没来过来自海地的客人，那你就白活了。”方丹如是说。）

方丹又说：“我的意思是我真的融入了，整个过程有非常不理性与非线性的部分。我写的是一个非常特殊的时代，有些事我必须知道，因此我必须融入。在这个过程中，我也了解了很多我不必须知道的事：我遇见一个在‘拯救儿童’组织服务的人，他在中央高原工作，要去那里得在公共汽车上颠簸 12 个小时，一路不知要吃多少土。那是一趟非常辛苦的旅程，但也是一次壮举，这与我写的书无关，但我绝对没有白去。”

在《邂逅切·格瓦拉》一书中，有 4 个故事跟海地有关，那也是全书最有力的一部分。这些故事读起来极具海地风情，仿佛是由本地人写给外界看的，而不是站在外围雾里看花。方丹回忆道：“小说写完后，我觉得意犹未尽，感觉还有东西值得探索、发掘，而且可以一直往深处探究。海地总有什么东西等着我去发掘，我先后去了不下 30 次。”

加伦森认为，天才如毕加索者，很少进行这样无止境的探索，他们一切都从“观念”出发，而且有清楚的思路，知道自己要往哪里去，接着便是执行。毕加索有一次在接受艺术家马里厄斯·德扎亚斯（Marius de Zayas）的采访时表示：“我很难体会‘研究’（research）一词的重要性，在我看来，‘探寻’（search）对绘画来说一点儿意义都没有，‘发现’（find）才重要。我在绘画中采用的几种方式，绝不能视作向某种未知的理想行进。我从未做过试验或实验。”

加伦森说，大器晚成者的方法却刚好相反，他们比较喜欢采用实验法。他在《老耄大师与年轻天才》的研究材料中写道：“他们（大器晚成者）的目标不明确，因此过程也是暂时与渐进的。”加伦森说：

> 因为目标不明确，所以这些艺术家很少感觉自己已经成功了，结果他们的事业也受到他们追求单一目标这一行为的影响。这些艺术家反复地画着同一主题，在“从错误中学习”的实验过程中渐渐改变绘画的处理方式。每一幅作品都把他们带向下一幅作品，没有一幅比其他作品特别，因此实验派画家很少打预备的草稿或设计轮廓，而是将绘画创作视为一种搜寻过程。他们的目标是在过程中发现作画的形象，并认为学习是比完成作品更为重要的目标。实验艺术家在事业发展之际，也逐渐强化了自己的技巧，在漫长的过程中提升了自己的作品水平。这些艺术家是完美主义者，他们都因为不能达到目标而感到沮丧，这是他们的特质。

毕加索希望发现，而非探寻；塞尚则恰好相反，他说：“我在绘画中探寻。”一位实验派的创作者会前往海地 30 次——有“探寻”思维的人就是在这一过程中才最终明白自己想要做的是什么。当塞尚为画评家古斯塔夫·杰弗里（Gustave Geffroy）画人像时，他要杰弗里在整整 3 个月的时间内摆姿势充当模特达 80 次，可是到最后还是宣称画作失败（事实上，这幅人像如今已是奥赛美术馆的镇馆作品之一）。塞尚为他的经纪人安布罗塞·沃拉尔德（Ambrose Vollard）画像时，他要沃拉尔德早上8点就来，在摇摇欲坠的桌子上一直坐到11点半，中间不能休息，就这样摆姿势摆了150次，但最后他也同样放弃了这幅画。他会先画一遍，不满意就重新画，若还是不满意便不惜重新再来。他在灰心丧气之余会将画撕成碎片，这是人尽皆知之事。

马克·吐温也一样。针对马克·吐温从错误中学习的方法，加伦森引述文学批评家富兰克林·罗杰斯（Franklin Rogers）的话："他的例行程序似乎是，以某种结构来展开长篇小说的写作，当然他也很快就发现这样会瑕疵百出。这时他会思考新的情节来克服困难，重写已经写过的，直到再次出现新的瓶颈，他便再次重复同一过程。"写《哈克贝利·费恩历险记》时，马克·吐温摸索、失望、修订、放弃，这个过程不知重复了多少次，这本书写了近10年才大功告成。在大器晚成者的世界中，这些晚成的大师不是因为性格有缺陷、心不在焉或缺乏野心，而是因为对他们来说，只有在从错误中学习的实验过程中，创意才能慢慢开花结果。

《邂逅切·格瓦拉》一书中，《中部山脉濒临绝种的鸟类》一篇属上乘佳作，故事描述了一名鸟类学家在哥伦比亚被游击队擒为人质。跟方丹的其他作品一样，文章读起来令人悠然神往，但是创作过程一点儿也不"悠然"。方丹说："我这篇故事写得非常吃力。我总是用力过度——我写了500页，尝试了各种形式。"方丹曾经试图写一部长篇小说，预计2008年出版，但如今预计的出书日期早已经过了，仍未出版。

4

加伦森认为创意可以分为“观念性”与“实验性”两种，这种想法具有重要的意义。举例来说，我们有时以为大器晚成是指起步晚的人：这些人到了50岁才知道自己擅长于某些事，难怪比较晚才有成就。但这并不完全对：塞尚开始画画的时间几乎跟毕加索一样早。我们有时也以为有些大器晚成者是被人发现得晚，世人只是太晚才开始欣赏他们。在两种情况下，早慧的天才与大器晚成者本质上基本都一样，晚成表示他们也是天才，只是早期在市场上失利而已。加伦森对此不以为然，他认为大器晚成的意思是，这些人直到事业晚期才精锐尽出。

英国名噪一时的艺术批评家罗杰·弗莱（Roger Fry）曾就塞尚的早年作品评论说：“塞尚无法对他的人生戏剧所需扮演的角色给予逼真的诠释，因此他的抱负不断遭到阻挠。”他又说：“纵有如此天赐的才华，塞尚却又缺少基本的发挥能力，而后者只是画匠在一般商业艺术学校中要学的最基本技巧。要实现塞尚那样的抱负，得高度具备这种能力。”换句话说，年轻的塞尚不会画画。对于塞尚31岁所画的《盛宴》，弗莱的评语是：“我们必须承认，塞尚的技巧欠佳。”他甚至说：“一般小有才华的人都能够从一开始就知道如何自我表现，但像塞尚这样丰富、复杂与矛盾的人，需要长期酝酿才能大放光芒。”塞尚想完成的目标是如此飘忽不定，只有在穷数十年之努力，技法已臻成熟后，才能挥洒自如。

这也是方丹长期努力要博得文学界青睐过程中的恼人课题。在达到功成名就的漫漫长路上，大器晚成者有时就像一无所成的废人。大器晚成的人虽然不断在失望之余撕毁或重新修改作品，不断改变自己的方向，但这些作品有时看起来真的称不上大家的手笔。天才的一切看起来都轻松无比，一开始就有人吹捧；大器晚成者则备尝辛酸，不但要坚忍，还要有盲目的信心（幸亏塞尚在高中阶段没有遇到这样一类打击人信心的辅导老师：在看了他的早期素描手稿之后劝他不要不自量力，让他干脆改学会计算了）。每当我们发现一位大器晚成的人，我们总不免要想：有多少人像他一样，却因为我们有眼不识泰山，而未给予其我们本应给予他们的鼓励，误了人家的前程？当然我们也必须接受的事实是，对他人的天赋，我们可能爱莫能助——我们怎么知道一人早年的失败是他晚年的成功之母呢？

在会见方丹后不久，我去拜访小说家乔纳森·萨弗兰·福尔（Jonathan Safran Foer），他是2002年畅销小说《真相大白》（*Everything Is Illuminated*）的作者。方丹已华发早生，他体形瘦削，态度温和，套用他朋友的话说，方丹有点儿像“佐治亚州奥古斯塔的职业高尔夫球选手”；福尔30岁出头，看起来好像才刚到法律允许可以喝酒的年龄。方丹另有一番谦逊风度，仿佛多年来的奋斗已把他过去的棱角磨平；福尔则让人觉得，如果谈话中你碰触他一下，就仿佛会被电到一般。

福尔说：“我是从‘后门’进入写作这一行的。我妻子是作家，从小就喜欢写日记，她的父母说‘好了好了，关灯睡觉’，她会偷偷拿出手电筒，躲在被子里看书。我想我真正开始读一本书的时间比一般人晚得多，我就是对读书不感兴趣。”

福尔到普林斯顿大学念书，大一那年选了乔伊斯·卡罗尔·欧茨[①]教授的写作课程，他自己解释那是“一时兴起，也许是因为自己觉得课程应该多样化些”。他从来没有写过东西，他说：“老实说，我对这门课并无太多期望。不过，半个学期过后，有一天我提早到了教室，碰见老师，她说‘我很高兴有机会跟你谈一谈，你写的东西，我很欣赏’，那番话使我豁然开朗。”

欧茨告诉福尔，他已具备最重要的写作特质，那就是热情——福尔每周总要为那堂课写上 15 页的内容，为一次研讨会写一篇完整的故事。

他笑着说：“为什么有裂缝的水坝漏水漏得如此厉害？我内心就像那个有裂缝的水坝一样，有东西不吐不快，就像有压力在后面推我一般。”

大二时，他选了另一门写作课。接下来的夏天，他前往欧洲，希望找到祖父的故乡，也就是乌克兰的一个小村庄。那之后他去了布拉格，像每个念英文系的大学生一样，他阅读卡夫卡的作品，并坐在计算机前勤敲键盘。

他说：“我只是信手而写，我并不知道自己在写作，也无意写一本书。在 10 周里我写了 300 页，真是写个不停，我从没这样做过。”

他这本小说的主角是一个叫福尔的少年，福尔前往爷爷的故乡，到乌克兰的一个村庄去寻根。他的 300 页习作就是《真相大白》的初稿。这部不同凡响的小说奠定了福尔在文坛上的地位，也使他的文字

① 乔伊斯·卡罗尔·欧茨（Joyce Carol Oates），美国当代著名小说家。——编者注

成为当时独特的文学声音之一。当时他才 19 岁。

福尔开始谈到其他写作方式，通过这些方式，你可以年复一年地磨炼写作技巧。福尔说："我无法那样写作。"他似乎对此感到困惑，显然他不懂实验派发明家是怎么做事的，他说："假如你想学的技巧是原创性的呢？既然是原创性的，请问要怎么学？"

福尔形容乌克兰之旅说："我到父母的故乡特拉希姆布罗德（Trachimbrod），我在书里也用了这个地名，是真有此地。有趣的是，我为这本书做了那么多研究，只有这个地名最后进入书中了。"他写了全书第一个句子，自觉得意，但是接下来他就反复思考下一句该怎么写了。福尔说："我第一个星期全在想第一句以后该如何，但我下了决定以后，我就完全解放了，灵感源源不绝。"

读《真相大白》，就跟读《邂逅切·格瓦拉》一样，会产生一种时空转移感，就此进入文学作品的世界。两本书都是艺术作品，但就创作的艺术家而言，两人简直是大相径庭。方丹前往海地 30 次，福尔只去了特拉希姆布罗德 1 次，而且那次经历"其实是完全空白的"。福尔说："我对特拉希姆布罗德可以说是一无所知，我完全只是用它来做书的跳板，有点儿像一个空的游泳池需要装满水一样。"他为全书积蓄灵感的时间只有 3 天而已。

5

方丹放下法律工作成为作家不是只凭一时冲动。他已经结婚生子，他和妻子莎朗是杜克大学法学院的同学；他在美国艾金·岗波律师事务所工作时，莎朗在处理税务的 Thompson & Knight 律师事务所工作，等着晋升成为公司合伙人，两人其实在达拉斯市中心的同一栋大楼里工作。他们在 1985 年结婚，1987 年生了一个儿子，莎朗休了 4 个月的产假才回去上班，当年年底，她顺利成为公司的合伙人。

莎朗回想道："我们把儿子送到市中心的托儿所，两个人一起出发，一人把他送到托儿所，另一人直接去上班。下班时，我们当中的一人会去接儿子。晚上 8 点左右，我们会给他洗澡，哄他睡觉，直到那时我们才有时间吃晚饭。我们会四目相对，心想，这还只是个开始。"说到此时，她做了个鬼脸，接着说："这样过了一两个月，我丈夫说'真不知道别人是怎么办到的'，长此以往，两个人大概都会吃不消，方丹问我：'你想待在家里吗？'我其实对自己的工作非常满意，但他不满意他的工作。因此我感觉自己留在家里似乎没道理，而且除了从事法律领域的工作，我并没有什么特别喜欢做的事，可是他有。因此我说：'这样好不好，我们还是安排一些时间让孩子待在托儿所，同时也能让你兼顾写作？'我们就那么办了。"

方丹每天早上 7 点半就可以开始工作，因为莎朗那时已经把儿子送到托儿所了。他下午会停下手边的工作，因为要去接儿子回家，家里的食品采购和家务也由他负责。1989 年，他们有了第二个孩子，这次是个女儿，方丹此时已成为达拉斯市北部的一位全职父亲。

莎朗回忆道："方丹刚开始扮演全职爸爸这一角色时，我们曾经考虑到这样做也许行不通，但我们问自己'怎么就知道这样行不通呢'，我说'试个 10 年再说'。"对莎朗来说，10 年非常合理："知道自己喜欢什么、不喜欢什么，这需要时间。”当10年成为12年、13年，又到了第14年、15年时，孩子已经上高中了。这期间，方丹一个字都没出版过，但莎朗始终支持自己的丈夫，她相信方丹的写作技巧已磨炼得越来越好。对方丹前往海地，莎朗也同意，她说：“我无法想象如何能描写出一个你连去都没去过的地方。”她甚至跟他一同去过一次，从机场进城的路上，一路都有人在焚烧轮胎。

她说：“我的收入不错，家里不需要两份收入。”她有一种安静、不张狂、不浮夸的特质：“有两份收入固然好，但一份也够了。”

莎朗是方丹的妻子，但用以前的话来说，她也是方丹的资助人。今天我们用这些字眼形容作家，可能带有一种贬损的口吻，觉得用在必须受市场支持的画家身上可能比较合适。不过，“市场”一词只对福尔或毕加索这类人适用：前者的才华在其事业发端时即已涌现并发光，后者的天赋则是一看便知，艺术经纪人因而愿意在他20岁初抵巴黎时便每月慷慨解囊，付他150法郎。如果你是那种在创意事业开始时毫无把握、毫无头绪且需要边做边学、不断实践的人，你需要有一个人在旁边，用一双推动摇篮的手，陪伴你度过漫长与困难的岁月，直到你的艺术创作达到真正的高水平。

这也是塞尚的各种传记能深入人心的原因。所有有关塞尚一生的记述都从他的个人生活开始，然后迅速演变成他的生活圈子。他生活圈中最重要的人物当推儿时的挚友埃米尔·左拉（Emile Zola）。正是左拉说服与乡间生活格格不入的塞尚前往巴黎，是他在塞尚长期潦倒的状态中成了塞尚的保护人、监护人兼引航人。

以下是左拉在巴黎写给塞尚的一封信，当时塞尚还年轻且住在普罗旺斯。洋溢在信中的父亲般的关怀多于兄弟之情：

你问的是一个老问题。只要有意愿，一个人当然可以在这里工作和生活，其他任何地方也都一样。而巴黎能够提供的东西，不是你在其他地方能找到的，例如你可以从上午 11 点到下午 4 点在美术馆或博物馆里临摹大师的画作。你应该如此分配时间：上午 6 点到 11 点，前往画室对着模特写生，然后去吃午饭；中午 12 点到下午 4 点，在卢浮宫或卢森堡博物馆临摹你钟情的大师作品。这样一天便工作了 9 小时，我认为这样就够了。

左拉在信中建议塞尚应怎样花费每个月的 125 法郎津贴：

让我来算一算你需要哪些开销：租房子每月要花 20 法郎。午餐 18 苏[①]、晚餐 22 苏，也就是一天 2 法郎、一个月 60 法郎……你也得付给画室钱，便宜的瑞士画室，我估计要 10 法郎。另外要花 10 法郎买画布、画笔与颜料，这样算下来已经 100 法郎了。因此，洗衣、照明与其他无数的大小需要，你只有 25 法郎可以使用。

卡米耶·毕沙罗[②]是塞尚一生中的第二号重要人物。毕沙罗收塞尚为徒，指导他如何画画，两人还经常一起到乡间写生。

---

① 1 法郎＝20 苏。——编者注

② 卡米耶·毕沙罗（Camille Pissarro），法国印象派大师。——编者注

安布罗塞·沃拉尔德也是塞尚的贵人，他在塞尚 56 岁时赞助其举办了首次个人画展。在毕沙罗、雷诺阿、德加斯与莫奈等人的敦促下，沃拉尔德到普罗旺斯地区的艾克斯苦苦寻找塞尚。他在一棵树的树梢上看到塞尚的一幅静物图画——这幅画因被塞尚嫌弃而被丢弃在那里。沃拉尔德在城里四处打探，到处放话说要买塞尚的油画。传记作家菲利普·加洛（Philip Callow）在他的《失去的土地：塞尚的一生》（*Lost Earth: A Life of Cézanne*）中说：

> 没多久，就有一人夹着个布包到沃拉尔德下榻的旅馆，想以 150 法郎的价格卖掉布里所包的画，沃拉尔德便灵机一动想："何不跟那名画商一起回他住的地方，浏览几幅塞尚较佳的作品？"沃拉尔德以 1 000 法郎买下一整批画，离去时，一幅未受青睐、被那人妻子扔出窗外的油画几乎打中沃拉尔德的头。所有的画作都蒙着厚厚的灰尘，被尘封在阁楼的一堆废物当中。

这些都发生在沃拉尔德同意让塞尚写生，同意从早上 8 点摆姿势一直摆到 11 点半，中间没有片刻休息时间之前，而最后，那幅画像还是被塞尚百般嫌弃而被丢弃了。沃拉尔德在他的回忆录中说，有次他在充当模特时睡着了，从临时搭成的站台上摔了下来，塞尚发怒责备他说："苹果会动吗？"这就叫友谊。

还有塞尚的父亲——银行家路易 – 奥古斯特（Louis-Auguste）。塞尚 22 岁初次离开艾克斯时，是父亲出的路费。即便各种迹象都显示，塞尚可能只是个不成才的业余艺术爱好者，塞尚的父亲仍然不吝支付他的一切生活开销。如果塞尚一辈子留在普罗旺斯，在左拉看来，他永远只会是一个半吊子；在毕沙罗眼中，他一辈子都不会画画；沃拉尔德则认为，塞尚的油画只有在阁楼里腐烂的命运。但对塞尚的父亲来说，塞尚长期习画表示他永远无法在财务上有出息。这是一张十分特殊的资助人名单，对前三人（左拉、毕沙罗与沃拉尔德）来说，他们不用沾塞尚的光，因为即使塞尚不在这个世上，他们照样大有名气，而第四位资助人是一位极有理财天赋的企业家，死时留给塞尚 40 万法郎的遗产。塞尚获得的不仅仅是简单的帮助，他背后有一个强大的梦想团队。

这是大器晚成故事中的最后一个课题：他们的成功极依赖他人的支持。在以塞尚为主角的各种传记中，路易–奥古斯特均被形容为不知艺术为何物的守财奴，对儿子的艺术才华根本不懂得欣赏。不过，路易–奥古斯特并没有义务长年支持儿子，他绝对有权利要求儿子找一份“正经”的工作，就像莎朗有权反对她丈夫屡次到混乱的海地考察一样。莎朗完全可以表示，她有权过一种符合她职业与社会地位的生活，有权像达拉斯北部的权贵一样开宝马，她却舍弃了这种身份象征，开的车是朴素的本田雅阁。

但她对夫婿的才华笃信不疑，她相信自己的丈夫，一如左拉、毕沙罗、沃拉尔德与路易–奥古斯特相信塞尚一样。大器晚成者的故事，千篇一律都是爱的故事，而这也可能是一般人无法慧眼识英雄的原因。我们总认为忠贞、坚持以及愿意资助看似“前途未卜”者，与成就一位旷世奇才沾不上边。然而，有时奇才绝非稀奇，有时他们非得在厨房餐桌上努力了 20 年之后，才气才会显露。

方丹说：“莎朗从来没提过钱的事，一次也没有。”方丹接受采访时，莎朗就坐在他身旁，从他看妻子的眼神中，我们不难体会，他明白《邂逅切·格瓦拉》一书的成功有多少要归功于自己的妻子。他的泪水几乎夺眶而出，说：“我从来没有感受到她曾给我任何压力，明示、暗示都没有。”

2008 年 10 月 20 日

谁最有可能成功

当我们无法评估谁适合这份工作时，怎么聘用员工？

1

在密苏里大学老虎队与俄克拉何马州州立大学牛仔队交锋那天，球探丹·尚卡（Dan Shanka）带着他的随身 DVD 放映机，下榻密苏里州哥伦比亚市的一家旅馆。尚卡为 NFL（美国国家橄榄球联赛）的三支球队效过力，在担任球探之前，他是橄榄球队教练；在当教练前，他担任过后卫，用他自己的话说："那是在动了三次膝盖手术、与现在体重相差 100 磅之前的事。"现在他每年要评估全美 800~1 200 名球员，协助职业球队在大学橄榄球队校际比赛中选拔球员。这表示他在过去 30 年里看过的球赛，绝不少于任何美国球迷。他的随身 DVD 放映机里是他对今晚大赛要做的功课——老虎队此前对战内布拉斯加大学剥皮队的那场比赛的剪辑录像。

尚卡仔细观看比赛录像，只要有让他眼前一亮的镜头，他就立即停下来，回放。他很欣赏老虎队的两名外接手——杰里米·麦克林与蔡斯·科夫曼，他对该队孔武有力的前锋威廉·莫尔也赞赏有加，但他对这些人的兴趣都不及对老虎队的明星四分卫球员、身体强壮、臂力过人的老将蔡斯·丹尼尔（Chase Daniel）。

尚卡娓娓道来："我喜欢看见四分卫持球边冲边把球传给外接手，这样他就不必为抛传而放慢速度了。"他旁边摆着一沓评估表格，每当看球赛时，他便会在表格上针对丹尼尔每次的抛传制图和打分。"然后，要看他能不能当机立断。如果没有制造射门得分的机会，他能不能把球抛开，待机会来时再抢攻？他能不能承受包夹冲撞？能不能在冲撞下抛传？他是只在有队友助攻与打掩护的抛传保护区内传球漂亮，还是持球冲锋时抛传也一样强劲有力？你希望看到的是一位进取心强、有耐力的、渴望得分的球员。这些四分卫能不能把队带到球场下方的得分区，在接近终场前得分？你的球队一路领先，当然不错，但我要看的是球队在落居下风时，四分卫会怎么做。"

屏幕上，丹尼尔猛然抛出一个短球，出手之际，一名防守球员狠狠地撞上他。尚卡说："你看他是怎样挺住的。他硬是不倒，硬是在承受撞击之际把球抛出。这个孩子勇气十足。"丹尼尔身高 6 英尺，体重 225 磅，胸膛与身躯都非常厚实，举手投足之间流露出近乎骄傲的自信。他抛球快速而有节奏，能灵巧躲闪守方。他的短传令人猝不及防，长传则十分精准。球赛结束时，他有 78% 的抛传均无虚发，让内布拉斯加大学队吃了 53 年来在主场最惨的败仗。尚卡说："丹尼尔快如游龙，必要时会冲锋陷阵。"尚卡看过所有出色的大学四分卫，都对他们打过分数，在他心目中，丹尼尔的表现最不同凡响，尚卡认为他"也许是美国大学球队史上最佳四分卫之一"。

不过，尚卡也谈到1999年在费城老鹰队任职时的见闻与心得。那年的第一轮大学队选秀战中有5人入选，个个都跟眼前的丹尼尔一样看似前途不可限量，但到头来只有多诺万·麦克纳布（Donavan McNabb）没让人失望。其他人中，有一个一开始不错，但后来就再无出色表现，另外两个完全不行，最后一个的表现更是令人大跌眼镜，退出NFL后，连在加拿大橄榄球联赛中也混不下去。

在那之前的一年，同样的事也发生在瑞安·里弗（Ryan Leaf）身上，此人可说是1998年的丹尼尔。他被圣迭戈闪电队相中，是该队新秀中的榜眼，获得1 100万美元签约金的优厚待遇，但后来里弗的表现惨不忍睹。2002年，同样的事发生在乔依·哈林顿（Joey Harrington）身上。哈林顿是俄勒冈大学的金童，是选秀大赛中的探花。尚卡始终都不能对哈林顿未成大器一事释怀。

“我跟你说，我亲眼看到过哈林顿是怎么打球的。他传球、抛球极为精准，即使在重围中出手也不成问题。他论臂力有臂力，论体形有体形，也有打球的头脑。”尚卡说到这里有些激动，仿佛又回到亲眼看哈林顿冲锋的时光，“他简直是球赛中的钢琴演奏家，我对他真的欣赏极了。”但是哈林顿在底特律狮子队受训的成绩令人失望，后来其事业无疾而终。尚卡的目光回到计算机屏幕上，他心目中有可能成为美国最优秀四分卫的人正率领队伍在全场飞奔。“这种能力能不能在NFL表现出来？”尚卡摇摇头，只有天知道。

这就是所谓的“四分卫”选秀问题了，对于有些工作，你根本无从预知新人被聘用之后会如何表现。那么，针对这种情况，什么才是正确的选拔人才之道？

近年来，已经有若干领域开始正视这个问题，但在众多行业中，选才兹事体大、影响深远，没有一个行业能与教育这一行相提并论。

2

当代教育研究一项相当重要的工具是“加值型”分析方法。每学年，在不同老师授课的教室里，学校会用制式的测验成绩来检视学生的学业成果。假设布朗太太与史密斯先生两人教的都是三年级的学生，在 9 月开学的第一天，两个班学生的数学与阅读的平均成绩都是 50 分，到了第二年 6 月再次测验时，布朗太太的学生得到了 70 分，史密斯先生的学生却掉到了 40 分。根据加值理论，学生的分数变化是显示布朗太太比史密斯先生胜任此教职工作的一个有意义的指标。

当然这只是一种粗糙的测验方式，对于学生在教室里学了多少东西这一问题，不是只有老师这一个影响因子，也不是老师传授给学生的所有价值都可以用标准化的考试来衡量。然而如果你持续观察布朗太太与史密斯先生三四年，老师在学生测验分数上的影响效果是可以渐渐预测出来的。数据若够，不但有可能分辨出哪些老师是好老师、哪些老师表现欠佳，还可发现好老师与差老师之间有相当大的差别。

斯坦福大学经济学家埃里克·哈努谢克（Eric Hanushek）估计，平均说来，差老师带的学生可以学到学校一学年所教的一半的知识量，而好老师带的学生则可以学会一年半的知识量。单单一学年里，学生的学习差别也高达一年的知识量。“教师效应”大过“学校效应”，也就是说，你的孩子待在差学校里，碰到的却是好老师，实际上要比在好学校里遇见差老师，要好得多。“教师效应”也比所谓的“班级效应”强得多：对提高成绩来说，将学生从一个中等水平教师的班级换至一个中高等水平教师的班级的效果与不更换教师，而是将班级人数减半的效果相同。对学校来说，一位优秀教师的成本与一位平庸教师的成本是一样的，而若要班级人数减半，学校就必须修建两倍数量的教室，聘用两倍的教师。

哈努谢克最近随手做了一项统计，想了解若是能稍微强化教师质量，美国会出现什么样的变化。我们若依学童的学校成绩表现来看各国的排名，美国只勉强挤到中下游，落后于加拿大和比利时等表现优异的国家。哈努谢克认为，美国只要淘汰最差的 6% ~ 10% 的老师，另以中等资质教师取代，就可以迎头赶上。在操心学校经费、班级大小、课程设计等多项问题多年后，许多教育改革人士终于觉悟：办教育，首要之务是找出有潜力成为好老师的人才。问题是，没有人知道什么样的人能够成为好老师。换言之，学校制度也有着“四分卫选秀”的问题。

3

密苏里队迎战俄克拉何马队一役，开球的时间是晚上 7 点。那是一个对橄榄球比赛而言再理想不过的傍晚，初秋晴空万里，微微的凉风拂面。球迷开着车在球场外的停车场绕圈子找停车位，学校附近的道路两旁也停满了来看比赛的人的车辆，许多车身上悬挂着象征老虎的黄黑二色“虎尾”，这是密苏里大学多年来规模最大的一场比赛。老虎队保持了多年不败的常胜纪录，在美国大学橄榄球赛称霸的希望极高。尚卡挤过人潮，在记者包厢找到一个座位。下方，球员像棋盘上的棋子在球场上布开。

比赛由老虎队先展开攻势，丹尼尔站在自己队伍的防守线后方 7 码[①]处。他有 5 位外接手接应，2 位在他的左边，3 位在右边，从球场的一边到另外一边一字排开。他的中锋、截锋与护锋也同样就位排开。每次交锋，丹尼尔都从中锋手中接过球，双腿站稳，快传七八码，把球斜斜地传给 5 名外接手中的一位。

老虎队的这种攻势是一种接近“散弹式”的“布开”阵式。大多数大学球队的头号四分卫，也就是职业球队要选的球员，都是那种“散弹”四分卫。进攻组的各个球员（如中锋、截锋与护锋）及外接手在四面八方站定，四分卫便可在球发出前看清楚守方的意图。他可以沿场上的白线洞视在线的状况，窥出守方的动向，在大家有任何动作前，决定把球抛向何方。丹尼尔从高中起就开始打这种“布开”阵策略，是个中翘楚。尚卡说：“看他球出得有多快！开赛后瞬间，他的球就出手了，他知道自己要往哪里攻。球员都这样散开时，守方便无法掩饰他们的掩护防守策略，丹尼尔马上就知道对方防守组的动向了，这种策略简化了四分卫的决定过程。”

但对尚卡而言，这并不重要。预测大学球队的四分卫能不能也在

---

① 1 码 ≈ 0.91 米。——编者注

职业球队有可圈可点的称职表现，从来就不是一件容易的事。职业赛不论从哪方面来看都比大学队的比赛复杂得多，进行速度也快得多。不过“布开”阵一出，大学赛与职业赛就完全成了两码事。NFL 球队不跑这种阵势，因为根本用不上。职业赛的防守队球员冲的速度比大学队快得多，他们可以从攻方大开的漏洞中见缝插针，挫杀四分卫的进攻锐气。在 NFL 比赛中，防守线连接极为严密，丹尼尔无法获得 5 名外接手接应，大部分时间，充其量只能有三四个人接应，也不会有站在中锋后 7 码的宽裕度，待站稳再出手抛传，他必须在瞬间就做出决定，把球传到哪里。丹尼尔必须半蹲在中锋后面，直接接下球，在站稳抛传前，先得向后跑；向他冲来的守方球员也不会在 7 码之外，而是一开始就会将他团团围住。而守方也不需要在场上频繁变换战术，因为攻防阵势不会在球场上散得那么开，这能掩饰守方的意向，因此丹尼尔无法在接下中锋投来的球前判断攻势，而必须在每次交锋后的瞬间快速做出反应。

尚卡说：“在‘布开’阵势中，四分卫可以看清别的球员远远各据一方，但像丹尼尔这样的四分卫加入 NFL 后，他不太可能有机会看清外接手远远站开，只有在极少数情况下，例如在守方失误或防卫出现漏洞时可以如此。在职业赛中，一旦球出手，如果不用眼睛去揣摩防守球员的位置，球立刻就会被拦截。运动员在 NFL 中展现的爆发力，强到令人难以想象。”

尚卡谈话之际，丹尼尔正指挥球队进攻到球场下方的得分区，他不断抛出快速的斜传。在 NFL 比赛中，丹尼尔不但要发挥这项特长，还需要传出远而长的、垂直角度的球，越过防守球员的上方。他有这一传球本领吗？尚卡无从得知，因为丹尼尔的身高是个问题。在“布开”的攻守阵势里，6 英尺的身高不成问题，因为进攻线之间距离宽，不乏同时抛传与看清球场得分区附近战况的机会，但在 NFL 比赛中，进攻线之间不会有太大的间隙，他迎面而来的对手都是 6 英尺 5 英寸高的大汉，而不是 6 英尺高的对手。

尚卡接着说：“我不知道他能不能看见，他能不能在一种全新的攻势中有所建树？他如何应付其中的差异？我希望他有能力识破其他阵势中守方的策略，我希望看见他在被围攻时的状态，我希望看见他深入对方阵营或绝地大反攻，抛出几乎能飞越全场的 20 码或 25 码长传球。”

在评估老虎队的其他明星球员，例如前锋莫尔与外接手麦克林与科夫曼时，不知尚卡会不会有同样的迟疑。对这些球员而言，大学比赛与职业赛也是不一样的，但是只有一点儿程度上的不同而已：他们因为体格壮、技术好、速度快而在密苏里大学老虎队出人头地，而这些优点同样可以在职业比赛中完全发挥出来。

相反，大学四分卫球员在 NFL 比赛中要打的是全然不同的球赛。尚卡谈起 1999 年选秀赛的状元蒂姆 · 库奇（Tim Couch），库奇在就读肯塔基大学时的每场比赛都缔造出令人刮目相看的纪录。尚卡摇着头回忆道：“他们把 5 个垃圾桶摆在场中央，库奇站在场子里抛球，个个都能命中。”然而库奇在职业赛中却始终无法建功，这并不是职业赛不需要精准度，而是只有能在真实的 NFL 大赛中立功的精准度才算数。

同样，入选职业队的新秀四分卫都必须去接受温德利人事测验[1]，有一项理论是，职业赛在认知要求上比大学赛难得多，因此智力是能不能打赢比赛的一项良好指标。不过，经济学家戴维·贝里（David Berri）和罗布·西蒙斯（Rob Simmons）根据外流到新闻界的智商分数做了一次分析，他们发现以智力测验作为成功指标的决定几乎可以说一无是处。1999 年，在第一回合选秀时被选中的 5 名四分卫中，只有多诺万·麦克纳布出现在名人堂的名单上，而他的智商测试分数却最低。在职业赛史上最杰出的四分卫中，丹·马里诺（Dan Marino）和特里·布拉德肖（Terry Bradshaw）都与麦克纳布的智商不相上下。

正因为预测之难，我们才不断设法了解什么是更好的指标。我们现在已经知道，要当一名好医生，需要具备沟通、倾听与关心的能力，医学院也因此更重视学生在取得优秀的学业成绩外培养人际沟通的技巧。如果我们更清楚该如何选择医学院学生，医院的医疗质量就会更高。但没有人说尚卡的分析中少了某些重要的因素；没有人说，如果他立足于更多的观察角度，他就应能预测丹尼尔的事业曲线。遴选四分卫的难题在于，像丹尼尔这样的四分卫人选，他们的比赛表现其实是无法预测的。培养四分卫的工作是如此特别与专业，要预言谁会成功、谁不会根本是不可能的。事实上，贝里与西蒙斯发现，四分卫在大学比赛表现评分的高低与他在职业赛中的表现好坏毫无关联。

在这场由丹尼尔领军出战俄克拉何马州州立大学的比赛进行之际，他的候补蔡斯·帕顿（Chase Patton）一直都站在边线上凝视场上

① 温德利人事测验（Wonderlic Personnel Test），又名冯德里克人员测试，是用于工业选拔的一般智力团体筛选测试之一。——编者注

的情况。帕顿持球进攻从来没有创出推进 10 码的纪录，在这场比赛之前，他在密苏里大学的 4 年赛事中一共仅掷出过 26 个抛传球，然而在尚卡的圈子中，却有人认为帕顿比丹尼尔更有可能成为职业赛中的优秀四分卫。在俄克拉何马州比赛的那一周，丹尼尔与帕顿两人都上了美国体育杂志《娱乐与体育》（*ESPN*）的封面，封面故事的标题是：丹尼尔可能赢得大学冠军杯，但他的候补可能赢得职业赛的超级冠军杯。为什么大家如此看好帕顿？没有人说得上来。可能是因为他在训练时表现良好，也可能是因为本季的 NFL 大赛中有一名从未在大学赛中有出色表现的四分卫，在其投效的新英格兰爱国者队中，表现好到让人跌破眼镜。无缘无故把一名运动员搬上杂志封面似乎有些离谱，但这正恰如其分地说明了四分卫选秀的困难之处：如果大学校际赛的表现不能作为评估指标，我们难道不应该对在比赛中表现甚佳的选手与没有表现机会的球员一视同仁吗？

4

想象一名年轻的幼儿园老师坐在教室地板上，7 个孩子围成一圈，老师坐在中间。她手里拿着一本英文字母的书，正一个字母一个字母地教孩子认字。“a 是‘apple’（苹果）的第一个字母，c 是‘cow’（母牛）的第一个字母。”这堂课被全程录了下来，一群专家正在观看这段录像，他们把老师的每步动作制成图表并评分。

播了 30 秒之后，这个小组的负责人、弗吉尼亚大学居里教育学院院长鲍勃·皮安塔（Bob Pianta）停止播放录像带，指着坐在右边的两个小女孩：我们注意到这两个女孩格外地活跃，不停地探出身子，伸手碰触书本。

皮安塔说：“我特别欣赏的是教室里活跃的学习气氛，老师创造了一个活跃的空间。她与其他老师不同的地方是，她的教学方式有弹性，允许儿童活动、用手指书，且不会硬性强迫学生坐好。”

皮安塔小组发展出一套以师生互动表现来评估教师能力的办法，其中有一项是“重现学生的观点”，也就是老师要有让学生发挥的本领，让他们积极参与教室里的活动。皮安塔回放了两次，找到老师让学生参与发挥却不至于乱成一团的地方。

皮安塔指出：“能力差一点儿的老师会把学生站起来用手指书的动作看作不守规矩。老师会说：‘我们现在不能这样做，你得乖乖坐好。’这样做就扼杀了学习气氛。”

皮安塔的同事布里奇特·哈姆雷（Bridget Hamre）插嘴说：“这些孩子才三四岁，他们这个年纪的认真跟我们认真的表现方式不同。我们认真时看起来警觉性很高，他们却是弯身向前、动来动去。这是他们认真学习的表现，一个好老师不会把这当作不良行为。可是要让新老师弄清楚这一点并不容易，如果你告诉他要尊重学生的观点，他便以为你是要他放弃教室里的控制权。”

皮安塔指出那位老师是怎样因材施教并将教材个性化运用的：当她说到 c 是 cow 的首字母时，她会问哪些学生去过农场，并简短地进行讨论。哈姆雷说：“几乎每次有学生说了什么，她都会回应。这就是我们所谓的教师敏感度。”

老师接着问，谁的名字第一个字母是 c，一个叫 Calvin（卡尔文）

的男童说了自己的名字，老师点头说："Calvin 的第一个字母是 C。"另一个小女孩插嘴说："我！"老师转向她说："你的名字是 Venisha（瓦妮莎），V 是 Venisha 的开头字母。"

这是一个关键时刻。弗吉尼亚大学这个研究小组的分析称，老师的回应，也就是老师对学生的某一特别谈话所做的反应，与学生的学业表现最有关联。那位好老师不但在学生动来动去与骚乱中，借由学生说"我"的时机进行教育，还直接做了指正。

哈姆雷说："其实那并不是什么太了不起的反应。一来一往问答中的高质量反应，才是需要深入了解的要诀。"老师如果想要更成功，可以停下来，把 Venisha 的名牌抽出来，指出字母 V 与字母 C 的区别，让全班学生念出两个字母。不过那位老师并未那么做，不知是因为没想到，还是因为左边的一个不断乱动的小女孩让她分了心。

"当然，她大可完全不管那个小女孩，这种事在教学中经常发生。还有就是，有些老师会经常说'你错了'。'对'与'错'这种回应方式是教师中最常见的，但这对孩子的学习来说几乎提供不了任何信息。"

皮安塔播放了另一盘录像带，场景几乎完全一样：一群幼儿园学生围成一圈，老师坐在中间，学生要学的是如何判断一个人是快乐还是忧伤。一开始，老师利用两个玩偶"亨利埃塔"与"对对碰"进行简短的对话："对对碰"满面忧伤，"亨利埃塔"要分西瓜给他吃。

哈姆雷说："老师想要让学生明白，一个人快乐或是不快乐，可以从面部表情看出来。这个年龄的孩子普遍认为，一个人的感觉可以从发生在他们身上的事情来判断：有人丢了玩偶，所以他们感到难过。这些孩子不懂老师面部表情的意思，老师也因此遇到一些教学困难。她教得很吃力。”

老师说：“记得我们画过自己的脸吗？”她用手摸脸，指着自己的眼睛与嘴巴说：“人感觉快乐时，脸告诉我们，这些人很快乐，他们的眼睛也这样告诉我们。”学生一脸茫然地看着她，老师继续说：“看我。”她满面笑容，说：“这就是快乐！你怎么知道我快乐？你看我的脸，告诉我快乐时脸上有什么变化。不对，不对，要看我的脸……不对……”

她旁边的一个小女孩说：“眼睛。”老师这时有一个难得的机会，利用一个学生的反应来说明教学目的。但老师没听见她的话，她再一次问道：“我的脸上有什么变化？”她微笑、皱眉，好像可以借着一再重复而让学生明白自己的意思。皮安塔暂停播放录像带，指出其中一个问题是，“亨利埃塔”要借着与“对对碰”分享西瓜的机会让“对对碰”快乐起来，但这并未说明学习目的是什么。

皮安塔说：“一个比较好的处理方式是，从孩子的角度来设想。老师可以问‘什么让你感到快乐’，孩子回答了之后，她可以接着问：‘有这种感觉时，你能做出脸部表情吗？好，某某的脸像什么？现在告诉我，什么让你忧伤？做一个忧伤的表情给我看。大家看，她的表情变了！’这样你就能表达出教学重点，接下来就让孩子去练习。可是她的做法丝毫不得要领。”

老师重复问道：“我的表情有什么变化？”问了好像有 100 次。有一个男孩身子向前倾，这是他有意积极参与活动的方式。他的眼睛看着老师，老师当下却斥责说："坐好！"

皮安塔逐一播放了几盘录像带，模式逐渐明显。在目前这盘录像带中，一位老师在做拼字测验，她高声念着句子，每个句子都跟自己的生活有关，例如"我上周参加了一场婚礼"。这表示她错过了一个让学生参与及发挥的机会。另一名教师要走向计算机做幻灯片投影说明，却发现自己没打开计算机，而等计算机开机之际，整个教室已经大乱。

还有一位年轻的高中数学老师，是皮安塔录像带中的超级明星。他穿着牛仔裤与绿色马球衫，站在黑板前说道："嗯，特殊的直角三角形。我们今天要做这项练习，熟悉一些概念。"他画了两个三角形，接着说："如果会的话，请标出一边的长度。如果你们不会，我们就一起来做。"他边说边快速走动，皮安塔认为这可以被看作一个不良示范，因为目前要教的概念并不容易。不过他的热情似乎感染了全班，而且他全程都表示自己随时愿意提供帮助："如果你不会，我们就一起来做。"坐在教室角落的本显然好几堂课都没来上，老师说："看看你还记得什么。"但本完全没有进入状态。老师走到他身边说："我告诉你一个方法。"他很快地给了本一个建议："这样如何？"本再次尝试解题。老师趁机看他旁边的学生做得如何，说："答对了！"他继续看第三个、第四个学生学做得如何。课程进行了两分半钟（是上述差老师开机的时间）之后，他已提出问题，看遍了几乎全班的解题情形，并回到黑板前，准备下一步的教学。

皮安塔说："在这样的学习团体中，常见的模式是，老师站在黑板前，向学生大肆讲解，至于谁懂谁不懂，他完全没概念。"皮安塔和小组成员啧啧称奇地表示：“这位老师却能因材施教，表现出色，完全不落俗套。”

5

教育改革通常都会从提升教师水平开始，无论是在学术还是认知要求上，筛选老师的条件当然是越严格越好。但是看过皮安塔的录像带，了解有效教学因素的复杂情形之后，如果还把征选教师的重点放在其受教育程度的高低上似乎有点儿奇怪。前面所提的那位幼儿园老师懂得学生的需要，也知道如何让两个女孩维持活泼的个性，而不影响其他学生。教三角函数的老师知道如何在两三分钟内，让全班都感觉到老师注意到他们了，但这一切都不是跟动脑有关的认知技巧。

若干研究人员——例如哈佛大学教育学院的经济学家托马斯 · J. 凯恩（Thomas J. Kane）、达特茅斯学院经济学家道格拉斯 · 施泰格（Douglas Staiger）以及美国进步中心专家罗伯特 · 戈登（Robert Gordon）——做过调查：教师拥有教师资格证书或硕士学位是否对教学有帮助。无论是要获得教师资格证书还是学位，两者都所费不赀，而且非常耗时，但几乎每个学区都要求教师具备这些条件。事实上，在教室里，是否拥有教师资格证书或硕士学位都未必能造成多大的差别。测验成绩、研究生学位与教师资格证书尽管跟教学能力有关，但作为预测老师优劣的标准，就跟从四分卫能掷中几个垃圾桶来判断孰优孰劣一样，并没有多大用处。

另一位教育学者雅各布·科宁（Jacob Kouniu）对教师如何制止学生上课不守秩序的事件做过分析，其中一个例子是："玛丽跟右边的珍说悄悄话，两个人都笑个不停。老师说：'你们两个不要再说话了！'"老师要维持课堂秩序，可是老师说话的声音、态度与所用的字眼却无助于秩序的维持，这是怎么回事？科宁回过头再去检视录像带，注意到在玛丽与珍说悄悄话前的45秒，露西与约翰已经开始私语；罗伯看见了，也跟着加入，把珍逗得笑个不停，珍跟约翰说了些话；玛丽又跟珍小声说了些什么——学生一连串的不专心举动就像互相影响的多米诺骨牌。

教师要维持秩序，不能在传染链的最后一张骨牌上进行干涉，而是要在传染扩散之前进行干涉。科宁说，秘诀在于老师明察秋毫的实际行为，而不只是嘴上说"我知道你们在搞什么名堂"或是"靠脑袋背后长眼睛"。一位好老师必须具备明察秋毫的本领，才能维持教室秩序，但在实际面对25个在坐椅上躁动的珍、露西、约翰与罗伯之前，我们怎么知道这位老师有此本领？

6

职业足球队的"四分卫选秀"问题存在于各行各业，当中最正视这一问题的莫过于金融咨询业：要进入理财咨询业，除了一张大学文凭，并不需要什么正式资格。金融服务公司并不只物色优秀的毕业生，也不要求应征者有硕士文凭，或具备特殊的先决条件。没有人可以在事前就知道，什么原因使理财顾问的业绩有好坏之差，因此业界征才是敞开大门的。

明尼苏达州明尼阿波利斯市北方之星公司的副总裁埃德·道伊茨兰德（Ed Deutschlander）说："我会问的一个问题是'请告诉我你每天是怎么过的'，如果应聘者回答'我每天早上 5 点半起床，到健身房，到图书馆，上课、上班，做功课到晚上 11 点'，这样的人便有机会。"换句话说，道伊茨兰德选才的标准跟每家大公司参考的标准大致上是一样的。

道伊茨兰德说，他的公司去年面试了大约 1 000 人，合意的有 49 位——平均每 20 人里有 1 人出线。脱颖而出的人要进入"训练营"，接受 4 个月的训练，他们得像真正的理财顾问一样做事。道伊茨兰德说："他们必须在 4 个月的时间内找到至少 10 位正式客户。如果找到 10 位客户，每周也能至少跟这些客户见面 10 次的话，那就表示此人在 4 个月的时间里有超过 100 次介绍产品的机会。我们便知道这个人至少在速度上是个可造之才。"

在 49 名受邀加入训练营的人中，23 人过关，受聘成为正式的理财顾问，真正的筛选也就此展开。道伊茨兰德说："即使是表现最好的人，我们也需要三四年才能看出他能否成大器。我们一开始只是看表面的东西而已，4 年后的今天，我想这 23 人中少说也有 30% ~ 40% 的人可以留下。"

像道伊茨兰德这样的人，我们称其为"守门员"。这个头衔，顾名思义可以理解成某人站在某个行业的大门处为其把关，决定谁能进来，谁应被挡在门外。但道伊茨兰德认为，他的角色是要将门打开：要找到理想的财务顾问新秀，他甘愿面试 1 000 人。这个方式用在

NFL 选秀过程中，表示球队必须放弃“百里挑一”或“千里挑一”的做法，而要让 3 个或 4 个不错的大学球队四分卫都有在职业赛中一试身手的机会。

在教学行业，这种征才方法的影响与意义就更深远了。这意味着征选标准不但不应提高，反而应该降低，因为如果高标准不能把我们带向提高教育水平这一目标，提高标准又有何用？教育界应向每位大学毕业生敞开大门，而教师的评估只在开始上课时才实施，而不是在教学前。这表示，教育界应效仿道伊茨兰德训练营的那一套，采用试用制，被试用老师则须受到严格的评估。凯恩与施泰格已估计，由于现今教师的优劣差别太大，可能要试用 4 名教师才能找到 1 名优秀教师。这表示终身聘用制不能像目前这样被滥用。目前教师的薪资制度也极为僵化，如果我们要根据教师的实际表现来评估他们，就必须改变这样的制度。试用教师拿的应该是试用教师的薪资，但是如果发现某些教师可以在一年内，教完一年半的教材，我们就应该付给他们高薪。这样做不仅是想要留住他们，也是因为要想吸引人才进入这种“高风险”行业，唯一的方法是给予那些经过筛选且脱颖而出的人合理的薪酬。

这种解决教育界的“四分卫”选才问题的方法，在政治上可行吗？找 1 名优秀教师要试用 4 名教师，对于这么做的成本，纳税人可能会一口否决。而在教师终身聘用制方面，即使是做极微小的修改，教师工会长期以来也一直在抗拒。但是，所有教育改革人士都希望，教育界能够沿用类似北方之星公司多年来的做法。道伊茨兰德为了要找 10 位优秀的理财顾问，面试了 1 000 人，他花了极高的成本去发掘谁是具有真材实学的人。他说："大多数公司在前三四年里对培训一位专业人才投入的钱，在10万~25万美元。"当然，大部分情况是空忙一场。然而，如果你愿意做那种投资，展现足够的耐心，最后你也能培养出一位能创造好业绩的理财高手。"我们旗下有125位全职理财顾问，去年，其中71位有资格参加百万圆桌会议（汇集金融界最成功理财高手的一个组织）。"为什么我们的社会能细心、耐心地遴选理财人才，却无法用同样的心态筛选教育人才呢？

7

在俄克拉何马州牛仔队对密苏里老虎队之战的最后一节中途，老虎队陷入困境，这是全年中他们首次在比赛末尾落后。他们需要快攻得分，否则角逐美国冠军赛的希望就落空了。丹尼尔从中锋手中接过球，站定准备传球。这时他的外接手被盯得很紧，他便开始冲锋，牛仔队防守球员开始包抄他，威胁步步逼近。在"布开"阵势中，这种遭遇对他来说极为罕见。情急之下，他把球高高丢向球场的另一头，球却被牛仔队一名防守队员接个正着。

尚卡跳了起来，高声说："这一点儿都不像他，他平常不会像这样失手！"

尚卡旁边坐的是堪萨斯城酋长队的球探，他丧气地说："丹尼尔从来不曾抛出这种送分球！"

我们应不应对丹尼尔的这次失误做出"一掷定江山"的定论？"布开"阵阵势已破，他终于受到了威胁。这不就是NFL的四分卫在球场上的家常便饭吗？但除非一个人真的当上NFL的四分卫，否则是无从预知四分卫在NFL会经历何种考验的。球场上的预言是不可能完成的任务，任何预言充其量都只是一种偏见。也许防守队的那一记拦截表明，他不会是一个好的职业队四分卫，但他也可能会从此次失手中吸取教训。尚卡说："在一块大饼中，这只是极小的一块而已。"①

2008年12月15日

① 这篇文章写于2008年美国大学橄榄球联赛期间。密苏里老虎队最终以10：4的成绩赢得比赛。而此前被认为极有可能获得海斯曼奖（每年颁发给美国最优秀的大学橄榄球运动员的奖项——编者注）的蔡斯·丹尼尔则前途黯淡。他在2009年NFL选秀中落选，后在华盛顿红皮队成为一名自由球员。

危险的心灵

犯罪心理画像使破案变得更容易了

1

1940 年 11 月 16 日，纽约曼哈顿西 64 街的爱迪生联合电气公司的一个员工，在公司的窗台上发现了一枚自制土炸弹，附在炸弹上的一张字条说："爱迪生联合电气公司的骗子，尝尝这个。"1941 年 9 月，又有一枚炸弹在靠近联合广场，距爱迪生联合电气公司总部几个街区之外的 19 街被发现。炸弹留在街道上，用一只袜子包着。几个月后，纽约警方收到一封信，上面说："要将爱迪生联合电气公司绳之以法，该公司要为其邪恶罪行付出代价。"1941—1946 年，警方陆续接到 16 封信，信的内容全部是用印刷体大写字母写成的，"邪恶罪行"一词一再出现，字条上的署名则是 F.P.。1950 年 3 月，第三枚炸弹在中央火车站的下层被人发现，这次的炸弹与前几枚相比威力更大，体积也更大。

接下来的一枚炸弹被放置在纽约公共图书馆的电话亭里，它跟另一枚放在中央火车站电话亭的炸弹一样，都被引爆了。这个后来被人称为"疯狂炸弹客"的歹徒在 1954 年 4 次引爆炸弹，其中 1 次是在纽约无线电城音乐厅，炸弹碎片波及全场观众。1955 年，他发起 6 次袭击，这时全市舆论哗然，警方则是毫无头绪。1956 年年底，纽约警方在智穷之余，命刑事犯罪实验室督察长霍华德·芬尼（Howard Finney）与另外两名便衣警察前去拜访心理学专家詹姆斯·布鲁塞尔（James Brussel）。

布鲁塞尔信奉弗洛伊德学派，抽烟斗，住在西村的 12 街。在事业发展初期，他住在墨西哥，为联邦调查局做过反间谍工作，他生平著作颇丰，包括《心理医师速成》（*Instant Shrink*）。芬尼把一叠文件放在布鲁塞尔的桌上，包括未引爆的炸弹照片、爆炸现场照片与 F.P. 字迹工整的信件副本。布鲁塞尔在他的回忆录《心理医生的犯罪个案研究记录》（*Casebook of a Crime Psychiatrist*）中是这样描述芬尼的："我见过这种眼神，多半是在军队中，也在阅历丰富的老派警察脸上见过，他们认为这种新兴的犯罪心理剖析就是在胡扯。"

布鲁塞尔开始翻阅便衣警察带来的数据。16 年来，F. P. 都念念不忘爱迪生联合公司对不起他，他有仇必报。F. P. 显然有心理偏执的问题，不过这种偏执心理不是一朝一夕产生的。F. P. 自 1940 年起就开始投放炸弹，这表示他现在已到中年。布鲁塞尔仔细研究了 F. P. 写给警方的字条，从字迹分析，他是谨慎的人，工作经历则显示他是一位楷模。而他的遣词用字也显示他是受过良好教育的人，这些用词也表明他很古板，而且似乎是在国外出生的。布鲁塞尔再进一步细看，每个字母都是工工整整的大写印刷体，只有 W 例外：它不像 W，倒像两个 U。在布鲁塞尔的眼中，这些 W 就像一对对乳房。他翻到犯罪现场的描述。当 F. P. 把炸弹放在电影院里时，他用刀把座椅下方划破，然后把爆炸物塞进椅垫，这种手法岂不像象征性地穿透一名妇女，或是像阉割一名男性，或是两者兼具？

F. P. 可能永远没有走出恋母情结：他未婚，独来独往，可能跟一个类似母亲角色的人同住。布鲁塞尔进一步大胆推测，F. P. 可能是斯拉夫人。如果用绳子勒毙对方是地中海人惯用的招数，那么炸弹与刀子合用，他判断是东欧人的手法。F. P. 寄出的信有些盖有韦斯特切斯特县的邮戳，但他不会笨到从自己住的地方寄出邮件。康涅狄格州东南部有几个城市有大量的斯拉夫人，而且从韦斯特切斯特县到纽约沿途有太多的城市有大批斯拉夫人。

布鲁塞尔停顿了一会儿，做了以下的预测，这一幕后来也成为罪犯侧写历史上的传奇事迹。

> “还有一件事。”我闭上眼睛，因为我不愿看到他们的反应。我看见炸弹客：他的衣着整齐而讲究，他是那种保守型的人，一直等到流行款式差不多过时了才会穿“新”款式的衣服。我清楚地看到他，也许“清楚”二字超过事实所容许的范围，我知道自己让想象占了上风，但我实在忍不住如此。
>
> 我的眼睛依然紧闭，继续说：“还有一件事，等你们抓到他时——我毫不怀疑你们会抓到他，他会穿着双排扣西装。”
>
> 一名警探低声说：“老天！”
>
> 我说：“还会扣住扣子。”我把眼睛睁开。芬尼与他的伙伴你看看我、我看看你。
>
> 芬尼说：“双排扣西装。”

“是的。”

“还把扣子扣起来。”

“没错。”

他点点头，没再多说什么，便离开了。

一个月后，乔治·米特斯基（George Metesky）涉案落网，这名字是从米拉乌斯卡斯（Milauskas）改过来的。米特斯基跟两个姐姐同住在康涅狄格州的沃特伯里，他未婚，经常去做弥撒，而且果然是有洁癖的那一类人。他于1929—1931年受雇于爱迪生联合公司，宣称曾经因公受伤。当警察到他家门口时，他说：“我知道你们为何来此，你们认为我是疯狂炸弹客。”那时已是深夜，他身上穿着睡衣，警察要他换一身衣服。等他再出来时，他的头发已往后梳好，鞋子光亮，身上则穿了一件双排扣的西装，而且扣子全都扣好了。

2

联邦调查局著名的罪犯侧写专家约翰·道格拉斯（John Douglas）在其著作《绑虐杀的心灵世界》（*Inside the Mind of BTK*）中，描述了一个20世纪七八十年代在堪萨斯州威奇托一带作恶多端的连环杀人犯的故事。电影《沉默的羔羊》中的警探杰克·克劳福德的原型就是道格拉斯。道格拉斯师承罪犯侧写学先锋哈沃德·特登（Howard Teten），后者于1972年曾协助联邦调查局在弗吉尼亚州的匡蒂科成立了行为科学部门，他也是布鲁塞尔的学生。因此，道格拉斯在研究罪犯侧写与犯罪心理的领域可说是系出名门，说他们是弗洛伊德分析理论的徒子徒孙，大概并不为过。对道格拉斯而言，布鲁塞尔是罪犯侧写学这门学问的祖师爷，而道格拉斯的《绑虐杀的心灵世界》无论是从风格还是论述角度来看，都是在向布鲁塞尔的《心理医生的犯罪个案研究记录》致敬。

BTK 是“Bind, Torture, Kill”（绑、虐、杀）三个英文词的首字母缩写，威奇托连环杀人犯每次在犯案后，都会留下这三个字给警方。他第一次犯案是在 1974 年 1 月，38 岁的男子约瑟夫·奥特洛在家中惨遭毒手，他的妻子、儿子与年仅 11 岁的女儿亦难逃劫数，女儿的尸首被吊在地下室的水管上，腿上还留有精液。1977 年 3 月，这个杀人魔又将另一名年轻女性绑住并勒毙。在以后的几年里，他至少再犯了 4 起谋杀案，威奇托市民发出怒吼之声，可是警方却一筹莫展。1984 年，威奇托的两名警探到匡蒂科求援。

根据道格拉斯在他的书中所述，他们在联邦调查局刑侦大楼的一楼会议室会面。这时，他从事行为科学研究已近 10 年，他的前两本畅销著作《心灵神探》（*Mindhunter*）与《变态杀手》（*Obsession*）当时尚未出版。他一年要研究 150 个案子，常年在外奔波，但是 BTK 这三个字母始终萦绕在他的脑海中。他说：“我晚上会睡不着，一直在想这三个字母到底是什么意思？什么样的人会下这样的毒手？什么原因使他一再犯案？”

罗伊·黑兹尔伍德（Roy Hazelwood）坐在道格拉斯旁边。黑兹尔伍德是个瘦削的老烟枪，其专长是追踪性犯罪，他自己也写了两本畅销书《黑暗梦境》（*Dark Dreams*）与《人之恶》（*The Evil That Men do*）。黑兹尔伍德旁边坐的是空军前飞行员罗恩·沃克（Ron Walker），道格拉斯对沃克的描述是“机灵”且“极为敏锐”。来自联邦调查局的三位专家与两名警探围着大橡木桌而坐，道格拉斯写道：“我们在开会的时候一直在讨论，不理出头绪绝不罢休。”他们的讨论主要基于同僚罗伯特·雷斯勒（Robert Ressler）发展出来的类型学。雷斯勒也是真实犯罪畅销书《FBI 心理分析术：我在 FBI 的 20 年》（*Whoever Fights Monsters*）与《深入魔心》（*I have Lived in the Monster*）的作者。这场会议的目的是描绘出杀人魔的相貌，厘清什么样的人会成为“绑、虐、杀”的罪犯：他干了什么、在哪里工作，以及是哪种类型的人。《绑虐杀的心灵世界》一书的第一幕也就是从这里开始的。

由于我们现已非常熟悉罪犯侧写专家所叙述的犯罪故事，因此很容易忽略这种文学类型描述的内容是多么胆大妄为。传统的侦探故事开始时，不外乎有一具尸体，故事的中心是侦探要找出罪魁祸首。侦探追踪线索，撒下天罗地网，几乎人人都可能是犯罪嫌疑人：管家、被拒的追求者、怀恨在心的外甥，以及神秘的欧洲人等。这种故事的主轴是到底是谁干的。而在偏重于罪犯侧写的推理小说中，网撒得小，犯罪现场也不是我们擒拿凶手的原始出发点，而是界定凶手是谁的依据。罪犯侧写专家梳理相关资料，放眼将来，就“知道”案情的谜底了。布鲁塞尔写道：“一般说来，心理学专家能够在研究一个人之后，预测此人下一步如何行动，例如他在某种刺激下会如何反应、在某类情境中会如何行动等。我做的事刚好倒过来，我会研究一个人的行为，并由此推论出他可能是什么样的人。”寻找穿双排扣西装的中年斯拉夫人就是一个例子。进行罪犯侧写工作的核心任务不是供警方参考找出“是谁干的”，而是指明“就是他干的”，让警方按图索骥，手到擒来。

罪犯侧写专家做的也不是抓犯罪嫌疑人的事，抓犯罪嫌疑人是执法人员的责任。例如，在有办案人员参加的会议中，像道格拉斯这样的罪犯侧写专家通常不会写下他的预测，要不要做笔记是警察的事，他不觉得自己有必要继续介入后续的调查，甚至也不会对自己的预测做过多的解释。道格拉斯说，有一次他开车到当地的警察局，针对一名老妇人遭性侵害与殴打的案子，向办案人员提供了一些他的看法。侦办这个案子的是正规的警察，而道格拉斯是联邦调查局的人，因此你可以想象他在警局说他的看法时，别人围着他听的情景。

道格拉斯的开场白是：“我这样看，凶手是一个十六七岁的高中生，头发、衣服都凌乱不整。他没什么朋友，也没有女友。他有点儿怪异，而且有一肚子怨气。他到了老妇人的家，他知道她一个人在家，也许他替她打过零工。”道格拉斯继续说：

> 我停下来，告诉他们一定有人符合我的描述，找到此人，就等于找到了犯案者。
>
> 警探们面面相觑，其中一个人开始笑着说：“道格拉斯，你是灵媒吗？”
>
> 我说：“不是，不过如果我是，我的工作就容易多了。”
>
> “几周前有一个灵媒来过，她的说法跟你一模一样。”

你可能会以为，道格拉斯会对这种比喻大发雷霆，毕竟他是堂堂联邦调查局的特工，而且师承特登与布鲁塞尔；他是王牌罪犯侧写专家，联邦调查局打击犯罪的声誉能够扭转，他的小组功不可没。他的事迹与侦案经验也成为无数电影、电视剧剧本与畅销惊悚小说的题材，心理学因他而成为检视罪犯残忍内心世界的现代工具。然而，对于有些警察叫他“灵媒”，道格拉斯并无异议，相反，他开始沉思：自己的灵感与眼光到底从何而来，在这门叫作罪犯侧写的神秘艺术中，问题到底出在哪里？这一切是否可靠？道格拉斯写道：

> 我在研究一个案件时会集中所有的证据，然后我会让自己在心理与情绪上进入犯罪嫌疑人的脑袋，尝试以他的思考模式来想事情。这一切到底怎么发生的，我并不清楚，就像不时向我咨询的小说家汤姆·哈里斯，他也无法说清他是如何让小说中的人物生动起来的。这里面若有什么类似灵媒的特异功能在起作用，我是不会拒其于千里之外的。

3

20 世纪 70 年代末，道格拉斯跟他的同事雷斯勒前去探访美国恶名昭彰的一些连环杀人犯。他们的行程从加州开始，道格拉斯说：“加州的怪人与特殊犯罪案件的占比总是特别高。”在接下来的几个月，他们会趁周末与假日前往联邦监狱，一个接一个，最后一共探访了 36 个杀人犯。

道格拉斯与雷斯勒希望知道这些杀人犯的生平、他们的性格及其犯罪的特质之间有着什么样的关联，其中是否有模式可寻。他们寻找的是心理学家所谓的“同源性”，也就是在犯罪人物与其犯罪行动中寻找一致性。他们根据对杀人犯的了解，逐一对照及比较所掌握的凶杀案特点后，相信自己找到了那个模式。

道格拉斯与雷斯勒的结论是，连环杀人犯可分成两种类型。有些犯罪现场有逻辑与策划的证据，受害人早就被罪犯选定，他们往往是可以满足罪犯某一特殊幻想的类型。杀人犯可能会用计诱骗受害人上当，而且能在整个犯罪过程中掌控全局。他会慢慢折磨受害人，来满足自己的幻想。这些杀人犯的应变与机动能力都很强，几乎从来不会将凶器忘在现场，且会小心翼翼地藏尸。道格拉斯与雷斯勒分别在各自出版的书中将这种犯罪手法称为“有组织”的犯罪。

而在“无组织”的犯罪中，受害人不是特别选定的，似乎是被随机挑中的，而且是在“闪电般的手法”下受到攻击的，之前并未被跟踪或胁迫。凶手可能会从厨房抄起一把牛排刀行凶，然后粗心地将凶器遗忘在现场。罪犯的犯罪方式非常邋遢，受害人也经常有反击的机会，犯罪行为也可能是在高风险的环境中发生的。雷斯勒在《FBI 心理分析术：我在 FBI 的 20 年》一书中写道：“凶手不想知道对象是谁，经常会很快地将受害人击昏，或是将其脸部遮住，将其毁容，用这类行动来涂抹受害人的人物特点。”

他们认为，两种不同的作案风格对应着两种不同的人格类型。“有组织”的杀人犯较为聪明且能言善道，对周遭的人和事物自觉高人一等。“无组织”的杀人犯既没有魅力又有自卑感，个性极为怪异或十分内向，以致没结婚也没有恋爱对象，如果不是独居，便是跟父母同住。其衣橱中塞满了色情出版物，如果开车，开的也是破车。

道格拉斯与雷斯勒参与撰写的一本犯罪心理手册说："犯罪现场能够反映出杀人犯的行为模式与个性，这就跟一栋房子中的家具能够反映出房主的个性一样。"他们发现得越多，所做的联想也就越明确：如果受害人是白人，杀人犯也会是白人；如果受害人是老年人，杀人犯便往往在性心理上不成熟。

道格拉斯写道："我们经过研究后发现，连环杀人犯往往过去想加入警界，却不得其道，在这样的情况下，他们往往退而求其次，去做类似的工作，例如警卫或夜间巡守员。"由于"有组织"的强奸犯事先都会想好如何控制局面，说他们对象征控制的社会机构有向往之心，似乎言之成理。而这又引出另一种预测："在若干罪犯侧写分析档案中，第一句话往往是，'嫌疑人会开类似警车的车辆，例如福特 Grown Victoria 或雪佛兰 Caprice'。"

4

表面上看，联邦调查局的这一套办法似乎极为有用。试想一个在罪犯侧写学中的经典案例：一名 26 岁的特殊教育老师遇害，其尸体在她所住的纽约布朗克斯区公寓屋顶上被人发现——她显然是在清晨 6 点半出门上班后不久即遭到绑架。这名特教老师被人用丝袜与皮带绑在椅子上，被毒打得不成人形，凶手毁伤了她的下体，割下她的乳头，还在她身上到处留下齿痕。凶手在受害人的腹部写满了脏话，自慰后还在尸体旁边留下了许多排泄物。

让我们假设自己是联邦调查局的罪犯侧写专家，我们要问的第一个问题是：种族。受害人既然是白人，我们似乎暂且也可把凶手认定为白人，我们也假设他是二十五六岁或 30 岁出头。在联邦调查局的 36 个连环杀人犯档案样本中，最小作案年龄的就是这个年龄。这是“有组织”还是“无组织”犯罪？显然是无组织，因为犯罪现场是布朗克斯的一栋公寓屋顶，而且是在光天化日之下，属于高风险环境。凶手清晨 6 点半在那栋大楼做什么？他可能是某类服务人员，也可能住在附近，不管是哪一种，他都对此大楼非常熟悉。作案手法既然很没组织，因此他的情绪状况应该不稳定，如果他有工作，多半也是蓝领工作。他可能有前科，前科可能跟暴力或性犯罪有关。他要么缺乏跟女性交往的经验，要么就是与女性的关系非常有问题。“肢解”与“排泄”等行为太过异常，由此推断，他可能有精神上的疾病或有滥用药物的问题。

这种分析听起来如何？事后对比证明是一猜即中。杀人犯叫卡迈恩·卡拉布罗（Carmine Calabro），30 岁、未婚、无业，是一个有心理问题的演员，如果不住在精神病院，就是跟丧偶的父亲住在一起。父亲的家在一栋建筑的 4 楼，这栋建筑就是命案发生的地点。

但这种人物侧写方法到底有多大用处？卡拉布罗本来就已经在警方的犯罪嫌疑人名单上，如果你要找的是在屋顶上杀人又将受害人肢解的凶手，大概不需要罪犯侧写专家告诉你去找头发零乱、衣衫不整、精神状况有问题又跟丧偶的父亲同住在 4 楼的人。

也因此，联邦调查局的罪犯侧写专家也总是以最有力的细节，来补充有组织或无组织犯罪类型的基本轮廓，好让警方能够锁定犯罪嫌疑人。20 世纪 80 年代初，道格拉斯在加利福尼亚州马林县对警察与联邦调查局同人，针对专门在旧金山以北山间杀害女性登山客的“山径杀人犯”做简报说明。道格拉斯认为，杀人犯是典型的无组织犯案者：出手快，白人，30~35 岁，蓝领阶层，可能有经常尿床、纵火与虐待动物史。然后他又提及杀人犯似乎非常不合群。为何谋杀案都在离大路数英里外的树林里发生？道格拉斯认为，凶手需要这种隐秘性，因为他有一些见不得人的毛病。他是否有身体上的问题，如缺手缺脚？但是如果少了手脚，他又是怎么跋涉好几英里到森林里，还有蛮力制服受害人的？最后，他说：“我在犹疑之后，还是想加上一个细节：凶手有语言障碍。”

这究竟是不是一个有用的细节？他把犯案人的年龄定在 30 岁出头，结果凶手实际上是 50 岁。警方确实会根据罪犯侧写来缩小犯罪嫌疑人的范围，然而若把全局性的细节弄错了，一个特殊的细节对了也没什么大用。

在路易斯安那州“巴吞鲁日连环杀人犯”德里克·托德·李（Derrick Todd Lee）案件中，联邦调查局的罪犯侧写档案预测犯案人是白人、男性、蓝领阶层、年龄在 25~35 岁。他希望在他人眼中，自己“对女性充满吸引力”，“然而他与女性交往时，尤其是社会地位比他高的女性，表现出的文化水平相当低，任何他觉得有吸引力的女性在与他交往后都认为他很‘笨拙’”。联邦调查局说中了凶手是蓝领阶层的男性，也猜中了他的年龄在 25~35 岁，但凶手英俊的相貌、外向的性格则与侧写中的预测不同。他经常头戴牛仔帽，脚穿蛇皮靴，到酒吧去找乐子；他十分外向，有好几个女友，甚讨女性欢心。另外，犯案人也不是白人，而是黑人。

罪犯侧写并非测验，大部分对了就可过关，它是一种画像，画像若要能为警方提供线索，其所有的细节必须在某种方式上吻合才行。20 世纪 90 年代中期，英国内务部分析过 184 件犯罪案件，看看有多少罪犯侧写档案最终促成结果，结果发现在这么多案件中只有 5 件因此而破案，比例只有 2.7%。我们若站在收到一堆罪犯侧写档案的办案警探的立场，便会觉得这个比例一点儿也不奇怪。警探是该相信罪犯“有语言障碍”那一部分呢？还是相信“他 30 岁”那一部分？还是干脆两手一摊，不知该相信哪个才好？

5

联邦调查局的罪犯建档方式还涉及一个更深层的问题：道格拉斯与雷斯勒虽根据访谈发展出类型学，不过他们采访的连环杀人犯并非有代表性的样本，只是谁刚好方便就采访谁；他们不是依照一定的标准化做法来进行采访，而是坐下来与罪犯天南海北地聊天。要进行心理分析，这种方式并不可靠，因此我们难免会问：连环杀人犯是否真能根据这些归类标准加以分类？

利物浦大学的一批心理学家决定测试看看。首先，他们拟出了一张清单，列出被认为是展现“有组织”犯罪的现场特征：受害人在被强暴之际还活着，陈尸有一定的方式，凶器失踪，尸体被掩藏，凶手施加毒手时曾经囚禁或限制受害人自由。他们也列了一张“无组织”犯罪特征的清单：受害人也许遭到殴打，尸体被丢在荒郊野外，受害人的随身物品被四处乱丢，凶器是凶手临时找来的。

他们认为，如果联邦调查局的归类是正确的，每类犯罪现场的特征应该“共同出现”才对，也就是说，如果某项或数项“有组织”犯罪特征出现，其他“有组织”犯罪特征出现的比例应该随之升高。然而，他们看过100件连环杀人犯的案件后发现，他们找不到任何支持联邦调查局分类的证据。犯罪形态并不是非此即彼的：英方研究人员的发现是，犯罪行为经常是若干有组织犯罪特征与若干无组织犯罪特征混杂呈现。利物浦小组负责人、《刑侦心理学者的个案研究》（*The Forensic Psychologist's Casebook*）一书的作者劳伦斯·艾利森（Laurence Alison）对我说：“整件事远比联邦调查局想象的复杂。”

艾利森等人也探讨了犯罪人物与犯罪手法的“同源性”问题。如果道格拉斯是对的，某类“犯罪”应与某类“罪犯”有呼应的地方。因此，利物浦小组也选了英国的100件强奸案，将其根据28项变量分类，例如，犯案人是否伪装，受害人是否被绑、嘴巴是否用布塞住、眼睛是否被蒙上，犯案人是否留下对受害人恭维或道歉的痕迹，或是否窃取了受害人的私人财物等。然后他们会研究强奸犯的各种特质，例如年龄、职业、种族、教育水平、婚姻状态、犯罪记录、其犯罪前科的犯罪类型与是否使用毒品等，并比对犯罪行为与强奸犯的特质是否吻合。例如强奸犯是会更多地使用将受害人绑住，封嘴或蒙住双眼的手法，还是他们会更多地使用其他手法呢？得到的答案一点儿都不一致。

对联邦调查局侦案方式持高度批判态度的刑侦专家布伦特·特维（Brent Turvey）说：“不同的罪犯可能会呈现同样的行为类型，但理由可能完全不同。例如一个强奸犯夜间在公园袭击一名女性，将她的衬衫扯开，蒙住她的脸。犯案人为什么这样做？那代表的是什么？可能的解释有很多。可能表示他不愿意看到她，也可能是不想让对方看到自己；有可能是犯案人想看见她的乳房，想象她是别人，或控制住她的手臂以免她反抗。这一切都有可能，我们不能把单一行为抽离开来看。”

几年前，艾利森重新检视布朗克斯的教师谋杀案，他想了解为何联邦调查局的罪犯侧写档案基于如此简单的心理学，却能享有这么高的声誉，他怀疑原因在于档案书写的方式。果不其然，当他重新打开档案，逐句研读罪犯分析时，他发现里面充满了无法验证、互相矛盾与模棱两可的语言——你要怎么解释都可以。

占星师与灵媒惯用此法。魔术师伊恩·罗兰（Ian Rowland）在其经典著作《冷读术》（*The Full Facts Book of Cold Reading*）中将其罗列出来，而这些全都可以充当罪犯侧写入门的招数。第一招是“彩虹骗术”，即先陈述当事人的性格特质，再补充完全与其背道而驰的特点，例如“整体来说你是安静而谦逊的人，但如果场合对了，你又刚好有心情，你也可能成为派对的灵魂人物”。第二招是“杰奎斯演说”，“杰奎斯”是莎士比亚名剧《皆大欢喜》中的人物，著名的“人生七阶段”演说就是经其口而流传千古的。这一招可以专门用来预测当事人的年龄，例如某个灵媒可能会对接近40岁或40岁出头的人说：“你经常自问，年轻时所做的那些梦到哪里去了。”第三招是“巴纳姆陈述法”，这种陈述涵盖的对象非常广泛，可以适用于任何人。“模糊理论”是一种接近事实的陈述方式，却带有极大的解释空间，例如，我看到这跟欧洲有关，可能是英国，或者可能是天气暖和一点儿的地中海地带。这些还只是开场白，其他还有“更绿的草坪”“转移问题”“俄罗斯娃娃”“糖团”等，更别提常见的“分枝”与“好运气猜猜猜”等花招了。将这些招数有技巧地进行组合，即便是最具怀疑精神的观察者，也可能为之折服，相信案情真的可以因此而柳暗花明。

罗兰还将一种问话招数称为“消失的负数”，他举了一个例子进行说明。

“我们来看看职业问题。你的工作跟儿童无关吧？”

“是的，没关系。”

“我也是这么想的，那不是你的角色。”

当然如果对方的回答不同，继续发问的方式也另有一套。

“我们来看看职业问题。你的工作跟儿童无关吧？”

“其实有关，我做的是兼职。”

“我也是这么想的。”

在艾利森分析布朗克斯屋顶谋杀案的罪犯档案后，他决定玩一个类似“冷读术”的游戏。他向英国一批资深警察与刑侦专家透露了犯罪事件的细节，给他们提供了联邦调查局准备的罪犯侧写档案，并对真实的犯案者卡拉布罗进行描述。他们对罪犯侧写档案的评价如何？答案是：高度正确。然后艾利森将同样的数据提供给另一批警察，但这次的犯案人是他捏造出来的，与真正的犯案人卡拉布罗大不相同。假凶手是一个 37 岁的酒鬼，最近被水利局解雇，在出任务时遇见过受害人一次，另外，他有长期对女性施暴的记录，并有攻击与盗窃前科。第二组有经验的警察在比对假凶手的资料后，对联邦调查局同样的那份罪犯侧写档案的评价也是：高度正确。

布鲁塞尔并没有在一堆照片与影印件中看出“疯狂炸弹客”来，那是幻觉。一如文献学者唐纳德·福斯特（Donald Foster）在其 2000 年的著作《匿名作者》（*Author Unknown*）中指出的，布鲁塞尔在其回忆录中对自己的预测加以美化。其实他告诉警方到怀特普莱恩斯去搜寻炸弹客，把纽约警局的炸弹拆除小组搞得人仰马翻，到韦斯特切斯特翻遍了当地的记录，结果却白忙一场；布鲁塞尔告诉警方注意一个脸上有疤的人，而米特斯基并没有这个特征；他告诉警方要找一个上夜班的人，而自 1931 年以来，米特斯基一直处于失业状态；布鲁塞尔说犯罪嫌疑人在 40~50 岁，而米特斯基已经超过 50 岁；他说要找“民防或军需专家”，而米特斯基充其量只在一个机房中做过短工。

虽然布鲁塞尔在回忆录中振振有词，但其实他从来没说过炸弹客是斯拉夫人，他告诉警方的是去找一个“在德国出生和受教育的人”。这个预测错得太离谱了，连炸弹客自己都提出了抗议：在警方调查的高峰期，纽约《美国期刊》（*Journal American*）表示愿意刊登任何关于炸弹客的说法时，米特斯基气呼呼地投稿说：“我勉强跟‘德意志’扯得上关系的地方是，我父亲曾经在德国汉堡上船前往美国——大约是 65 年前。”

“疯狂炸弹客”一案能够破案，真正的英雄不是布鲁塞尔，而是一名叫艾丽斯·凯利（Alice Kelly）的女士。凯利的任务是筛查爱迪生联合电气公司的人事档案。1957 年 1 月，她偶然看到一个 20 世纪 30 年代提出的不满申诉：投诉人在一场意外中受伤，但公司不认为如此。在这名离职员工寄来的一连串不满书信中，凯利发现了一项威胁——一封信里出现了“我会自己动手讨回公道”的字句。那份档案上的名字便是米特斯基。

布鲁塞尔并不真的了解米特斯基的内心世界。他似乎早就知道，如果有人做了一大堆预测，错了的很快就会被遗忘，而押对了的那些则会让你一举成名。“就是他干的”，这种可以按图索骥，揪出罪魁祸首的罪犯侧写法，并非刑侦分析上的一项胜利，只是派对上的一种戏法而已。

6

1984 年，犯罪嫌疑人仍未落网，道格拉斯、黑兹尔伍德、沃克与另外两名从威奇托来的警探围坐在橡木桌旁。道格拉斯脱掉西装外套，把它挂在椅背上，开始讨论犯案人的轮廓。这一幕也是《绑虐杀的心灵世界》一书的序幕，他写道：“我对此人的判断是，他于 1974 年开始犯案，当时他的年龄在 25~30 岁，现在已经事隔 10 年，所以现在他的年龄应该在 35~40 岁。”

轮到沃克发言：“‘绑虐杀’案的凶手并没有真正进行性交，这显示他的性行为不成熟且带有缺陷；他是独来独往型，不过他不是因为别人拒绝他而孤独，他是自己选择孤独。凶手可以在社交场合表现自如，但这只是表面；他也许有可以交谈的女性朋友，但其与同龄女性相处时会不知如何是好。”

黑兹尔伍德是下一位发言的人：“‘绑虐杀’案的犯罪嫌疑人有根深蒂固的自慰习惯，与他有过性关系的女性可能会形容他心不在焉或高高在上，他更倾向于让女方取悦他，而不是去取悦女方。”

道格拉斯继续说：“跟他在一起的女性不是比他年轻很多，头脑非常简单，就是比他年长很多，把他当成长期饭票。”他们三人判断“绑虐杀”案的犯罪嫌疑人开的车还不错，但“没有特色”。

这时，大家都看见了“曙光”。道格拉斯说，他一直猜想“绑虐杀”案的犯罪嫌疑人已经结婚，可是现在他猜想也许犯罪嫌疑人已经离婚了。他猜测“绑虐杀”案的犯罪嫌疑人是下层中产阶级，可能住在租来的房子里。沃克感觉犯罪嫌疑人“做的是低工资的白领阶层工作，而不是蓝领”。黑兹尔伍德认为他是“中产阶级”，而且“口齿伶俐”。他们共同的看法是，犯罪嫌疑人的智商大概在105~145。道格拉斯猜测犯罪嫌疑人可能跟军方有关，黑兹尔伍德称犯罪嫌疑人是“活在当下”的人，总是需要得到“实时的满足”。

沃克说：“认识他的人可能会说记得他，但称不上真正认识。”道格拉斯突然灵光乍现说：“如果他的工作需要穿制服，我一点儿也不会感到意外。这个人不是精神病人，但跟狐狸一样神经兮兮的。”

他们讨论了近6个小时，联邦调查局的这些专业人士已经把侦案的蓝图提供给威奇托警方了：去找一个可能跟美国军方有关的男性，他的智商在105以上，喜欢自慰，在床上既自私又自大，他开的车还不错，而且他是个“及时行乐”的人；犯罪嫌疑人跟女性在一起时会不自在，但可能有女性朋友；他是独行侠，但可以应付社交场合；周围的人不会忘记他，但谈不上熟识；犯罪嫌疑人可能从未结过婚，也可能已婚或离婚；如果他已婚，太太不是比他小很多，就是比他大很多；他可能住在租来的房子，可能属于下层社会阶级、偏中产阶级的下层阶级、下层中产阶级或中产阶级；犯罪嫌疑人可能像狐狸一样神经兮兮，却没有精神问题。如果要将这一切记录下来，我们就有一份“杰奎斯演说”、两份“巴纳姆陈述”、四种“彩虹骗术”、一次“好运气猜猜猜”，以及两项不是预测的预测，因为它们永远无法得到证实。这一切都跟真实的“绑虐杀”凶手沾不上边，真正的凶手是小区中冠绝一时的人物、教会的董事会主席，他已婚，而且有两个孩子。

谈了 6 小时之后，道格拉斯站起身来，穿上西装外套，对办案警探说：“这个案子绝对破得了。如果我们未来还可以给予协助，尽管打电话来。”你可以想象他志得意满、微笑地拍着警探的背说：“你们马上就会逮到这个家伙的。”①

2007 年 11 月 12 日

① 在这篇文章刊登后不久，我同约翰·道格拉斯在美国国家公共电台进行过一次辩论。我原以为他会就艾利森及其同事的评论给出某种深思熟虑的回应，但事情很快就明朗了，他根本不知道艾利森这个人，也不了解该领域内其他学术评论人士。

天才神话

“聪明人”是否名过其实?

1

在20世纪90年代互联网泡沫时期，全美最大也最负盛名的管理顾问公司麦肯锡公司发起了所谓的“人才战争”。他们把成千上万份问卷送到美国各地公司的主管人员手中，其中有18家公司受到特别关注：麦肯锡公司的顾问在每家公司花3天的时间，对上至CEO，下至人力资源部门员工，一一进行访谈。麦肯锡希望把全美顶尖公司的成功经营之道记录下来，以了解这些公司的人事聘用和升迁制度的独特之处。在过滤成堆的卷宗与面试记录的过程中，麦肯锡越发相信，赢家与输家之间的差别，比他们预期的要大得多。

领导这项计划的三名顾问埃德·迈克尔斯（Ed Michaels）、海伦·汉德菲尔德－琼斯（Helen Handfield-Jones）和贝丝·阿克塞尔罗德（Beth Axelrod）在其共同著述的《人才战争》（*The War for Talent*）中说：“我们面面相觑，突然领悟了其中的道理。”他们的结论是，一流的公司对人才问题非常执着，这样的公司不断招募新人，不断寻觅并尽可能聘用一流人才。公司会挑出明星人选，对其另眼相看、破例加薪，且不断让这些人晋升。三位作者引述通用电气公司一名资深主管的话说：“在天生的运动员（生来就身怀绝技的人）身上押宝，并擢升没有相关经验或好像不知天高地厚的明星人才，绝不要迟疑。”三位作者相信，要在现今的市场中成功，“唯才是用”是不可或缺的经营思维。只有在各个岗位中都有超人一等的人才，公司才能超越竞争对手。

这种“唯才是用”的管理思维是美国管理学新的悖论，一流商学院的文凭如此受到重视，最高主管的薪酬如此丰厚，都是这种心态下的产物。管理学相信，在现代化的公司中，明星人才有多强，公司的制度就有多强——全球管理顾问与管理学大师在过去几年间鼓吹的就是这一点。推行这套观念最不遗余力的非麦肯锡公司莫属，而麦肯锡公司的所有客户中对这套哲学最奉行不悖的莫过于安然公司。麦肯锡在安然公司另外开展了 20 项研究计划，每年向安然公司收取的费用超过 1 000 万美元。麦肯锡有一名董事会定期出席安然公司的董事会议，而安然公司的 CEO 也曾是麦肯锡的合伙人。

安然公司的丑闻如今已成历史，该公司的两名最高主管斯基林与肯尼斯·莱（Kenneth Lay）均已身败名裂，安然的审计员阿瑟·安德森（Arthur Andersen）被拉入行业黑名单，调查人员现已把侦案重点转移到安然的投资银行家身上。在安然事件中，能够全身而退的安然合伙人之一是麦肯锡公司。这不免让人感到有些奇怪，因为安然的文化几乎可以说是麦肯锡一手塑造的。安然是人才公司的典范，迈克尔斯、汉德菲尔德－琼斯和阿克塞尔罗德在书中告诉我们，当斯基林于 1990 年成立一家叫作“安然资本和贸易资源公司”的机构时，他决定

“不断网罗出身顶尖大学与拥有 MBA（工商管理硕士）学位的毕业生，一心要安然全公司上下挤满人才”。

20 世纪 90 年代，安然每年要雇用 250 个 MBA 新人，安然公司的一名前部门经理回忆说：“我经常与刚出哈佛大学校门的毕业生进行面谈，这些年轻人让我目瞪口呆，他们知道一些我听都没听说过的事。”一旦进入安然公司，表现优异的人受到的奖励极大，这些人即使没有资历，也能破格获得晋升。安然公司实行的是一种明星制度，安然公司前董事长兼 CEO 莱对前往休斯敦安然公司总部访谈的麦肯锡顾问说：“安然公司与竞争对手唯一的差别是我们用的人、我们的人才。”安然公司另一名高级主管对麦肯锡合伙人理查德·福斯特（Richard Foster）说：“我们招揽的是非常优秀的人才，我们付给他们的薪酬会高出这些人所要求的数额。”安然公司的盛衰于 2001 年全被福斯特写进他的《创意毁灭》（*Creative Destruction*）一书。

换句话说，安然公司一字不差地奉行麦肯锡公司的顾问所信奉的金科玉律，旨在在当今市场中克敌制胜。安然公司聘用并奖赏了才华出众的一流人才，但是如今以破产告终。当然，安然公司垮台的原因很复杂，但是安然公司是否成也萧何，败也萧何，是否正是因为它一心用人唯才反致失败？这些所谓的“非常优秀”的聪明人其实是否言过其实？

2

麦肯锡公司“人才战争”的核心是一个“分化”与“肯定”的过

程。他们认为公司的雇主一年中应该坐下来一两次，“针对每位员工的表现，开诚布公，无所不谈”。他们把员工分成A、B、C三个等级，对于A组的人，领导要不断为其创造更具挑战性的机遇，并超额奖赏他们；B组的人，需要不断给予鼓励和肯定；C组的人则需加把劲，否则就要面临淘汰。安然公司对这一套建议是完全信服的，公司成立了内部业绩考核评估委员会，成员每年开两次会，依照10项不同的标准给自己公司里的人打分，从1分到5分不等。这个过程叫“分等与拔除”，分数在公司中最高的人将比下一等级中的人多得2/3的红利，而等级最低的员工既没有红利也没有股权，有些情况下还不得不走人。

这种分等过程是如何进行的？可惜的是麦肯锡的顾问并未细论，有一个可能是，直接聘用并奖赏头脑最灵光的人。然而，员工的智商与工作表现之间的关联，实在是叫人看不出有什么特别的名堂。假设有一种量表，结果在0.1及以下的，说明两者之间其实毫无关联；在0.7及以上的，说明两者之间可能有很强的关联（例如你的身高与父母的身高有关）；智商与事业成功两者之间的关联性只在0.2与0.3之间。佛罗里达州立大学心理学家理查德·瓦格纳（Richard Wagner）说：“以我们评估学校教育来说，成绩好坏主要在于个人能否努力用功。如果跟别人合作，那就是作弊。但是你进入社会后，什么事都得跟别人合作。”

瓦格纳与耶鲁大学心理学教授罗伯特·斯滕伯格（Robert Sternberg）发展出数套测验所谓“潜在知识”的方式：潜在知识关乎一个人是否知道如何管理自己与他人，以及如何应付复杂的社交场合。这些测验当中有如下问题。

你刚被提升为公司一个重要部门的主管，原来的主管被调到次要部门的同等职位。你了解该主管之所以被调职，是因为他所领导的部门整体表现平平：没有什么重大过错，但给人一种非一流部门的印象。你的首要任务是整顿该部门，而且要立竿见影。为了成功，请你对以下策略中的特质进行评估：

A. 经常授权副手完成工作任务

B. 经常向上级报告进度

C. 宣布部门进行重大重组，将辞退你视为无用的员工

D. 对下属的关注度超过对其任务的关注度

E. 使下属对工作负责

瓦格纳发现人们对测验的回答预示着这些人能否在工作中有好的表现：好的经理会选 B 和 E，而差的经理会选 C。然而，这种潜在知识与其他形式的知识或经验之间却无明显的关联性。评估工作能力比表面看起来麻烦且复杂得多。

其实雇主真正需要评估的不是潜力，而是工作表现。可是评估工作表现也一样麻烦。在《人才战争》中，作者谈到英国空军如何在 1940 年夏秋的英德空战中，利用 A、B、C 评级制度评估飞行员的表现，例如歼敌、安全返航编队的能力。但跟公司管理比起来，要评估一名掌管新公司的管理人员的业绩，无论是在市场营销还是企业推广方面，难度都比评估空军飞行员是否达成客观目标大多了。此外，你要让谁来评估管理人员的表现呢？研究显示，同级同事的评分与上司的评分之间鲜有关联。

根据人力资源专家的看法，唯一严谨且有效的评估办法是，尽可能地使用精确的审查标准。管理人员原本就应在全年中详细记录员工的表现，以免个人的主观印象掺入业绩评级的过程，因为只有当你清楚员工的表现时，你才能为他们打分数。而在安然公司毫无约束的企业文化中，这几乎是不可能的事。被认为是人才的员工经常被委派新的职务，他们须不断迎接新挑战，晋升的年度流动率接近20%。在安然公司内开展天气衍生品业务的林达·克莱蒙斯（Lynda Clemmons），在短短的7年里，先是从交易员升为正式人员，之后又蹿升为经理、董事，终至领导自己发展出来的部门。在一个没有人待得够久，有资格对其他人打分的体系中，你怎么评估员工的工作表现呢？

其结果就是不根据工作表现来评鉴。在安然公司垮台前所出版的众多相关图书中，管理顾问加里·哈梅尔（Gary Hamel）所著的畅销书《启动革命》（*Leading the Revolution*）揭露了设计安然能源交易方式的白龙（Lou Pai）的内幕故事。白龙领导的部门从一开始就是个大灾难：它想方设法把电力卖给新兴市场的消费者，结果损失了数千万美元。哈梅尔解释说，问题出在当时市场尚未完全自由化，“开放市场竞争的数州，仍然设有规定要大力保护州内传统的公用事业单位”。好像没有人想到白龙应该在筹资成立公司前，就事先调查好是否有这些规定，他很快就被公司任命到新的岗位，任由其成立外包的供电公司。公司连年亏损，他却能以2.7亿美元的售价抛出手中的安然股票。白龙因为有“才”，就不断有新的机会。他在这些新机会的基础上毫无建树，却仍因为有“才”获得了更多机会。哈梅尔说，在安然，经营失败，即使是像上了《华尔街日报》的那种惨痛的失败，也不会葬送你的事业，反而像好事一般。也许鼓励员工冒险的公司也一样必须承担失败，然而，如果“人才”与“表现”被定义成两码事，这样的人才有什么用？

3

“人才战争”，说穿了就是宠爱与纵容 A 级员工。迈克尔斯、汉德菲尔德–琼斯与阿克塞尔罗德的著作说：“老板为了让员工卖力，让他们满意和高兴，可以说是百般讨好。老板会去发掘有才员工最想做的是什么，然后朝着那个方向塑造并培养他们的事业与责任感，解决任何可能造成这些人跳槽的问题，例如对老板或对出差要求不满意。”没有公司比安然更信这一套，路易丝 · 基钦（Louise Kitchin）的故事就是典型的例子。29 岁的基钦原是安然驻欧洲的石油交易员，她后来坚信安然需要成立一家网络交易公司，她告诉上司自己的想法，并开始在工作之余草拟计划。后来，安然公司上下有 250 人响应她的想法。6 个月之后，斯基林终于风闻此事，他后来表示：“从来没人请我投注资金，也从来没人向我要人。他们已经径自买了服务器，在公司内部自辟疆土建立据点。等我有所耳闻时，这些人已经开始在 22 国开展法律评估了。”斯基林批准了，他说：“这正是驱使安然公司不断向前冲的典型行为。”

要在此指出的是，基钦能为安然网络（EnronOnline）公司掌舵，不是因为这是她的特长，而是因为她想做，而安然恰巧是一个明星员工想做什么就能做什么的地方。斯基林告诉麦肯锡小组：“流动，在本公司是绝对必要的，我们聘用的人对此绝对身体力行。这种制度可以让管理人员感到振奋，也能协助安然公司向管理人员最感振奋的方向发展。如果许多应聘者纷纷涌向一家新成立的公司，这是该公司会成功的一个迹象；如果一家新公司不能轻易地吸引应聘者，这或许就是安然不应插足其间的一个迹象。”CEO不是应该通过考量一家新公司能否吸引顾客来决定是否注资吗？公司该往管理人员认为最能“获利”的方向走，这样不是更高明吗？但是在安然，公司顾及“明星员工”的需要，高过顾及顾客与股东的需要。

20世纪90年代初，心理学家罗伯特·霍根（Robert Hogan）、罗伯特·拉斯金（Robert Raskin）和丹·法齐尼（Dan Fazzini）合写了一篇见解过人的文章《魅力的黑暗面》（*The Dark Side of Charisma*），认为欠理想的经理人可分为三类：第一类是“好好先生”，这种人在公司内的升迁之路通行无阻，因为他从来不做得罪人的决定；第二类是“不满分子”，这种人内心义愤填膺，处心积虑要铲除对手；最有意思的是第三类“自恋狂”，这种人的冲劲、自信与魅力让他们沿着公司的晋升之路火箭般上升。第三类是最恐怖的一类经理人，他们刚愎自用，不接受他人建议，认为听从他人建言就表示自己软弱无能，更不相信别人会有什么有用的点子。霍根等人表示：“自恋者喜欢居功，却把过错与失败的责任推给别人。”更严重的是：

> 自恋狂做决定时总是自信满满，因为自信满满，他人也就对其深信不疑。自恋狂经理在团体中的影响力其实大得不得了。到最后，自恋狂经理基于自信与强烈需要获得他人认同等原因，会

"自我举荐"。结果是，当团体或组织领导职位出现空缺时，自恋狂会毫不迟疑地抢占职位。

泰科公司和世通公司皆是"走短线"的贪婪公司，贪图一时之利。安然公司则是自恋公司，邀功诿过，成功地向世人推销了它的"人才管理"模式，以纪律管理的代言人自居。哈梅尔在《启动革命》中述及安然公司一名高级主管及其大言不惭的言论，完全就是该公司这种作风与思维的缩影。

> 身穿黑色T恤衫、蓝色牛仔裤，脚穿牛仔靴的安然资本和贸易资源公司（这家公司是全美国规模最大的天然气营销公司，也是电力买卖最大的商家）的负责人肯·赖斯说："在核聚变反应中，原子是无法控制的。"赖斯在公司的白板上画了一个方块，在方块里画了几个圆圈。他将自己的公司描绘为一座核反应堆，圆圈代表的是公司的"合约发动人"，这些带枪冲锋陷阵的人肩负与客户签约及创造新事业的重任。每个圆圈上有一根箭头，箭头朝向四面八方，"他们想往哪个方向走，我们就让他们往哪个方向走"。

贪婪公司与自恋公司之间的区别极为重要，因为我们对自我成就的认知决定了我们的行为。哥伦比亚大学心理学家卡罗尔·德威克（Carol Dweck）发现，一般人对他们的智力持有两种不同的坚定信念，一种人相信智慧是与生俱来的，另一种人相信智慧可以靠后天培养。德威克在全部课程以英文授课的香港中文大学做过一项调查研究，她与同事们接触了一群主修社会科学的学生，把学生的英语测验成绩透露给他们，并询问这些学生要不要选课来提升英语水平。香港中文大学是一所要求严格的一流学府，学生的英语水平不高会拖垮其社会科学这门课的成绩，因此我们一定以为成绩不好的学生会通过选课来提高自己的英语水平。结果他们发现，只有那些相信自己的才智可以靠后天加强的人表示有兴趣上课；认为自己的才智已经定型的人，因为生怕自己选这门课会显得不如其他人，而宁愿待在家里。德威克写道："认为自己的才智已经定型的人非常在乎自己看起来是不是聪明，但有时他们会聪明反被聪明误——放弃通过学习来实现成功的机会，还有什么比这更愚蠢呢？"

在一项类似的实验中，德威克为一班小学生做了一项测验，里面充满有挑战性的问题。测验结束之后，一组人得到"努力过人"的称赞，另一组人得到"智慧过人"的称赞。后者不愿应付困难的问题，这些人在后来的测验中往往会成绩下滑。德威克后来要这些学生写信给其他学校的学生，描述自己的测验经验，她发现在"智慧过人"的学生中，有40%就自己的测验成绩说了谎，美化了自己的分数。这些"智慧过人"的学生不是天生爱骗人，也不是比其他人缺乏智慧或自信心，而是处在一个只重视"天才"的环境中，他们只不过是按照天才的形象做出响应罢了。有天赋的人往往以"人才"自命，但一旦环境变得艰难，其自我形象受到威胁，他们往往无法接受后果，也无力采取补救措施。他们无法面对投资人与社会大众，也无法承认自己错了，而宁愿选择撒谎。

4

麦肯锡公司与安然公司的失败在于，它们以为一个组织的智能程度仅仅取决于该组织员工智能的运作；它们相信明星员工，而不相信体制。从一方面来看，我们可以理解它们为什么这样做，毕竟我们的生活因为许多人的个人才华而变得丰富：伟大的小说不是由团体写成的，相对论也不是某个委员会发明的。然而，公司运营有不一样的规则：不仅要创造发明，还要执行决策，与其他公司竞争，以及在不同的人事之间协调各方的努力。能够漂亮完成任务的组织，通常其制度才是公司里的“明星”。

“二战”中有一个典型案例，在 1942 年的前 9 个月里，美国海军损失惨重，在大西洋海岸与加勒比海一带活动的德国潜艇不断击沉美国的商船。德国的一名潜艇舰长写道：“在这一片明亮的海上，在不知忧愁为何物的新世界探照灯下，每艘过往船只的细节轮廓，我们都看得一清二楚，我们只需按下发射按钮就行了。”

让人不解的是，在大西洋的彼岸，英军对付德国潜艇不像美国这么困难，因此他们把德国潜艇的相关情报，如声呐、深水炸弹发射器与建造结构等信息传递给美国，可是德军还是致使美国的海岸地区瘫痪了。

你可以想象麦肯锡会对此事件得出什么结论，该公司大概会说：美国海军没有人才，罗斯福总统应该招揽或擢升一流人才，把他们安排在大西洋指挥部的位子上。其实罗斯福总统已经这样做了，战争一爆发，他就换下作风平庸的海军作战部部长哈罗德 · R. 斯塔克上将

（Harold R. Stark），任用传奇老将欧内斯特·约瑟夫·金（Ernest Joseph King）。《第十舰队》（*The Tenth Fleet*）是一本记述"二战"时美国海军大战德国潜艇的历史书，该书作者拉迪斯拉斯·法拉戈（Ladislas Farago）说："金是一位才气纵横又狂妄无比的现实主义者，他对海军事务的认知，以及对自己想法的超凡绝俗，都有无比的信心。他不像斯塔克那样能够容忍周遭人的无能，他对庸才一点儿耐心也没有。"

换句话说，海军中有不少人才，但缺少的是有效的组织制度。约翰斯·霍普金斯大学的军事战略学者艾利奥特·A. 科恩在他精彩的《大西洋之战中的军事灾难》（*Military Misfortunes in the Atlantic*）一书中说：

> 反潜战要打好，分析家必须整合各方所有的情报细节，例如要了解潜艇的航向测定点，解密与推断攻击潜艇位置基准点等，以便让艇长能协同战舰、军机与舰队司令一同反攻，而且这种整合情报工作必须在数小时甚至数分钟之内完成。

英军能够迎头痛击德国潜艇，是因为他们有一个中央作战系统。为智擒德国的"狼群"潜艇，英军指挥官在大西洋调派舰艇犹如棋子。相反，金上将深信分散型的管理结构有用：他认为经理人不应告诉其部下"该怎么做与做什么"。用今天的术语来说，他信奉的是"刚柔并济的管理"——麦肯锡顾问托马斯·J. 彼得斯（Thomas J. Peters）与罗伯特·H. 沃特曼（Robert H. Waterman）在其畅销书《追求卓越》（*In Search of Excellence*）中所提倡的那种方式。但"刚柔并济”对寻找德国“二战”潜艇没有帮助，1942年全年，美国海军都在思考如何用科技智取德军，而不愿采用英军的作战心得。

在战场想要以科技取胜，就必须依靠一定的组织结构，而美国海军在这方面却付之阙如。一直等到海军成立了第十舰队，由其负责协调大西洋反潜战中的所有行动，美军才成功扭转局势。在第十舰队于1943年5月成军的一年半前，美国海军共击沉36艘德国潜艇，而在其成军后的半年内，它便击沉了75艘德国潜艇。科恩写道：“海军成立第十舰队时并没有引进更多的人才进入反潜作战行动，因为组织与授权之故，第十舰队所做的不过是让原有的人比以前更加愿意效力而已。”天才神话认为：是人让组织变得灵光，事实却刚好相反。

5

这项原则在最成功的企业中处处可见。美国西南航空公司聘用的MBA不多，付给管理人员的薪水也不夸张，公司制度是依据员工的资历加薪，不是“分等与拔除”那一套。然而，西南航空却是美国所有航空公司中经营得最成功的一家，原因是它的组织比其所有竞争对手都更高效。在美国西南航空公司，飞机降落后可以再次起飞的时间平均是20分钟——这是公司生产效率与运营情况良好的一项重要标志，而再度起飞只需要动用4名地勤人员，2人在飞机舱门作业。相较之下，美国联合航空公司的周转时间将近35分钟，并需出动12名地勤人员，3人在飞机舱门作业。

再看零售业巨子沃尔玛，它最关键的时期之一是1976年，公司创始人萨姆·沃尔顿（Sam Walton）复出，逼退了他一手提拔的接班人罗恩·迈耶（Ron Mayer）。迈耶那时才40岁出头，雄心勃勃又有魅力，套用沃尔顿传记中的一句话："他是金童兼天才财务官。"沃尔顿深信沃尔玛文化应是海纳百川的，迈耶却搞起麦肯锡"分化与肯定"那一套。后来迈耶黯然离开，沃尔玛亦成功渡过难关。毕竟沃尔玛是一个组织，不是一个明星团体。后来沃尔顿聘用了陆军出身、毕业于南密苏里州立大学的戴维·格拉斯（David Glass）任CEO。目前，沃尔玛仍是全美最大的零售商。

宝洁公司也不采用明星制度。明星怎么会看得上宝洁？哈佛大学、斯坦福大学毕业的MBA完全可以在休斯敦拿3倍的高薪，改造世界，怎么会屈就在宝洁的总部、俄亥俄州的辛辛那提呢？宝洁不是那种华丽的公司，它的CEO原是海军军官，退役后从喜乐（Joy）牌洗洁精的品牌经理助理做起，然后将一生都奉献给了宝洁。如果宝洁的员工跟安然的员工玩考验智力的"棋盘问答"（Trivial Pursuit）游戏，安然必胜无疑。然而，宝洁在消费产品领域已独霸一方将近一个世纪，因为它有一套细心规划的管理制度，以及一套周密的营销学，让佳洁士牙膏及汰渍洗衣粉几十年来在市场竞争中都无往不利。在宝洁的"海军指挥部"，"斯塔克将军"不会走人，但是跨部门管理委员会会在战争还未爆发前就成立"第十舰队"。

6

终归一句话，安然最要命的作风，也是它倍感骄傲的地方，就是拥有人才招聘的“公开市场”。在公开市场制度中，任何人都可以申请他想做的工作，经理不可出面阻止。暗中挖人受到鼓励。当安然的一名高级管理人员凯文·汉农（Kevin Hannon）成立安然全球宽带部门时，他推出了一个叫“火速聘用”的计划，安然上下100名主管都被邀请到休斯敦的凯悦饭店听他大吹法螺，会议室外面设有招揽人才的专用摊位，迈克尔斯、汉德菲尔德–琼斯和阿克塞尔罗德说：“汉农在一周内便找齐了宽带部门需要的50名一流员工，而许多原有职位却出现了50个空缺待补。”没有人担心这50个空缺可能扰乱了被挖走人才部门的运作，甚至连拿薪水研究安然公司文化的顾问对此似乎都不以为意。没有人想到，安然公司明星员工的自我逐梦可能会冲击公司的整体最佳利益。

这些是管理顾问应该思考的问题，但安然公司的管理顾问是麦肯锡，而麦肯锡跟它的客户一样，均深陷天才神话当中。安然公司在1988年聘用了10个沃顿商学院毕业的MBA；同一年，麦肯锡聘了40个。1999年，安然公司再度聘用12个沃顿的MBA，麦肯锡雇用了61个。麦肯锡对于其传授给安然公司的那一套，自己也深信不疑且身体力行。安然公司一位前经理回忆起在总部长廊上走来走去的麦肯锡青年才俊时说：“如果我们请他们来，不是只请一星期，经常是2~4个月，他们总是在我们周围出现。”麦肯锡需要的是那种能够跳出框架思考的人，可是他们从未想过，如果每个人都需要跳出框架思考，那么就应该是这个框架本身需要被调整了。

2002年7月22日

新人的人际网络

招聘面试实际能告诉我们什么？

1

诺兰·迈尔斯（Nolan Myers）在休斯敦的一个中产阶级家庭长大，家中有父母跟一个弟弟。他上的是休斯敦表演暨视觉艺术高中，毕业后进入哈佛大学。他原本主修历史与科学，但在发现编程的乐趣之后，改为专攻计算机专业。迈尔斯说："程序设计是那种你一旦碰了就停不下来的事。一旦开始写，下一刻你看手表时，已经是清晨 4 点。我爱上了它的简洁明了。"迈尔斯个子不高，有点儿壮，眼睛是淡蓝色的。他经常笑脸迎人，说话时会用手比画，也会晃动身体，以示强调。他在乐队演奏犹太音乐，跟父母无代沟，学业成绩通常是 B 或 B+。

快毕业那段时间，迈尔斯花了不少时间跟科技公司的人接触，接受就业面试。他跟得克萨斯的泰乐琪（Trilogy）公司接洽过，但他觉得自己并不适合那家公司。迈尔斯说："泰乐琪的一家子公司在报上登了一则广告，招募刚毕业的科技高手，年薪是 20 万美元与一辆宝马汽车。”他一边说一边难以置信地摇摇头。另外一次面试，主考官要他解决一个程序问题，他犯了一个不应该犯的错，主考官将答案从桌子的那一端推到他面前说，他的“解题法”解决不了问题。谈起这一段时，迈尔斯居然脸红了，他说：“我当时太紧张了，觉得很难堪。”然而，他说起这段故事时的神情很难让人相信他也会紧张，要不然就是他所谓的紧张只是旁人所谓的“心里七上八下”那种紧张。迈尔斯看起来绝不是那种会慌了手脚的人，他是那种在重要学业考试前夕，你疲于应付时会打电话向他求救的帮手。

我非常欣赏迈尔斯，不管他将来选择什么，我相信他都会成功——虽然我只跟他面对面接触了90分钟，我就是有这样的把握。我仅仅跟他见过一次面：他毕业前，我们约好到哈佛广场的“香面包”餐厅碰头，我坐在靠窗的座位等他。他身穿卡其裤和深绿色马球衫，脚上穿的是球鞋，背着一个大背包。进入餐厅后，他走向餐桌，帅气地把背包搁在地上。我给他买了杯橘子汁，他拿出皮夹一顿猛掏，打算拿出一美元来还我，我拒绝了。在见面前，我们在电话中谈了3分钟左右，约好见面时间。后来，我写电子邮件给迈尔斯，问他在“香面包”见面时我该怎么辨认他。他回了我一封信，几乎就是根据这封信，我坚信他未来前途无限。迈尔斯的回信是这样的：“22岁上下，5英尺7英寸高，棕色直发，非常帅。（画了个笑脸）”我从来没跟迈尔斯的父母、弟弟或其教授交谈过，从来没见过他狂喜、愤怒或沮丧时的样子，不了解他的个人习惯、品位或癖好，我甚至无法说明我为什么会对他有好感。他外表体面，人很聪明，能言善道又诙谐风趣，但是他的体面、聪明、能言善道与风趣都不能解释我为什么会下该结论。我欣赏他，对他印象深刻，如果我是要招聘新员工的老板，我当下就会聘用他。

我是从哈迪·帕尔托维（Hadi Partovi）那里知道迈尔斯这个人的，帕尔托维是硅谷新兴科技公司 Tellme 的主管。如果你是麻省理工学院、哈佛大学、斯坦福大学、加州理工学院或加拿大滑铁卢大学的应届毕业生，想在软件工程界谋职，经营网络电话的 Tellme 可能是你会考虑的地方之一。帕尔托维与我在 Tellme 的会议室中交谈过。在 Tellme“高高在上”的会议室中，可以看见下方的软件工程师、营销人员和主管的办公桌以及他们的工作情形，有些人的桌旁甚至放着床褥。（该公司不久前搬到一家老印刷厂里，屋顶倾斜的办公室旁是一间很大的仓库。新经济时代的逻辑是：旧办公室可以转眼间改建为仓库，旧仓库也可能转眼间改建为办公室。）

帕尔托维 27 岁，长相英俊，皮肤呈橄榄色，留着一头卷曲的黑色短发，在我采访他的过程中，他的椅子始终呈 45 度角倾斜。在反复提到人才有多难找后，他突然吐出一个名字：诺兰·迈尔斯，接着，迈尔斯的电话号码也脱口而出，由此不难想见，他多想招揽迈尔斯。

帕尔托维是在迈尔斯快毕业的那年前往哈佛大学征才时遇见他的。帕尔托维回忆道：“那天真是忙得人仰马翻，我从 7 点开始一直讲到 9 点，才跟一个人谈完送他走，马上又迎来另一个人。”每场面试持续一小时。每次面试，他都会先花 15 分钟介绍 Tellme，谈公司的策略、目标和业务，接下来他会给面试的学生出一道简短的程序测验题，在剩下的时间里，帕尔托维会问学生问题。他记得迈尔斯在程序测验中答得非常好，他跟迈尔斯谈了三四十分钟之后，深信迈尔斯

“有料”。帕尔托维在迈尔斯身上所花的时间还没有我多，帕尔托维没跟迈尔斯的家人谈过，他也没看过迈尔斯狂喜、愤怒或沮丧的一面。他知道迈尔斯去年夏天在微软公司实习，而且就要从常春藤盟校毕业，但是像 Tellme 这样的公司，招揽的新人几乎都是从一流学校毕业的，每年夏天到微软去实习的人也超过了 600 人，帕尔托维不知自己为何这样喜欢迈尔斯，他说：“大概是直觉吧！”

迈尔斯跟帕尔托维接触的经验大概跟微软的 CEO 史蒂夫·鲍尔默（Steve Ballmer）大同小异。迈尔斯在快毕业那年年初，曾经参加微软的实习生派对，鲍尔默在派对中演讲，在演讲结束后，迈尔斯曾经举手发问。迈尔斯对我说：“鲍尔默谈到很多关于微软要朝大方向发展的事，我问鲍尔默，那些发展是否会影响他有意发展其他事业的能力，微软还要在小方向的事业上押注吗？”后来微软一名人事主管找到迈尔斯，说鲍尔默想向他索要他的电子邮件地址，迈尔斯把电子邮件地址给了他之后不久，鲍尔默就开始与他通信，看来鲍尔默非常希望迈尔斯到微软工作。

迈尔斯说：“鲍尔默对我的背景做过研究，知道我去过哪些公司面试，而且知道许多有关我个人的事。他发给我一封电子邮件说非常希望我到微软去，如果我有任何问题都可以问他。我回信表达谢意，后来我参观了 Tellme，并写信告诉鲍尔默，我对 Tellme 十分感兴趣，但还不是完全确定，如果他对我有任何建议，我会很乐意接受，而且给了他我的电话号码。结果鲍尔默打电话来，我们谈到事业曲线，微软将来会怎样影响我的事业前途，以及他对 Tellme 的观感。我对鲍尔默佩服极了，而他好像也真的对我挺有兴趣的。”

是什么原因促使鲍尔默这样极力招揽迈尔斯呢？仅是惊鸿一瞥而已。他看见的迈尔斯可能只是他一小部分的情况，而只是这样，一家有 4 000 亿美元资产公司的 CEO 便打电话到一个毛头小子的宿舍鼓励他。鲍尔默内心知道自己欣赏迈尔斯，一如帕尔托维在面试后知道，以及我在与迈尔斯在“香面包”餐厅谈过后就知道一样。而我们又知道什么？能知道什么？以任何合理的衡量标准来看，我们其实对迈尔斯一无所知。

在新经济时代，一家公司最后的成功在于任用人员的质量，这是永恒不灭的真理。许多科技公司只差没要求所有职员住在公司里了，并且员工之间的熟识程度绝非上个时代的人所能想象的。在典型的硅谷办公室中，电子游戏、咖啡吧、床褥与篮球筐等休闲设施是标准配备，而在这间休息室中，你只会跟志同道合的朋友玩在一起。但志同道合的朋友怎么找？今天的求才者在履历大海中不断挑选，分析求职者的背景，打电话给推荐人，然后像我一样坐下来跟迈尔斯面谈，想从一个半小时的谈话中，对一个求职者的智慧与个性得出结论。工作面试已成了现代经济成规中重要的一环，然而跟一个人坐下来谈一个半小时，能让你对一个陌生人了解多少？

2

前些年，哈佛大学一名实验心理学家纳利尼·安贝蒂（Nalini Ambady）与罗伯特·罗森塔尔（Robert Rosenthal）携手合作，探讨优质教学中的非语言部分。她利用哈佛大学的一项教师训练计划的录像带作为研究基础，邀请外界人士观看录像，并关掉声音，只以教师的脸部表情与肢体语言分析其教学效果。安贝蒂希望至少利用一分钟的录像来研究，可是当她自己研究录像时，发现录像中有教师镜头的片段只不过 10 秒的时间。她说："我不希望画面中出现学生，因为这会影响我们的看法与评估。因此我对我的顾问说，这盘录像带没办法用。"

但后来她发现其用大矣。观察者看了 10 秒的默片后，可以轻松地根据 15 项清单针对教师的特点打分。事实上，安贝蒂将录像剪成 5 秒，参加实验的人观察之后的评分仍然相同。如果不实际观看安贝蒂剪辑的片段，你大概无法相信这样的研究结果，但我与其他参与这项研究的人一样，在看过之后发现，在这 8 秒的录像片段（既非最长片段，也非最短片段）中，除第一眼以外的感受都是多余的。我们若需要当下做出判断，依据的其实是瞬间的感觉。

安贝蒂下一步的结论更惊人，她将临时做成的教学评估，与在一学期结束时学生对同一位老师的评估结果互相比较，发现两者之间的关联性高得惊人。一个人对素昧平生的教师观察两秒之后所得出的结论，跟坐在同一位老师课堂中听了一学期课的学生所得出的结论非常相似。

最近，托雷多大学心理学教授弗兰克·贝尔涅里（Frank Bernieri）与他的研究生内哈·加达－贾因（Neha Gada-Jain）做了一项类似的实验。他们为两名面试官进行了为期 6 周的专业训练，针对该如何面试求职者给予指导。之后，这两人面试了 98 名不同背景与年龄的充当求职者的志愿者。每次访谈持续 15~20 分钟，面试过后，两名面试官必须填写一份 6 页的问卷，针对 5 个部分的评估项目给出回答。这项实验最初的用意是想了解，若干受过肢体语言训练、会模仿面试官手势和姿态以迎合面试官的应聘者，与没有受过任何训练的应聘者相比，其得分是否更高。结果发现并非如此。后来贝尔涅里的另一个学生特丽西娅·普利凯特（Tricia Prickett）决定利用同一面试录像带与评分结果，来检验一句面试的名言：握手决定一切。

贝尔涅里解释说："她拿了 15 秒的录像带做实验材料。录像中，受访者敲门后进来，与面试官握手，然后坐下，面试官向受访者表示欢迎。"然后普利凯特效仿安贝蒂的做法，邀集了若干不知情的局外人，根据录像带所播放的握手片段，请他们在同样的评定项目与标准上打分数。结果再次令人跌破眼镜，局外人所打的分数又一次跟面试官的打分近似。贝尔涅里说："在面试官对应聘者做出评分的 11 个项目中，有 9 项结果与局外人相似，两者之间的雷同实在惊人。"

这项研究将安贝蒂的研究结论又往前带了一步。托雷多大学实验中的面试官受过面试方面的专业训练，而不是在学期结束时的最后一堂课匆匆做出评估，他们有充裕的时间在正式的问卷上详细作答。问卷的目的是要做最详尽与最公平的面试记录，而他们所打的分数跟临时从街头找来、仅仅看过录像中握手片段的人的评分并无太大区别。

这说明了帕尔托维、鲍尔默和我三人为什么都对迈尔斯看法一致。显然人们不需要真正认识一个人才能相信自己了解一个人。帕尔托维以难题盘问迈尔斯一小时之后的结论，与我和他在餐厅畅谈 90 分钟的印象，以及鲍尔默听了他的提问之后的判断，三者大同小异，原因不外乎此。

贝尔涅里与安贝蒂相信第一印象的力量，显示人类有一种先于理性的能力，可据以正确判断他人。在安贝蒂的优良教师实验中，她要求观察者在观看录像的同时，做一项可能会让人分心的认知工作（例如记忆一串数字），结果他们对教师的评鉴结果仍然不变。但当她要求观察者在评估前仔细思考一番时，其正确率便明显受到了影响，这表明思考只会碍事。安贝蒂猜测："这里要动用的脑部结构非常原始，这些主观情感的反应，可能受下方的大脑结构的指挥。"我们对某人最初的感觉似乎揭示的就是此人的基本个性，因为我们在两秒之后得出的结论，其实跟我们在 20 分钟后所做的结论相差不多，甚至跟一学期后的观察也相去无几。

贝尔涅里说："你或许可以在当下就判断某人是否外向，或是衡量一个人的沟通能力。这些线索或提示可能唾手可得，非常明显。"贝尔涅里与安贝蒂两人都提到，人类具有一种非常强的本能。从某方面来看，这让人感到安慰，因为我们在遇到陌生人时能马上觉察这个人的某些特质。这也表示，我用不着担心我无法解释自己欣赏迈尔斯的原因，因为这样的判断显然不是经过思考得出的。

不过这里同样也有令人感到不安的地方。迈尔斯是一个有能力又讨人喜欢的人，但是从我们的短暂接触中，我无法知道他是否诚实、是否以自我为中心。他是喜欢独来独往，还是有团队精神？许多其他的重要特质，我也一样不清楚。只看握手一幕的人，结论跟其他进行全程面试的人相同，这也许显示第一印象的影响力太大了——影响了我们随着时间而产生的其他印象。

举例来说，我问迈尔斯是否对毕业后的求职感到紧张。这似乎是一个合理的问题，因为我还记得自己在找到第一份工作前有多焦虑。此外，超时工作能把他吓倒吗？他回答：哦，不会的，因为他在学校时，每周就工作 80 ~ 100 小时。我继续问："有什么你不擅长的事会让你担心吗？"

他的回答非常尖锐："有什么是我不擅长或学不会的事？这真的是一个实际的问题，对很多事，我一无所知，但我觉得只要有适当的环境与鼓励，我可以做得好。"在我的笔记本上，对于这项回答，我的评语是"非常棒的答案！"我也记得那时我有一种兴奋的感觉，因为对方的表现符合我的期望。我当时就已经很欣赏此人了，因此我在对方的答案中听到的也就是坚毅与自信。如果我一开始就不喜欢迈尔斯，我在他的答复中听见的就会是狂妄与吹嘘。第一印象变成一种自我实现的预言：我们听见的是自己所期待听见的，给人留下好印象的人选在面试中绝对会受到偏袒。

3

鲍尔默、帕尔托维与我见到迈尔斯时，我们都做了一个预测，即通过他在我们面前的表现、言谈举止以及他可能的想法，推测他在其他情况下可能会怎么做。要记得，我已经判断迈尔斯是那种你在重要学业考试前会打电话去求救的人，而我的这个结论真的正确吗？

这也是社会心理学家曾经密切关注的一个问题。20 世纪 20 年代末，心理学家西奥多·纽科姆（Theodore Newcomb）在一个夏令营分析若干青少年的外向性格，他发现男孩如果在某一场合（例如午餐时间）说个不停，就预示着将来他在同样的情况下也会滔滔不绝；好奇周一午餐吃什么的男孩，极可能也会好奇周二午餐吃什么。不过，你无法根据此人在某种场合的行为表现预测他在其他不同场合的行为表现，例如从一人午餐时间的行为无法预知其在午后游戏时间的行为。在卡尔莱顿学院研究员做的一项研究中，研究员沃尔特·米舍尔（Walter Mischel）、尼尔·拉特斯基（Neil Lutsky）与菲利普·K. 皮克（Philip K. Peake）研究了学生的责任感问题，结果发现，我们无法从学生的作业本是否干净整洁，或他们是否准时交报告看出他们是否逃学、其房间是否整洁，以及是否重视仪容仪表。我们在特定时刻表现出来的行为显然无法反映我们的人格特质，我们在某一时刻的行为显然更取决于所处情境的特殊性，而非我们的人格特质。

这个结论又与我们的直觉有冲突。我们推测大多数时候，人在不同情况下表现出的是同样的人格特质，但我们低估了外在情境对人类行为扮演的重要影响。例如，在纽科姆的那个夏令营的实验中，辅导员在现场所做的观察记录显示，男孩子们在“健谈”“好奇”“合群”等项目上，在不同场合中的表现极不一致，然而，在夏天接近尾声时，米舍尔等三人让同样的辅导员谈论他们对这些男孩子的最后印象时，辅导员又说记得男孩的行为前后极为一致。

密歇根大学心理学教授理查德·尼斯贝特（Richard Nisbett）说：“错觉是因为我们相信自己的观察错不了，或觉得自己一眼就能看出一个人的个性。当你面试某人，并在他们身上花了一个小时时间，你不会觉得自己取得的是一个人的行为标本，而且可能是有偏见的标本，然而它的确就是一个有偏见的标本。你觉得自己看到的是一个三度空间的全息图，虽然有点儿小和模糊，但那仍然是一个完整的人。”

尼斯贝特提到他经常合作的对象、斯坦福大学心理学教授李·罗斯，他说：“有一学期他教统计学，有一学期他教的是行为心理学，学期结束时，他得到两种截然不同的评语。一种说他冷酷拘谨、吹毛求疵、一丝不苟；另一种将他描写成一个和蔼可亲、循循善诱、愿与学生打成一片，而且愿意帮助他们成长的人。他仿佛成了双面人，一会儿是天使，一会儿是魔鬼。而对这两种情形，学生却都觉得自己看到的是真正的李·罗斯。”

心理学家把这种倾向称为“基本归因错误”，即认定某些稳定的性格特质，而忽视了环境的影响力的倾向。如果在这种倾向的基础上再加上我们当场的“瞬间判断”，面试中出现的偏误就更大了。第一印象不单会影响我后来得到的与迈尔斯有关的信息，我还会以为这些行为是他日后一举一动的风向标。对话式面试并非一无是处，比如我从和他相处的 90 分钟里知道的是绝对无法从履历表或与推荐人的交谈中得知的信息，只是我们的对话结果并不是那么有用，而且误导我的地方比我想象的要多。与陌生人交谈这种最基本的人类仪式，其实是一个地雷。

4

我跟迈尔斯长谈后不久，就跟来自加利福尼亚州帕萨迪纳的人力资源顾问贾斯廷·门克斯（Justin Menkes）交换了意见。门克斯的工作是去了解如何从面对面的接触中解析出意义，也因为这个缘故，他同意以他认定的面试方式对我进行一小时的面试。我感觉有点儿像去看心理医生，不同的是，心理医生需要数月或数年才能解决你的问题，而门克斯打算一次就把我的秘密一层层揭开。在面试中，他请我试想一个面试中常见的问题：“描述几个关于你的工作遭到批评的情况，你是如何应对这些批评的？”门克斯说，这个问题的答案不难预料，面试者显然会准备好一套说辞，他用假装诚恳的语调，模仿面试者的回答：“有次我的计划做得不尽如人意，我的上司提出了一些建设性的批评，我便从头再做了一次。我的自尊心受了点儿伤，但计划成功了。”至于“你的朋友对你有什么评价”这个问题，典型的回答是：“我猜他们会形容我是一个重视人际关系的人，不然就是说我是一个认真工作的人。”如果要演得更逼真，回答前要先沉思个半晌，仿佛没想到有人会问你这个问题一样。

迈尔斯与我也讨论过一些面试中的典型问题，例如我问他：“你最大的缺点是什么？”他回答：“我大一那年想策划了一次儿童节活动，而地点就选在波士顿。我找了几个人跟我一同策划，后来我开始担心这个计划的规模是否太大、我们要承担多少责任，以及是否能够完成。于是，我对这个计划踩了刹车，但事后回想，我其实是可以完成的，而且能够做得很好。”

然后迈尔斯笑了笑说：“这真的算是我的缺点吗？其实我一点儿都不觉得。”他的确说对了，我这个问题其实是看他能否将自己的一个优点描述成自己的缺点，而他的回答也的确展现了智慧。

但是门克斯说，万一问题经过包装，没有明显的正确答案呢？例如：“在你每周的例行小组会议中，上司突然开始大肆批评你在最近一个计划上的表现，这时你怎么办？”

我感到一丝焦急，我会怎么办？我想起多年前遇到的一个难缠的上司，我说：“我大概会生气，但我当然不会说什么，可能就走开吧！”门克斯对这个答案不置可否，他只是指出另一个人可能会说：“我会在事后私下去见上司，问他为什么在大庭广众之下让我难堪。”我说，对上级的批评，即使是不对的批评，我可能会默默承受或淡然置之。另一个求职者可能回答，他会对上司采取更直接的质问方式。不管我们告诉面试官什么，对门克斯来说，都是非常重要的信息，这对于了解求职者非常重要。

门克斯又谈到处理压力的问题：“谈谈你同时需要处理好几件事情的经验。你会怎么应付？又怎么决定事情的优先次序？”门克斯也说，这样的问题太简单了，你会听到典型的回答是：“我会用同时进行多任务的方式，先设定优先项目，必要时授权他人处理，并随时向上司汇报进度。”因此，门克斯会重新包装这个问题：“你现在有两项重要的工作要同时处理，而且显然无法在期限内把两者都完成。你无法两者兼顾，你会怎么处理？”

我说：“我会检视一下两者，看看自己比较擅长哪项任务，然后我会去跟上司说，‘与其两项都做不好，不如让我选我可以做好的那一项来做’。然后我会提议，我们可以想想谁能做好另一项任务。”

门克斯这时马上趁机进行机会教育：你对自己能做好的部分有兴趣，但难道不应该是公司最在意的问题才最重要吗？我的答案透露出非常有价值的信息，即在与工作相关的紧急关头，我会从自身角度开始考虑。门克斯委婉地表示：“你也许是个可以自己埋头苦干的独行侠，这是非常重要的一项信息。”

门克斯刻意不做出任何结论。如果一个人不是怕生、健谈或直率的人，只是在某些情况下怕生、在某种情况下健谈，或者只是在特别的场合时直率，那么要认识此人，就要了解这些不同的变化，并加以分类。门克斯想要展开分类的过程，而这一类面试技巧是所谓经过安排的“结构化面试”，也是行业心理学家的研究中唯一可以预测求职者职场表现的面试法。结构化面谈的模式非常固定，每位应聘者的面试方式都完全相同：问题是事先写好的，面试官事前受过良好训练，求职者的表现则依据事前决定好的评分表打分。

结构化面试令人感兴趣的是，它的目标非常单一。当我与迈尔斯面谈时，我希望有某种整体的感觉，希望明白他究竟是什么样的人。相较而言，门克斯对于了解我大概是什么样的人似乎完全不感兴趣，他似乎觉得要从一个小时的面试中对我有所认识的想法有些愚蠢。结构化面试之所以有效，完全是因为这称不上真正的谈话式面试，其目的并非依传统意义去“了解”或“认识”某人，而是在搜集信息的同时排除一些信息。

面试专家发现，要说服大多数雇主采用结构化面试极为困难，这一发现毫不令人惊奇，好像这感觉就是不对。对大多数人来说，聘用某人基本上可以真是一个浪漫的过程，而面试却有如一个毫无“性”趣可言的约会。我们总是想找一个气味相投的人，但这样得到的关系往往是以流泪收场的——追求者与被追求者到头来发现双方根本没有共鸣。我们想要的是恋爱中的无限承诺，而结构化面试提供给我们的似乎只是包办婚姻中的枯燥逻辑与实用功能罢了。

5

迈尔斯对该选哪份工作举棋不定，他跟鲍尔默在电话中谈了半个小时，鲍尔默非常有说服力。迈尔斯在形容跟鲍尔默的谈话时说："鲍尔默给了我非常好的建议，他认为我应该选择最让我感到兴奋、觉得对事业前途最有帮助的地方，他愿意做我的精神导师。"迈尔斯也说，他每天会跟父母谈自己的动向。2 月，他飞到加州，用周六的时间逐一跟 Tellme 的各位主管谈了一整天，不停地提出问题与回答问题，迈尔斯说："我想知道三件事情。这些主管觉得自己 5 年后会在哪里？我会在公司里担任什么角色？"说到这里他停住了，笑着说："我忘了第三个问题是什么了。"3 月，迈尔斯决定加入 Tellme。

迈尔斯会在 Tellme 获得成功吗？我想会，虽然——我哪里会知道。这个问题如果在三四十年前问我，回答起来可能容易得多。今天若是 1965 年的一天，迈尔斯大概会去 IBM（国际商业机器公司）上班，他会穿着蓝色西装，坐在一间小办公室里埋头苦干。他个性特别的地方不太重要，IBM 雇用你之前清不清楚你是谁也不太重要，因为你了解 IBM 是什么样的公司。当你走进 IBM 于纽约州阿蒙克的总部，或伊利诺伊州分公司时，你已知道自己要扮演什么角色了，也知道该如何行动。可是走进高耸入云、空间开放的 Tellme 办公室，看见办公桌旁摆的就是床褥，新员工会被高标准的硅谷文化吓一跳。公司不会提供给迈尔斯一本社交剧本，不会要求他穿蓝色西装，迈尔斯也不会一进门就看到公司的组织结构表。Tellme 跟所有的科技新兴公司一样，要求员工与团队其他人随时打成一片，要有弹性，要创新，要在没有阶级与官僚体系的情况下轮班工作。在这种工作气氛下，工作场所变得像休息室，员工的个性特质也就变得关系重大。

这是新经济模式吸引年轻人的部分原因。比起 IBM 老旧的小方格办公室，Tellme 高大的仓库更有产能、更有趣。不过这里的风险是，我们在评估求职者重要的人格特质时，可能会误入歧途。如果今天我们让若干难以定义、一切凭“先于理性”判断的人物个性左右了人事任用机制，任凭“基本归因错误”因素发酵，那么我们今天的用人过程便是以所谓“新式”的人事关系取代了旧式的人事关系：前者，你聘用的是你握手时对其产生好感的人；后者，你聘用的是自己的外甥。除非我们谨慎为之，否则社会进步只表示我们以同样专断但较不明显的用人方式取代了此前武断的用人之道。

迈尔斯快毕业前花了很多时间帮助选修计算机入门课程的学生，他了解很多学生选这门课的原因是想在软件界求职。他说：“经过这么多次面试，我已总结出若干这方面的知识，我愿意将其与其他人分享，因为向未来雇主介绍自己需要真正的技巧与艺术。我们在课堂中谈到，雇主想要在员工身上看到什么、什么样的人格特质才会吸引雇主。其中最重要的一项是，一定要对自己和所学展现自信。这要怎么做呢？答案是，清楚表达自己观点，并保持微笑。”说到这里，迈尔斯笑了起来：“对很多人来说，这是一项很难学习的技巧，但不知为什么，我就是有这种本能。”

2000 年 5 月 29 日

潜伏的祸端

比特犬的行为给犯罪带来何种启示?

1

一个阳光普照的冬日下午，盖伊·克莱罗到托儿所接他两岁半的儿子杰登，两人一路走回他们位于加拿大安大略省首府渥太华西区的家。快到家时，杰登落在父亲后面，就在盖伊回头看他之际，一只比特犬跳过邻居家后院的围墙，向杰登冲过去。克莱罗的太太琼·哈特利事后回忆说:“那只狗咬住杰登的头，开始抖动身体。”就在她大惊失色地看着那只狗攻击幼子之际，另外两只比特犬也跳过篱笆加入攻击行列。

克莱罗夫妇赶快跑过去解围，盖伊挥拳猛揍第一只狗，一直揍到它松口为止。盖伊把从恶犬口中抢救下来的爱子抛给太太，琼用身子挡住杰登，加以保护。就在这时，三只狗一起扑向琼。盖伊对着太太大叫:“保护你的脖子！保护你的脖子！”一名在窗前目睹这一幕的邻居尖声求救，她的同居男友马里奥·高蒂尔冲出来，附近一个少年见状将手中的曲棍球棍丢给高蒂尔。高蒂尔拿着球棍猛打狗头，一直打到球棍断裂。高蒂尔后来说："这些狗就是拼命地咬，你一松手，它们就又来攻击。我从来没见过这么凶的狗，它们简直就像塔斯马尼亚袋獾一样恐怖。"后来警察赶到，把狗带走，并将克莱罗全家与一名奋勇帮忙的人送到医院接受治疗。5 天后，安大略省的议会通过了禁止饲养比特犬的法令，该省司法部部长迈克尔·布赖恩特（Michael Bryant）说："游泳池里不该有大白鲨，或许文明的街道上也不应该有这些动物。"

比特犬是斗牛犬的后代，19 世纪，它们曾经被当作斗牛的诱饵或被用来斗狗，饲主培育这种犬的目的既然是"猎戏之用"，其攻击性可想而知。大多数狗打架是因为这是其最后的求生之道，但比特犬只要面对一丝丝挑衅就会互相打斗，而且似乎特别能忍痛，有时非斗至筋疲力尽，否则不会善罢甘休。像德国狼狗（亦称德国牧羊犬）之类的看守犬，在企图制止威胁时，通常只会又咬又抓，比特犬却会尽可能弄伤对手。它们会咬、会抓、会摇、会撕，它们不会咆哮，也不了解狰狞的面部表情是一种警告，只会一味攻击。

一篇关于比特犬的研究表明："不是为斗狗之用而培育出来的犬，在感觉到自己斗败时，会运用在地上打滚或露出肚皮的伎俩求饶，要求对手不要再攻击，但斗牛犬不太懂得这些行为的意义。有报道指出，比特犬曾数度将发出投降信号的狗咬至肠穿肚烂。"根据流行病学对被狗咬伤的案例所做的研究，在有过咬伤人或咬死人记录的犬中，比特犬的比例偏高，若干西欧国家、中国与北美数个城市有鉴于此，已下令禁止或限制饲养比特犬。比特犬是一种危险的动物。

当然，不是所有比特犬都伤人成性。它们大多数不会咬人，而杜宾狗、大丹狗、德国狼狗、罗威纳犬却经常有咬人的记录。此外，曾经将一名法国妇人咬得面目全非、逼得她必须做全球首例面部移植手术的狗还是一只拉布拉多犬。当我们说比特犬凶猛可怕时，我们是在发表一种概论，就像保险公司会基于概论要求年轻人缴更多的汽车保险费（虽然许多年轻人其实是很规矩的驾驶员），医生会根据概论建议超重的中年人检查胆固醇（虽然许多超重的中年人心脏并没有问题）。因为我们不知道什么狗会咬人、什么人会罹患心脏病、什么人会发生车祸，我们只能根据概论来预测。法学学者弗雷德里克·绍尔（Frederick Schauer）对此的观察是："我们生活中要做决定时，一概而论有时是难以避免的一件事，而且实在是有其必要性。"

一概而论的另一个说法是"以偏概全"，根据以偏概全而做的决定通常被视为不足为取，而从"特定"到"概论"的过程是一个必要却危险的过程。医生可以在数据支持下对特定年龄与体重的人做出概论，不过，根据诸如有高血压、家族病史与抽烟习惯等特征所做的概论，不是比年龄、体重方面的概论更能拯救人命吗？每项概论的背后都有我们选择纳入考虑或割舍范围的因素，这些因素的复杂程度可能是我们始料未及的。在比特犬攻击杰登的事件发生后，安大略省选择对比特犬的特点做出一项概论。安大略省也大可对其他的恶犬，或对拥有这些恶犬的主人的特点做出某种概论，甚至会对儿童、篱笆或与狗、人和地点有关的无数事物一概而论。然而，我们怎么知道自己做的是正确的概论呢？

2

鉴于伦敦地铁与市区巴士上连续发生数起爆炸案，2005 年 7 月，纽约市警察局宣布将派人前往地铁站，对所有旅客的行李进行抽查。为了追踪恐怖分子而进行临检，这种不依据概论、不按牌理出牌的做法乍看似乎有点儿荒唐。《纽约》（*New York*）杂志一名专栏作家当时写道：“不仅‘大多数’攻击西欧国家或美国的伊斯兰教‘圣战士’是年轻的阿拉伯人或巴基斯坦人——他们几乎个个都是。换句话说，我们可以相当笃定地预测，‘基地’组织恐怖分子是什么模样的，就像我们知道黑手党成员是什么模样一样——即使我们知道有极少数的意裔美国人是黑手党成员。”

且慢，我们真的知道黑手党成员是什么模样的吗？我们对黑手党的认识多半是从电影《教父》中得来的。黑手党柯里昂家族的男性成员系由马龙 · 白兰度（Marlon Brando）、詹姆斯 · 卡恩（James Coan）、阿尔 · 帕西诺和约翰 · 凯泽尔（John Cazale）扮演：马龙 · 白兰度是爱尔兰人与法国人的后裔，卡恩是犹太人，而后两位则是意大利裔美国人。根据《教父》这部电影，黑手党成员应该长得像欧洲裔的白人，然而这种概论其实对我们没什么帮助。想知道信奉伊斯兰教的恐怖分子长什么模样，不是那么容易的。伊斯兰教徒不像阿曼门诺派人士[①]，会穿着有特色的服装，也不像棒球队员——他们没有一定的体态与身高，而伊斯兰教分支也遍及全世界。

① 阿曼门诺派（Amish）是存在于美国和加拿大的新教的一个派别，阿曼门诺派信徒穿清一色的衣服，自给自足，主要靠农耕为生。——编者注

纽约市警察局局长雷蒙德·凯利（Raymond Kelly）对我说："我们反对根据种族以貌取人，我上任的第一年就颁布了这项规定。以貌取人来办案是不对的，而且也达不到效果。让我们来看看伦敦爆炸案。警方抓到的是三个巴基斯坦裔的英国公民，加上杰曼·林赛（Germaine Lindsay），他是牙买加人；第二批抓到的则都是东非人。2004年年初，在莫斯科地铁站引爆人肉炸弹的，是一个车臣妇女。你要根据谁建立一概而论的恐怖分子档案呢？就拿纽约市来说吧，40%的纽约人是在国外出生的，看看这里的多样性，我要依据谁来给纽约人下定义？"

凯利点出的问题或许可以被称为人物的"归类难题"。只有当某类人物与某一行为或特质吻合时，我们才能做出概论，例如超重的中年人与心脏病的风险关联度、年轻人与不良驾驶行为的关联度。然而要这样做，我们就必须先界定要做成概论的类型。凯利说："你以为恐怖分子不知道自己很容易就会因为种族特点而被判断成恐怖分子吗？我们看'9·11'事件的劫机犯，他们入境美国后，会立即剃掉胡子。他们也会去无上装酒吧，企图打进美国人的圈子，要看起来像'美国梦'里的一部分——他们不是傻瓜。恐怖分子难道不能打扮成哈西德派犹太人（Hasidic Jew，广义的犹太人），走进地铁而不被他人归为异类？我认为人物归类是毫无道理的。"

3

比特犬禁令也牵涉分类问题，因为它不是纯种狗，它身上有着好几种不同的血统。此外，美国斯塔福德犬、斯塔福德斗牛梗与美国比特犬都同样有着雄壮的方形身躯、光亮的短毛与朝天鼻。因此，安大略的禁令不单只针对这三种狗，还包括所有“外形与体态特征相似”、统称为“比特犬类型的犬”。但这又是什么意思？美国比特犬与黄金猎犬杂交培育出来的混血狗是该被归类为比特犬，还是黄金猎犬？如果认为把壮硕的猎犬都看作比特犬是一种“概论”，那么把任何危险的狗都认定为比特犬，则是“概论中的概论”。宾夕法尼亚州一家狗场的经理洛拉·布拉希尔斯说：“由拟定这些法律条文的字眼来看，比特犬是随他们爱怎么定义就怎么定义的，而对大多数的人来说，它们是壮硕、讨人厌，又会咬人的恶犬。”

当然，立法禁止饲养比特犬的目的并不是要禁止饲养看起来像斗牛犬的狗。比特犬的长相只是它的脾气的一种表征，其长相上的若干特质在美国比特犬、斯塔福德斗牛梗犬、黄金猎犬等犬类身上都看得到。不过，比特犬本身的“好斗”性也令人捉摸不透，若干令人不安的特质，例如好斗成性、不怕痛、一意孤行，其实主要是冲着其他狗来的，一般人养它并不是要用来攻击人。相反，如果狗去攻击旁观者或驯狗师，这样的狗通常是自寻死路，因为结果必定是被置于死地。在比特犬的世界，规矩是“咬人者等于找死”。

佐治亚州一个叫作“性情测试协会”的团体，对 25 000 只狗做过 10 项制式标准化训练，以评估它们在人群中的稳定性、害羞与友善程度，以及攻击性。驯狗师会带着拴着 6 英尺长皮带的狗进行一连串的实验，看它对枪声、开伞以及穿着怪异的陌生人逼近时会如何反应。在受测试的比特犬中，84% 通过了测验，它们的安全排名超过比格犬、万能梗与科利牧羊犬。事实上，在安全性上，比特犬只逊于一种变种腊肠犬（或称达克斯猎狗）。

性情测试协会会长卡尔·赫克斯特罗特（Carl Herkstroeter）说：“我们测试了大约 1 000 只属于比特犬类型的狗，我自己测验差不多半数。在经过我手的比特犬中，我只将一只有攻击倾向的比特犬评定为不合格，其他小狗的表现都好极了，脾气很好，对儿童也很友善。”甚至可以说，比特犬的若干特质让它们对同类充满威胁，但这些特质也让它们对人类表现友善。作家维基·赫恩（Vicki Hearne）写过数本与狗有关的书，她表示：“近年来，有不少比特犬取得执照，可充当治疗犬，因为它们坚定而固执，可以陪伴不喜欢乱蹦乱跳的狗的人。当比特犬准备要为人带来安慰时，它们就好像要准备打架时一样坚定，唯一不同的是，它们此时决定要表现的是温驯。它们无所畏惧，因此它们跟任何人在一起都可以表现温驯。”

那么哪种斗牛犬有问题呢？赫克斯特罗特说，安大略省禁令的对象是有攻击倾向的斗牛犬，而它们若不是由饲主有意培育、驯狗师刻意训练，就是狗主人蓄意培养的。一只凶恶的比特犬之所以凶恶，是经过选择性交配，让它们与其他体形更大、攻击性更强的狗，如德国狼狗或罗威纳犬等混血，要不就是主人特意将它们慢慢养出会对人类表现敌意的倾向。如此说来，比特犬对人类构成威胁不是因为它表现出多少本性，而是因为它偏离本性多少。禁止饲养斗牛犬的法令，是一种以偏概全的做法，根据的是无法涵盖斗牛犬一般特质的概论，这就是归类的难题。

4

纽约有一件令人相当不解的事是，众所周知，该市的犯罪率在20世纪90年代中期大幅下降，且在这之后还在继续下降，例如在2004—2006年，纽约的谋杀犯罪率下降了10%左右，强奸犯罪率下降了12%，盗窃犯罪率下降超过18%。在进行随机选样的2005年，汽车盗窃率下降了11.8%。在美国人口超过10万人的240个城市中，纽约的犯罪率排名是222，与加州的丰塔纳市以及佛罗里达州的圣露西港相当，都排在后面几位。20世纪90年代，纽约的犯罪率下降被归因为城市生活与政府措施的明显改善，例如毒品交易减少、布鲁克林区的重新规划，以及成功执行以恢复秩序为主旨的“修复破窗”政策。但这一切都发生在20世纪90年代，为何纽约的犯罪率如今还在下降？

原因可能跟警方的策略改变有关。纽约市警察局有一张计算机地图，可以实时显示已通报的犯罪地点。无论何时，这张计算机地图都会显示数十个经常变动的危险地点，有些点只涉及两三个街区的范围。在凯利局长的主管下，纽约市警局利用这张地图建立了“冲击区”：他一改过去把新入职警察平均分配到市中心区域的做法，而把2/3的生力军调到这些“冲击区”值勤，有时甚至在“冲击区”邻近的街区加倍派驻巡逻警察。凯利说：“我们把2/3的新警察与资深警察搭配，把重点放在这些地区。久而久之，‘冲击区’的犯罪率平均减少了35%。”

多年来，专家坚信暴力犯罪与当地有无警力部署绝对无关，认为犯罪是因为罪犯贫穷、有病态心理或文化障碍，加上临时起意或以为有机可乘。一般人以为多派几个警察在街上巡逻起不了什么作用。不过，纽约市警察局的经验显示这种想法不对，派出更多的警力意味着可以防止部分案件的发生，有些案件可以轻易解决，有些案件则会被挤到龙蛇混杂的辖区之外。对后者，凯利认为不是坏事，因为它打破了违法乱纪的模式、风气与社会网络基础。换句话说，纽约市（类型）与犯罪（特质）之间的关系不是一成不变的，这种不稳定的关系，也是我们所做的概论站不住脚的另一个原因。

举例来说，为何可以根据“经验法则”下结论，认为肯尼亚人都是长跑选手？不单单是因为有数据可以支持这个说法，还因为过去半个世纪以来肯尼亚的情况都是这样，以及长跑传统在肯尼亚根深蒂固，除非出现剧烈的变动，否则肯尼亚的这种传统不会发生变化。相形之下，“纽约是罪恶的深渊”的概论过去一度是对的，但如今显然不是了。例如，以为圣露西港比纽约安全得多，于是便搬到圣露西港和煦退休小区的退休人士就会突然发现自己选错了地方。

类型与特质之间的关系不稳定也是执法人员难以对罪犯归类的原因。法学教授戴维·科尔（David Cole）有一次针对禁毒署探员历年来根据走私犯的特质做成的概论进行统计，以下是一个走私犯的样本。

> 深夜抵达/清晨抵达/下午抵达。最早离机/最晚离机/夹在人群中下机。在机场购买机票/临时订票。购买经济舱机票/购买头等舱机票。使用单程票/使用往返票。以现金购票/以小额面钞购票/以大额面钞购票。下机后打本地电话/下机后打长途电话/假装要打电话。从纽约飞往洛杉矶/飞往休斯敦。未带行

李 / 携带全新行李 / 携带小件行李 / 携带中型行李 / 携带两个鼓鼓的服装袋 / 携带两个沉重的手提箱 / 携带四件行李。过度保护行李 / 与行李保持距离。只身旅行 / 与同伴一起旅行。言行紧张 / 言行冷静。与海关人员目光接触 / 避免与海关人员目光接触。衣着昂贵并佩戴首饰 / 穿着休闲服饰。下机后前往洗手间 / 迅速穿过机场 / 缓慢穿过机场 / 漫无目的地穿过机场。乘出租车离开机场 / 乘豪华礼宾车离开机场 / 乘私家车离开机场 / 乘酒店班车离开机场。

这些相互矛盾的概论简直荒谬，它们只突显了禁毒署探员所做的毒贩概论清单背后并没有特别的道理。我们若把它看作毒贩不定特质的目录或许还有一点儿意义。毒贩也许用现金买过单程票，携带过两件沉重的行李，但他们不必须如此也能保有走私的能力，例如毒贩可能随时以信用卡购买往返票，或是只携带一件可带上飞机的随身行李。这里还有另外一种类型与特质之间的不稳定关系，例如有些走私犯从使用单程票、携带两件沉重行李，改为使用往返票与携带简单行囊。或许是因为执法人员已经洞悉他们的伎俩，因此毒贩像伦敦爆炸案的凶手一样，一改过去的作案模式，利用东非人实施爆炸，因为年轻的阿拉伯人与巴基斯坦人均会遭到严密的监视。当类型与特质之间的关系并非一成不变，或者是做出概论本身的行为可能改变概论的基础时，概论就会变得毫无意义。

凯利成为纽约市警察局局长前，曾经是美国海关总署署长，他重新整顿了边境海关人员缉查犯罪嫌疑人的标准。以往，可疑的特质共有43项，他将其简化成6大项：外形有无可疑之处？神态是否紧张？是否有针对该人的特别情报？缉毒警犬是否嗅出可疑之物？旅行文件或旅行理由是否可疑？是否从犯罪嫌疑人身上搜出了违禁品？

你会发现，这里未提到种族、性别或族群，也没提到衣着奢华与否、下机时间长短或步伐快慢。凯利把所有的不稳定概论统统取消了，海关人员如果要做一网打尽式的概论，必须对今天和明天、这个月或下个月出现的不同特质形成一套普遍适用的有效概论。有些走私犯永远都会表现紧张、说法永远都会前言不搭后语、永远都会被警犬逮个正着，而用这些来推论谁可能走私，比根据走私犯是白人还是黑人、携带一件或两件行李做出的推论更为可靠。凯利推动改革后，海关进行的搜索次数降低了75%，但走私破获率提高了25%。海关人员对走私犯不再做出不准确的判断了，其判断渐趋精准。凯利说："我们的协助使海关人员的行动变得更迅速有效。"

5

比特犬天性凶恶——我们的这种观念，是建立在稳定的概论上，还是站不住脚的不稳定概论上？有关家犬的危险性，目前最好的参考资料是狗咬死人的记录。在20世纪70年代末至90年代末，在美国有超过25种饲养犬涉及致命攻击事件，其中比特犬咬死人的记录最高，但记录中每年的变化相当大。举例来说，1981—1982年，造成致命伤害的是五只比特犬、三只混种犬、两只圣伯纳犬、两只混种德国狼狗、一只纯种德国狼狗、一只哈士奇、一只杜宾犬、一只松狮犬、一只大丹狗、一只狼与狗交配生出的杂种狗、一只混种哈士奇与一只杂种比特犬，但这份名单里没有罗威纳犬。

1995—1996 年，名单上多了罗威纳犬，共有十只罗威纳犬咬死人，此外是四只比特犬、两只德国狼狗、两只哈士奇、两只松狮犬、两只狼狗交配生出的杂种狗、两只混种牧羊犬、一只混种罗威纳犬、一只杂种狗、一只杂种松狮犬与一只大丹狗。在两份记录中，置人于死地的犬种因时间的不同而出现差异，是因为在不同的时期受欢迎的狗的品种不同，但唯一未随时间改变的是狗咬死人的个案总数。比特犬找人麻烦的记录增加并不表示比特犬比其他犬类更危险，只是人们养这种犬的数目比以前更多了而已。

美国防止虐待动物协会资深副主席兰德尔·洛克伍德（Randall Lockwood）说："几乎每种咬死人的犬种我都看过，包括娇小的博美犬，只差没看过比格犬与矮脚猎犬了。"洛克伍德是全美研究狗咬人问题的先驱，他对我说："过去总是会传出一两件关于人被爱斯基摩犬或哈士奇咬死的事，不过我们从来没听过有人主张对这些犬种设下禁养令。我刚开始研究这些致命的狗咬人事件时，发现咬死人的大多数犬种是德国狼狗、混种牧羊犬与圣伯纳犬，无怪乎在史蒂芬·金的小说与据此改编的电影《狂犬惊魂》中，作恶的不是比特犬，而是圣伯纳犬。我已经几十年没看过杜宾犬咬死人的事了，但在 20 世纪 70 年代这很普遍。那个年代你如果要养一条恶犬，就会养杜宾犬。我一直到 20 世纪 80 年代中晚期才首次看见比特犬咬死人的案例，而在看过几百桩狗咬死人的事件后，我才看见有罗威纳犬攻击人的事。最能置人于死地的狗是这几种，可是这会随着时间而改变，这反映出喜欢豢养恶犬的狗主人会有什么样的选择。”

不过坊间也不乏跟恶犬有关、稳定性较强的概论。1991 年，科罗拉多州丹佛市的一项研究将 178 只有咬人记录的狗与 178 只无咬人记录的狗做出比较（后者系随机挑选出来的）。它们的种类非常杂乱，出现比例最高的是德国狼狗、秋田犬与松狮犬——这里面没有比特犬，因为丹佛市曾在 1989 年针对比特犬设下禁养令。但这里面多个其他更稳定的因素更为醒目，例如，公狗咬人的比例是母狗的 6.2 倍；在伤人的犬类中，未绝育的是已绝育的 2.6 倍。丹佛市的研究也发现，拴住的狗咬人的比例是未拴住的 2.8 倍。洛克伍德说："在咬死人的狗中，大约 20% 是当时拴住的，而且是经常被拴住的。这些狗被拴是因为本来就攻击成性，还是因为被拴才造成它们攻击成性？两者都有可能。这些动物没有机会学习与人互动，甚至不知儿童是人，因此常常把他们看作猎物。"

凶恶的狗经常饥肠辘辘或需要医疗照顾，也经常有攻击人的记录，而被恶犬咬伤的受害人几乎都是儿童，尤其是小男孩。一般来说，儿童的体格容易受到攻击，也可能在不自觉的情况下做出招惹狗的动作，例如逗狗，或在喂食的时候让狗觉得受到挑衅。然而恶犬凶狠的特质事实上跟饲养它的主人的关联性最大，在大约 1/4 狗咬死人的案件中养它们的主人曾经涉足不法斗狗活动。许多咬伤人、咬死人的狗非常孤独，因为它们的主人本身就鲜少与人来往；它们表现凶恶，因为它们的主人要养的是一只凶恶的狗。养在废弃场、看起来会撕裂人喉咙的德国狼狗与担任导盲犬的德国狼狗是同一品种，但它们却成了不同的狗，这是因为养它们的主人有不同的目的。

洛克伍德说："狗置人于死地的攻击不只是凶狗或大狗咬人的问题，而通常是一连串不良的人犬互动的结果——狗、狗的血统、狗主人与他们所在的环境全都有关系。我问过许多狗咬死人案件的各方当事人，我的印象是各方都有错。例如，任由3岁的小孩自己在外活动，刚好碰上了一只饱受主人虐待、饿了好几天的狗；狗主人养这只狗是用来斗狗的，而狗主人的同居女友平常就任由孩子自己在外走动。这并不是躺在壁炉旁边睡觉的老狼狗，突然间大发兽性的事情、各式各样的警示，平常就看得见。"

6

小男孩杰登受到比特犬杰达以及它跟牛头獒犬交配所生的两条幼犬阿古瓦与艾卡沙的三方攻击。这3只狗的主人是21岁的谢利戴夫·卡费，他是建筑工人，有时也靠打零工为生。在比特犬攻击杰登前5周，卡费的3只狗曾挣脱控制，攻击当时正在溜冰的一名16岁少年与他年仅4岁半的弟弟，他们两人用雪铲还击，后来躲进邻居的家避难。卡费后来被罚款，也把狗送到他17岁的女友家中。卡费不是只有这么一次惹上麻烦：几个月后，他被控使用家庭暴力，还卷入一次街头冲突，把对方打成重伤。担任比特犬攻击案咨询顾问的谢里尔·史密斯（Cheryl Smith）是犬类行为专家，她说："卡费有他的个人问题，他显然不是一个情绪稳定的人。"

阿古瓦与艾卡沙现在已经7个月大，在它们首次攻击人的事件发生后，法官曾下令，这两条狗外出时必须带上犬用口罩，即便在自己的家中也必须被关在笼子里。但是卡费并未听从，他事后表示买不起口罩，显然市政府也并未派人前去强制执行。他几次谈起要带狗去上训练课，但从来没有兑现。卡费也曾经提起绝育手术话题，尤其是对公狗阿古瓦，但是手术要花100美元，这对他来说显然是一笔大数目。在第一次攻击发生后，市政府当局曾经暂时扣押这些狗，但也未对其采取绝育措施，因为渥太华并无这样的政策。

根据一位目击者的说法，在那3只恶犬再次攻击幼童那天，曾经有一个人前往卡费女友的家中，将3只狗全都放到屋外，而当天的积雪甚高，狗很容易就跳过篱笆。小杰登路过卡费家时曾经停下来，盯着这些狗喃喃地说："小狗、小狗。"他的母亲高声呼叫盖伊，盖伊向着杰登跑了过来，而这些举动平常就可能会激怒一条攻击成性的狗。这3条狗果然跳过篱笆，阿古瓦咬住了杰登的头，开始摇晃身体。这是个狗咬人的典型案例：狗并未受阉割，没有受过训练，且有攻击人的不良记录；狗主人养狗却不负责任；攻击目标是个小孩。这3只狗已经被渥太华动物管理当局登记在案，市政府当局原可依据危险犬类与主人个性大有关联的正确概论（而非根据它们是哪种狗的概论）来防止第二次攻击的，却错失了机会。当然，防范需要配套措施，要有人去追踪卡费，检查他是否为恶犬买了口罩、是否在第一次攻击之后就为狗做绝育手术，并有一套动物管理法，禁止所养狗有攻击幼儿记录的狗主再次养狗。要防止狗伤人，除了必须有一套更正确的概论，还要将其运用得当，使其合法。下禁令只是避重就轻罢了。

2006年2月6日

致　谢

《纽约客》杂志的稿件部门和事实核查部门对本书中的每一个故事都做了认真修改和完善，力求使其臻于完美。他们都是奇才。谢谢！

作者访谈

马尔科姆·格拉德威尔对话《时代》杂志的

亚历克斯·奥尔特曼（Alex Altman）

多部畅销书作家马尔科姆·格拉德威尔出生于英国，在加拿大安大略省长大，现任《纽约客》杂志专职作家。他是2005年"《时代》百大人物"的入选者，也是媒体界耀眼的明星之一。他精炼的文笔以及善于颠覆社会科学领域内传统智慧的技巧，使《引爆点》《眨眼之间》《异类》，以及这部结集多篇杂志文章而成的、涵盖从追求时尚到番茄酱等话题的作品成为必读之书。在接受《时代》杂志采访时，格拉德威尔就公共教育实验、公司招聘流程的缺陷及新闻业的未来等问题谈了自己的看法。

在选定一个主题之后，你的创作流程是什么样的？

这要看具体情况。我喜欢把各种事物放到更广阔的背景下，然后对它们进行横向联系。就工作流程而言，很多情况下都是基于这样一个理念的：把两个稍微好一点儿的故事合到一起，有时会成为一个非常出色的故事。

你有没有遇到过这种情况：你在文章中提出了某个想法，但随着新的重要信息或其他问题的出现，你发现它偏离了你原来的写作目标？

是的，而更多的情况是，额外的证据开始堆积，你意识到你的文章出现了定位错误。在《引爆点》中，我之所以能够用另外一种方式来写纽约犯罪率下降的那一章，是因为我们对犯罪的了解已经比过去多得多。

在《异类》中，你谈到成功并不仅仅来自基因或勤奋，同时也来自环境——我们生活中的机遇。可以讲一讲你自己的幸运时刻吗？

我有太多的幸运时刻了。在报社仍在大规模招聘年轻人的时候，我成功与其签约，成为这个行业最后几批上岸者之一。我能加入《纽约客》并为之工作，对我来说同样是一个幸运时刻。在美国，我为自己是一个“局外人”而感到幸运。很多美国人认为理所当然的事情都让我感到奇怪，感到不可思议。即便到了现在，我认为我也没有完全了解这个国家。

早前你谈过美国公共教育体系的不足。如果你是美国教育部部长阿恩·邓肯（Arne Duncan），你会怎么做？要知道，作为教育部部长，他拥有50亿美元可自由支配的资金以及整顿学校的授权令。

在教育领域开展的实验活动少之又少。相反，时下似乎还有一种要求强化管控的倾向，这在我看来完全是无稽之谈。我认为我们应该进行多种不同的尝试。如果我是阿恩·邓肯，我会把自己当作一个风险投资家，尽可能多地资助那些富有创意的想法，并在实现这些想法的过程中进行密切监测，看能否取得好的效果。

我注意到，贫民区学校的学生都很擅长体育运动，他们在体育方面的表现非常出色。这是我一直以来都很感兴趣的。要说这些学校功能失调，那是不对的，它们在某些特定领域的表现极为抢眼。所以，我总想把体育规则应用到这些学校的课堂中：按性别分班，以团队形式开展一切活动，让团队与团队进行竞争，等等。我希望能进行这样的尝试。我不知道这种尝试能不能奏效，但肯定值得一试，而且能从中学到真正有价值的东西。

我很想知道你对棒球以及篮球领域越来越流行的统计革命的看法。你在这本书中告诫人们，不要仅通过身高或臂力等衡量标准来评估运动员。《眨眼之间》一书中的一些理念似乎也支持早前的选人模式，也就是挑那些看起来

供讨论的问题和话题

1. 在《大开眼界》中，马尔科姆·格拉德威尔写到了发明和发明家。在近年来的发明中，你认为哪些是你生活中离不开的或是不可或缺的？
2. 格拉德威尔在写作中常常把体育运动同传统意义上与体育运动无关的话题联系起来。在你看来，他认为体育运动能教会我们什么？
3.《大开眼界》的三个部分各有哪些主题？这些主题有何不同，又是如何互补的？
4. 在“航天飞机爆炸的省思”中，为什么纳西姆·塔勒布说他不想成为维克多·尼德霍夫那样的人？要知道，后者可是他的偶像。为什么他选择为安皮里卡那样的公司工作，而不是进入华尔街？
5. 是什么让雪莉·波利考夫和伊伦·施佩希特成为广告界耀眼的明星？她们的故事向我们讲述了哪些有关我们与我们所购产品之间的关系？除了欧莱雅和伊卡璐，你还能想到哪些品牌是通过成功塑造自身形象来吸引特定消费者群体的？请就这些品牌展开讨论，看它们是如何与市场建立联系的。
6. 多篇关于《大开眼界》的书评都提到马尔科姆·格拉德威尔有“反直觉思维倾向”。请从书中找一些反直觉思维的例子，然后对其展开讨论。对于格拉德威尔的推理，你有没有不愿意接受的时候？
7. 什么是“幂律分布”？在“百万默里”中，格拉德威尔是如何把它用到游民问题的讨论中的？对于菲利普·曼加诺倡导的解决游民问题的政策，你同意吗？曼加诺的理论存在什么缺陷吗？如果有，那是什么？

8. 格拉德威尔在“百万默里”中写道，对个人汽车的尾气排放进行检测，的确可以为我们提供有关环境以及环境破坏的宝贵信息，然而，“我们出自本能的社会倾向却反对我们这样做，因为大家心里都认为，污染问题‘人人有责’，这是大家共同造成的”。你同意吗？另外，且不论结果如何，你赞同采用唐纳德·斯特德曼的方法吗？
9. 就格拉德威尔在“潜伏的祸端”中提到的“归类难题”展开讨论。“概论”和“成见”的区别是什么？按照格拉德威尔的思路，比特犬和游民问题有哪些共同之处？
10. 在马尔科姆·格拉德威尔看来，“惊慌失措”“紧张失常”“失败”三者之间存在什么区别？你同意他的说法吗？或者，你认为这都是失败，只是形式不同而已？
11. 在“新人的人际网络”中，马尔科姆·格拉德威尔说的“思考只会碍事”是什么意思？
12. 西泽·米兰主持的《狗语者》节目取得了非常大的成功，你认为这背后的原因是什么？就与狗的关系而言，米兰同大多数人的区别在哪里？我们应该怎样运用他的方法？
13.《大开眼界》的一位书评人写道：“马尔科姆·格拉德威尔最擅长的就是把某种理念置于关于人们日常生活的故事中，再通过这些故事一步步颠覆传统智慧。”你认为这是对格拉德威尔的写作手法的公正描述吗？为什么？
14. 在《大开眼界》结集的这些文章中，你最喜欢哪一篇？如果你早前在《纽约客》杂志读过这些文章，那么现在再读，你的感受与初次阅读后相比是否有所改变？